Mecânica Estatística e Fenômenos Críticos: uma introdução

Conselho Editorial da Editora Livraria da Física

Amílcar Pinto Martins - Universidade Aberta de Portugal

Arthur Belford Powell - Rutgers University, Newark, USA

Carlos Aldemir Farias da Silva - Universidade Federal do Pará

Emmánuel Lizcano Fernandes - UNED, Madri

Iran Abreu Mendes - Universidade Federal do Pará

José D'Assunção Barros - Universidade Federal Rural do Rio de Janeiro

Luis Radford - Universidade Laurentienne, Canadá

Manoel de Campos Almeida - Pontifícia Universidade Católica do Paraná

Maria Aparecida Viggiani Bicudo - Universidade Estadual Paulista - UNESP/Rio Claro

Maria da Conceição Xavier de Almeida - Universidade Federal do Rio Grande do Norte

Maria do Socorro de Sousa - Universidade Federal do Ceará

Maria Luisa Oliveras - Universidade de Granada, Espanha

Maria Marly de Oliveira - Universidade Federal Rural de Pernambuco

Raquel Gonçalves-Maia - Universidade de Lisboa

Teresa Vergani - Universidade Aberta de Portugal

Mecânica Estatística e Fenômenos Críticos: uma introdução

Daniel Adrián Stariolo

Universidade Federal Fluminense
Departamento de Física

Sergio Alejandro Cannas

Universidad Nacional de Córdoba
Facultad de Matemática, Astronomía, Física y Computación

2023

Copyright © 2023 os autores
1ª Edição

Direção editorial: José Roberto Marinho

Capa: Fabrício Ribeiro

Edição revisada segundo o Novo Acordo Ortográfico da Língua Portuguesa

Dados Internacionais de Catalogação na publicação (CIP)
(Câmara Brasileira do Livro, SP, Brasil)

Stariolo, Daniel Adrián
  Mecânica estatística e fenômenos críticos : uma introdução / Daniel Adrián Stariolo, Sergio Alejandro Cannas. – São Paulo, SP: Livraria da Física, 2023.

  Bibliografia.
  ISBN 978-65-5563-391-7

  1. Física 2. Mecânica estatística I. Cannas, Sergio Alejandro. II. Título.

23-178252   CDD-530.13

Índices para catálogo sistemático:
1. Mecânica estatística: Física   530.13

Tábata Alves da Silva - Bibliotecária - CRB-8/9253

Todos os direitos reservados. Nenhuma parte desta obra poderá ser reproduzida sejam quais forem os meios empregados sem a permissão da Editora.
Aos infratores aplicam-se as sanções previstas nos artigos 102, 104, 106 e 107 da Lei Nº 9.610, de 19 de fevereiro de 1998

Editora Livraria da Física
www.livrariadafisica.com.br
(11) 3815-8688 | Loja do Instituto de Física da USP
(11) 3936-3413 | Editora

aos "Caxambus"

Sumário

Prefácio   vii

1 Variáveis aleatórias e probabilidades   1
    1.1 Mecânica, Termodinâmica e Mecânica Estatística 1
    1.2 O Movimento Browniano e a caminhada aleatória 2
    1.3 O conceito de probabilidade e propriedades fundamentais 4
       1.3.1 Definições básicas e axiomas 6
       1.3.2 Probabilidades condicionadas 8
       1.3.3 Independência estatística 9
       1.3.4 Elementos de análise combinatória 9
    1.4 Variáveis aleatórias 13
       1.4.1 Variáveis aleatórias discretas 13
       1.4.2 Exemplos de distribuições discretas 14
       1.4.3 Variáveis aleatórias contínuas 18
       1.4.4 Exemplos de distribuições contínuas 19
    1.5 Transformação de variáveis aleatórias 22
    1.6 Distribuição conjunta 23
    1.7 Função característica e expansão em cumulantes 24
    1.8 Soma de variáveis independentes 26
    1.9 Teorema do Limite Central 28
    1.10 Problemas de aplicação 30

2 Fundamentos da Mecânica Estatística   33
    2.1 Ergodicidade e equilíbrio 34
       2.1.1 O Teorema de Liouville 34

SUMÁRIO

      2.1.2   Postulado da igual probabilidade a priori 36
      2.1.3   A hipótese ergódica 37
  2.2   A caminhada aleatória e a equação de difusão 39
      2.2.1   A caminhada aletória 40
      2.2.2   A equação de difusão 44
  2.3   Sistemas quânticos 47

3 Ensembles Estatísticos   50
  3.1   O ensemble microcanônico 50
      3.1.1   A entropia de Boltzmann e a conexão com a termodinâmica 50
      3.1.2   Gás ideal monoatômico clássico 54
      3.1.3   Sistema de osciladores quânticos: o sólido de Einstein . . 56
      3.1.4   A formulação de Gibbs 59
      3.1.5   Problemas de aplicação 62
  3.2   O ensemble canônico 67
      3.2.1   O fator de Boltzmann e a função de partição 67
      3.2.2   A densidade de estados e a função de partição 70
      3.2.3   Flutuações da energia 72
      3.2.4   Gás ideal clássico no ensemble canônico 75
      3.2.5   Sistema de osciladores harmônicos e
             o Teorema de Equipartição da energia 76
      3.2.6   Entropia e estatística 77
      3.2.7   Fluidos clássicos não ideais 79
      3.2.8   Sólidos: vibrações da rede cristalina 87
      3.2.9   Calor específico dos sólidos:
             os modelos de Einstein e Debye 90
      3.2.10   Problemas de aplicação 94
  3.3   O ensemble grande canônico 98
      3.3.1   Flutuações no número de partículas 101
      3.3.2   Adsorção em superfícies 103
      3.3.3   Problemas de aplicação 107

4 Estatísticas quânticas   109
  4.1   Sistemas de partículas indistinguíveis 109
  4.2   Gases ideais quânticos 115
      4.2.1   Estatística de Bose-Einstein 115
      4.2.2   Estatística de Fermi-Dirac 116
      4.2.3   O gás de Maxwell-Boltzmann e o limite clássico 117

SUMÁRIO

        4.2.4   Equação de estado de partículas clássicas e quânticas . . . 120
   4.3   Problemas de aplicação 122

5 Gás ideal de bósons   **123**
   5.1   A condensação de Bose-Einstein 124
   5.2   Radiação de corpo negro 135
        5.2.1   Energia do campo eletromagnético 135
        5.2.2   Solução clássica 138
        5.2.3   A lei de Planck 141
        5.2.4   O gás de fótons 142
   5.3   Fótons e fônons 145
   5.4   Problemas de aplicação 146

6 Gás ideal de férmions   **148**
   6.1   Gás de Fermi completamente degenerado ($T = 0$) 150
   6.2   Gás de Fermi degenerado ($T \ll T_F$) 152
   6.3   Magnetismo em um gás ideal de férmions 155
        6.3.1   Paramagnetismo de Pauli 156
        6.3.2   Diamagnetismo de Landau 161
   6.4   Problemas de aplicação 170

7 Interações, simetrias e ordem na matéria condensada   **172**
   7.1   Líquidos e gases 172
   7.2   Sólidos: redes cristalinas 173
   7.3   Sistemas magnéticos 175
   7.4   Entre os líquidos e os cristais: os cristais líquidos 178
   7.5   Simetrias e parâmetros de ordem 182

8 Transições de fase e fenômenos críticos   **185**
   8.1   Fases da matéria e transições de fase 185
   8.2   O modelo de Ising em uma dimensão espacial: solução exata . . . 187
   8.3   Teoria de campo médio 192
   8.4   A transição ferromagnética-paramagnética no modelo de Ising . . 193
   8.5   A transição líquido-gás 198
        8.5.1   A equação de estado de van der Waals 200
        8.5.2   A lei dos estados correspondentes 204
   8.6   A teoria de Landau para transições de fase 206
        8.6.1   Transições de fase contínuas 206

		8.6.2	Transições descontínuas na teoria de Landau 212
		8.6.3	Sistemas com simetria contínua $O(n)$ 213
	8.7	\multicolumn{2}{l	}{Flutuações do parâmetro de ordem . . . . 215}
	8.8	\multicolumn{2}{l	}{Funções de correlação e resposta . . . . 217}
		8.8.1	Correlações em sistemas com simetria discreta tipo Ising . 219
		8.8.2	Correlações em sistemas com simetria contínua $O(n)$ . . . 222
	8.9	\multicolumn{2}{l	}{Validade da teoria de campo médio: o critério de Ginzburg . . . . 224}
	8.10	\multicolumn{2}{l	}{Problemas de aplicação . . . . 228}

9 O Grupo de Renormalização 234

- 9.1 A hipótese de escala. 234
  - 9.1.1 A hipótese de escala e as correlações 238
- 9.2 O Grupo de Renormalização no espaço real 240
  - 9.2.1 A invariância de escala 242
  - 9.2.2 O modelo de Ising em $d=1$ 245
  - 9.2.3 O modelo de Ising na rede quadrada ($d=2$) 249
- 9.3 A formulação geral do Grupo de Renormalização 251
- 9.4 Renormalização do modelo de Ising na rede quadrada 256
- 9.5 Problemas de aplicação 260

A Integrais gaussianas 262
- A.1 Uma dimensão 262
- A.2 N dimensões 263

B A aproximação de Stirling 265

C A distribuição delta de Dirac 267

D A derivada funcional 270

Bibliografia 273

Prefácio

A física estatística é uma área da física que surgiu nas últimas décadas do século 19 e se consolidou nas primeiras do século 20. Estabeleceu uma ponte entre a extremamente bem sucedida termodinâmica, uma teoria fenomenológica das propriedades térmicas da matéria em escalas macroscópicas, e as mecânicas, clássica e quântica, teorias microscópicas do movimento das partículas, quando aplicadas a sistemas formados por muitas partículas em interação, como ocorre tipicamente em gases, fluidos e sólidos. Os métodos da mecânica estatística, historicamente desenvolvidos para compreender o comportamento de sistemas de matéria condensada, acabaram se mostrando de grande utilidade na abordagem de problemas que estão muito além da física, abrangendo áreas como biologia, matemáticas, economia. Ou seja, sempre que o fenômeno de estudo envolva um conjunto grande de "agentes em interação". Os métodos da mecânica estatística permitem estudar as interações de átomos em redes cristalinas, de espécies biológicas em ecossistemas, de pessoas em redes sociais, de neurônios no cérebro, entre muitas outras.

Tradicionalmente, a física estatística é dividida em duas grandes sub-áreas: A primeira é a física estatística de sistemas fora do equilíbrio. Nela, as propriedades estatísticas das variáveis relevantes do sistema apresentam uma dependência com o tempo que, em geral, é complexa. A segunda é a física estatística de sistemas em equilíbrio termodinâmico. Neste caso, a ênfase está na descrição de observáveis macroscópicos, cujas principais propriedades estatísticas já atingiram um estado estacionário, independente do tempo.

Este livro apresenta os conceitos fundamentais da física estatística do equilíbrio, do problema das transições de fases e dos fenômenos críticos. Com uma escolha criteriosa dos capítulos e seções, pode ser usado em cursos de graduação e em cursos introdutórios de pós-graduação em física e áreas afins, como matemática, química e biologia, onde os métodos da mecânica estatística vão ganhando cada vez mais espaço, fomentando a pesquisa interdisciplinar moderna. O pre-

PREFÁCIO

sente texto evoluiu a partir de notas de aula dos autores, desenvolvidas ao longo de, aproximadamente, 20 anos, em cursos de graduação e pós-graduação em física na Universidade Federal de Viçosa (MG), Universidade Federal do Rio Grande do Sul (RS), Universidade Federal Fluminense (RJ) e na Universidad Nacional de Córdoba, Argentina.

Existem excelentes livros de texto da área, entretanto, a maioria é de autores norte-americanos e europeus, refletindo a estrutura e a ênfase dada em cursos dos países do hemisfério norte. Por outro lado, ainda há pouca literatura específica da área em língua portuguesa. No Brasil, o livro de referência nos cursos de graduação em física é a *Introdução à Física Estatística*, do Prof. Silvio Salinas, da Universidade de São Paulo (USP), um dos principais pesquisadores brasileiros na área, tendo participado da formação de gerações de físicos estatísticos. A intenção dos autores é contribuir para a valorização da área no Brasil, onde a física estatística possui uma longa e rica história.

Fez parte importante da nossa formação participar anualmente do *Encontro Nacional de Física da Matéria Condensada*, o famoso *"Caxambu"*. O evento reunia a animada comunidade de pesquisadores e alunos das áreas da matéria condensada e física estatística do Brasil, em pequenas e acolhedoras cidades na fronteira entre os estados de São Paulo e Minas Gerais, com destaque para Caxambu (MG). Dedicamos este livro a esses saudosos encontros. As sessões de Física Estatística eram palco de acalorados debates entre destacados pesquisadores e mestres, como Constatino Tsallis, Silvio Salinas, Paulo Murilo Castro de Oliveira, Maurício Coutinho, Mario de Oliveira, e muitos outros, que seria impossível citar no espaço deste prefácio. Esses encontros foram a semente de muitos grupos de excelência no Brasil afora. A dedicatória do livro, *"aos Caxambus"*, representa nossa singela homenagem à história desses encontros.

Os primeiros seis capítulos do livro formam o núcleo tradicional da disciplina, e podem ser ministrados em um semestre. Optamos por iniciar o curso com um capítulo dedicado aos fundamentos da teoria das probabilidades, a linguagem fundamental da física estatística. Consideramos que ainda existe uma lacuna importante nos cursos de física no Brasil, nos quais, em sua grande maioria, o estudante se depara, pela primeira vez, com conceitos formais de probabilidades e estatística numa disciplina do ciclo superior ou profissional. Este fato dificulta a incorporação dos conceitos físicos. A física estatística começa a ser apresentada propriamente no capítulo 2, com uma breve introdução dos fundamentos conceituais da mecânica estatística, partindo das equações fundamentais da mecânica clássica e quântica, assim como do modelo de caminhada aleatória e das ideias que levam à dinâmica estocástica. Este é o único capítulo dedicado aos aspectos

PREFÁCIO

da mecânica estatística fora do equilíbrio, cuja abordagem mais abrangente está fora do escopo deste livro. É também neste capítulo introdutório onde começamos a fazer uso alternado das linguagens clássica e quântica. Embora a linguagem e as ferramentas matemáticas básicas da física estatística de sistemas clássicos e quânticos seja um tanto diferente, os conceitos são basicamente os mesmos, e além disso, muitos resultados são formalmente similares como, por exemplo, a equação de Liouville clássica e a equação de Liouville-von Neumann, do movimento do operador densidade quântico. Por este motivo, assim como pelo rápido crescimento atual das pesquisas envolvendo sistemas estatísticos quânticos, para além dos tradicionais capítulos sobre gases de férmions e bósons, decidimos apresentar os conceitos básicos fazendo uso alternado das duas linguagens. Em cursos mais básicos, nos quais os estudantes ainda não fizeram um curso de mecânica quântica e não estão familiarizados com a linguagem de operadores, o professor pode optar por omitir seções um pouco mais técnicas nas quais estes conceitos são utilizados. O material pode ser explorado em sua totalidade em um curso de mecânica estatística da pós-graduação, possivelmente omitindo o primeiro capítulo, sobre teoria das probabilidades.

Ao final de cada capítulo é apresentada uma lista de problemas de aplicação dos conceitos elaborados no texto. Concebemos os problemas como parte integral do livro. Em vez de apresentar um grande número de exemplos de problemas resolvidos, optamos por apresentar com rigor os conceitos básicos nas linguagens apropriadas, para sistemas tanto clássicos quanto quânticos, e deixar para a lista de problemas a complementação da discussão de sistemas tradicionalmente discutidos nos cursos. Esta escolha também visa incentivar o estudante a utilizar fontes bibliográficas amplas, nas quais muitos dos problemas apresentados são discutidos, seja em outros livros de texto, ou em publicações acessíveis na internet.

O capítulo 3 versa sobre os ensembles microcanônico, canônico e grande canônico, que representam o coração dos métodos da mecânica estatística do equilíbrio. É neste capítulo que a conexão entre estatística e termodinâmica é discutida, assim como o importante problema da equivalência de ensembles, associado às flutuações das variáveis extensivas relevantes nos diferentes casos. Também neste capítulo apresentamos os fundamentos de sistemas de partículas em interação, na discussão de fluidos não ideais.

O capítulo 4 é uma introdução às estatísticas quânticas, começando por uma discussão da indistinguibilidade das partículas quânticas, o que dá origem às estatísticas de férmions e bósons. A unidade das abordagens quântica e clássica é apresentada na discussão do limite clássico e na elucidação dos paradoxos surgidos na análise dos gases ideais clássicos. O capítulo 5 discute a estatística de

PREFÁCIO x

bósons, ou de Bose-Einstein, com discussões amplas dos problemas tradicionais da condensação de Bose-Einstein e da radiação do corpo negro. O capítulo 6 é dedicado à estatística de férmions, ou de Fermi-Dirac. Após uma discussão conceitual do gás ideal de férmions, são apresentadas as aplicações ao paramagnetismo de Pauli e ao diamagnetismo de Landau. Neste ponto é possível fechar um primeiro curso de um semestre.

Os capítulos 7, 8 e 9 apresentam uma introdução aos problemas que formam o cerne da pesquisa em física estatística: o estudo de sistemas de muitos corpos em interação, das fases da matéria e de sua caracterização através de "parâmetros de ordem", assim como do fenômeno das transições de fases. O capítulo 7 destaca alguns aspectos marcantes de diferentes fases da matéria e sua caracterização: a estrutura dos fluidos e dos sólidos, as redes cristalinas e o exemplo dos cristais líquidos, sistemas que apresentam algumas características típicas dos sólidos e outras dos líquidos. Também são apresentados modelos básicos de sistemas com interação magnética, ou sistemas de spins, e a diversidade de ordenamentos que este tipo de sistemas podem apresentar. No capítulo 8 é abordada uma introdução ao estudo das transições de fases e os fenômenos críticos, com ênfase nas teorias de campo médio de Curie-Weiss, de van der Waals e de Landau. A teoria de Landau das transições de fases contínuas é a porta de entrada para o estudo dos fenômenos críticos e a extensão para técnicas mais avançadas de teorias de campos. A discussão de flutuações espaciais em sistemas com diferentes simetrias, e o critério de Ginzburg de validade da aproximação de campo médio, fecham o capítulo. O capítulo 9 é dedicado a apresentar as ideias básicas do grupo de renormalização, técnica que explora a invariância de escala espacial de um sistema na vizinhança de um ponto crítico, permitindo assim o cálculo dos expoentes críticos, que atestam a universalidade no comportamento termodinâmico do sistema de estudo perto de uma transição contínua. Aqui nos limitamos a discutir a hipótese de escala, que está na base do grupo de renormalização, e os conceitos da renormalização no espaço real, no prototípico modelo de Ising, em uma e duas dimensões espaciais. O material apresentado visa introduzir os conceitos fundamentais para uma abordagem posterior mais avançada, existente em um extensa literatura específica sobre o tema.

Esta é uma boa ocasião para expressar nosso agradecimento às agências de fomento à pesquisa e à pós-graduação, o CNPq e a CAPES, no Brasil, e o CONICET, na Argentina. Elas possibilitaram aos autores o desenvolvimento de estudos e pesquisas ao longo dos anos, na forma de bolsas, auxílios a projetos de pesquisa e fomento às colaborações nacionais e internacionais. Também somos gratos às diversas instituições nas quais nos formamos, e onde desenvolvemos nosso traba-

PREFÁCIO

lho, à Universidad Nacional de La Plata e Universidad Nacional de Córdoba, na Argentina, e ao Centro Brasileiro de Pesquisas Físicas, à Universidade Federal de Viçosa, à Universidade Federal do Rio Grande do Sul e à Universidade Federal Fluminense, no Brasil. Nosso agradecimento especial a Malena Stariolo e Tayná Gonçalves, pela revisão ortográfica. Finalmente, queremos agradecer às nossas famílias, Beatriz, Michelle, Malena e Jasmin, que nos acompanharam ao longo de todos estes anos.

Daniel A. Stariolo e Sergio A. Cannas,

Niterói e Córdoba, agosto de 2023.

Capítulo 1

Variáveis aleatórias e probabilidades

1.1 Mecânica, Termodinâmica e Mecânica Estatística

A *termodinâmica* é a teoria que permite predizer os valores de grandezas **macroscópicas** de sistemas físicos, como energia, densidade, magnetização, em função de parâmetros externos, como temperatura, pressão, campo magnético, etc. Por outro lado, sabemos que a maioria de sistemas físicos, sólidos, líquidos, gases, são constituídos por um número muito grande de partículas: átomos, moléculas, células, etc. Em uma perspectiva reducionista, logo surge uma pergunta no contexto das teorias físicas: é possível explicar os resultados da termodinâmica a partir do conhecimento sobre o comportamento **microscópico**, o comportamento das partículas que compõem as substâncias?

As *mecânicas*, clássica ou quântica, nos permitem predizer o comportamento das partículas, sua evolução no tempo, a partir de equações de movimento que governam a evolução temporal das mesmas. No entanto, para podermos predizer o comportamento de grandezas macroscópicas a partir do conhecimento do movimento das componentes microscópicas, as partículas, teríamos que considerar a solução de um conjunto enorme de equações de movimento acopladas pelas diferentes interações entre as partículas, de modo a descrever uma fração de uma substância dada. Este programa está fadado ao fracasso, pois do ponto de vista técnico, já a solução de um conjunto pequeno de equações de movimento acopladas é uma tarefa formidável e, no caso de um sistema físico formado por uma infinidade de

CAPÍTULO 1. VARIÁVEIS ALEATÓRIAS E PROBABILIDADES 2

partículas, é impossível predizer os movimentos devido a fatores aleatórios, que estão fora de controle em qualquer situação real. Por outro lado, quando realizamos um experimento e fazemos uma medida, os valores das grandezas obtidos correspondem a determinados valores mediados no tempo e no espaço. Pelos motivos expostos, para descrever o comportamento de sistemas formados por um grande número de partículas, houve a necessidade de complementar as mecânicas com considerações estatísticas.

A *mecânica estatística* é a área da Física que, por meio de considerações estatísticas somadas às leis da mecânica, permite estabelecer uma ponte entre o mundo microscópico (a mecânica das partículas individuais) e as propriedades térmicas da matéria macroscópica (a termodinâmica). A linguagem matemática que permite descrever as propriedades estatísticas de um sistema é a teoria das probabilidades, cujos princípios básicos vamos ver a seguir.

Na realidade, os métodos da mecânica estatística vão além da aplicabilidade a sistemas físicos. Na atualidade, eles fornecem métodos poderosos para analisar diferentes tipos de sistemas formados por muitas unidades simples em interação, como por exemplo redes complexas (socias, internet, redes de transporte), sistemas biológicos (redes de neurônios, redes de proteínas, sistema imunológico), sistemas de agentes econômicos, sistemas ecológicos, etc (Kadanoff 2000; Sethna 2010).

1.2 O Movimento Browniano e a caminhada aleatória

Em muitas situações é útil pensar que um dado sistema físico está sujeito a forças de origem determinista (as forças usuais) e outras de origem estocástica, aleatória. Estas últimas surgem ao fazer uma descrição fenomenológica, uma modelagem, de uma série de efeitos microscópicos complexos, e cujo conhecimento em detalhe não é essencial para a descrição que se deseja fazer do sistema. Um dos exemplos mais simples é o de uma pequena partícula em suspensão na superfície de um líquido, que sofre sucessivas colisões das partículas vizinhas que o constituem. Como consequência, a partícula em suspensão descreve uma trajetória errática, chamada **movimento browniano**. Como conseqência das colisões, é fácil perceber que esta partícula vai difundir no espaço de uma forma muito mais lenta do que se não estivesse sujeita a tais colisões. Vamos ver que por meio de uma descrição probabilística do movimento é possível obter uma descrição pre-

CAPÍTULO 1. VARIÁVEIS ALEATÓRIAS E PROBABILIDADES

cisa e rica em detalhes do processo de difusão, sem necessidade de considerar os detalhes das colisões em um nível microscópico.

O movimento browniano ou **caminhada aleatória** deve seu nome ao botânico Robert Brown (1773-1858), o qual em torno de 1827 fez observações ao microscópio de partículas de pólen suspensas em água. Ele notou um movimento errático e muito rápido das partículas, e suspeitou que elas fossem algum organismo vivo. Após fazer a mesma experiência com outras substâncias, inclusive inorgânicas, ele se convenceu que aquele movimento não era de um organismo vivo. As características fundamentais do movimento browniano foram descritas por Albert Einstein (1879-1955), em um dos seus famosos trabalhos de 1905, "Concerning the motion, as required by the molecular-kinetic theory of heat, of particles suspended in liquids at rest" (Hanggi e Marchesoni 2005; Haw 2005).

O modelo mais simples de caminhada aleatória (em uma dimensão espacial) pode ser definido como segue: a partir de uma origem de coordenadas $x = 0$, a cada instante de tempo, um indivíduo pode realizar um passo de comprimento l para direita com probabilidade p, ou para esquerda, com probabilidade $q = 1 - p$.

A pergunta básica é: qual a probabilidade $P_N(m)$ do caminhante se encontrar na posição $x = ml$, com m sendo um número inteiro, após N passos? ($-N \leq m \leq N$).

Imaginemos uma sequência com N_d passos para a direita e N_e passos para a esquerda. A probabilidade de uma sequência particular de passos será, por exemplo,

$$ppqpqqq \cdots qqpppq \cdots = p^{N_d} q^{N_e}. \tag{1.1}$$

No entanto, essa é uma sequência específica, na realidade existem muitas mais sequências equivalentes a ela. A probabilidade buscada é a soma das probabilidades de todas estas sequências. O número de sequências é dado por um *número combinatório*, que corresponde ao número de formas de arranjar um total de N elementos em dois grupos de elementos iguais entre si, tais que um grupo tenha N_d e o outro exatamente N_e elementos. Esse número é igual a

$$\frac{N!}{N_d!\, N_e!}. \tag{1.2}$$

Já temos toda a informação para responder a pergunta inicial. Em um total de N passos, a probabilidade de dar N_d para direita e N_e para esquerda é dada por:

$$P_N(N_d) = \frac{N!}{N_d!\, N_e!} p^{N_d} q^{N_e}, \tag{1.3}$$

com $p + q = 1$ e $N_d + N_e = N$. A expressão (1.3) é conhecida como *distribuição binomial* e aparece em um número muito grande de problemas envolvendo apenas duas possibilidades para um dado evento. A posição inteira m do caminhante é a diferença entre o número de passos para direita e o número de passos para a esquerda, $m = N_d - N_e$. Substitutindo em (1.3) podemos escrever a probabilidade buscada na forma:

$$P_N(m) = \frac{N!}{\left(\frac{N+m}{2}\right)! \left(\frac{N-m}{2}\right)!} p^{\frac{N+m}{2}} q^{\frac{N-m}{2}}. \qquad (1.4)$$

Neste exemplo introdutório, embora muitas das conclusões sejam evidentes e exijam apenas de conhecimento de álgebra elementar, fizemos afirmações que não foram justificadas. Por exemplo, o resultado que a probabilidade de uma sequência de eventos, como na relação (1.1), seja dada pelo produto das probabilidades dos eventos individuais. Para podermos avançar na aplicação de conceitos probabilísticos em situações gerais, temos de nos adentrar um pouco na teoria das probabilidades (Blitzstein e Hwang 2019; Feller 1968). O restante desse capítulo é dedicado a apresentar os conceitos básicos da teoria das probabilidades, que forma a base matemática fundamental para abordarmos a análise estatística de sistemas físicos formados por muitos corpos.

1.3 O conceito de probabilidade e propriedades fundamentais

No dia a dia usamos o conceito de probabilidade de forma vaga e intuitiva. Falamos da probabilidade de chover amanhã, da probabilidade de um time de futebol ganhar um jogo, da probabilidade de um candidato vencer as eleições. Nas ciências, o conceito de prababilidade se utiliza para realizar inferências, predições sobre determinados processos cujo resultado varia toda vez que são repetidos.

Assim, por exemplo, não é possível predizer o exato valor do dólar em um momento futuro, ou se uma moeda lançada restultará em cara ou coroa. No entanto, para alguns destes processos, é possível predizer qual a frequência relativa de um dado resultado. Processos cujo resultado varia cada vez que se repetem são chamados **processos estocásticos**. Nestes casos, estamos interessados em saber qual a probabilidade de aparecimento de um dos possíveis resultados de um processo.

A definição tradicional e intuitiva de probabilidade é a *frequêncial*, que associa a probabilidade de um dado evento com a frequência relativa com que este aparece em uma série muito grandes de medidas:

quando jogamos uma moeda a cara ou coroa, se diz que o resultado "cara" tem probabilidade 1/2 se f_N, o número de vezes nos quais "cara" apareceu dentre N lances, dividido pelo número total de lances efetuados, tende a 1/2 quando N tende ao infinito.

Mais formalmente, seja um processo estocástico cujo resultado cada vez que se repete é dado por uma variável X, que pode resultar em um dentre um conjunto de valores $x_1, x_2, \ldots, x_n$. Vamos supor que repetimos o experimento N vezes, e seja N_i o número de vezes que o resultado foi o valor x_i, com $i = 1, \ldots, n$. Então, podemos definir a probabilidade P_i de observar o valor x_i na forma:

$$P_i = \lim_{N \to \infty} \frac{N_i}{N}. \tag{1.5}$$

Notemos que $\sum_i^n N_i = N$, $0 \leq P_i \leq 1$ para $i = 1, \ldots, n$, e $\sum_i^n P_i = 1$. O resultado (1.5) representa uma definição *a posteriori*, pois temos que realizar o experimento um grande número de vezes para conseguir determinar a probabilidade. Por outro lado, não temos como mostrar que o limite existe ou que seja independente da série de experimentos particulares realizados, coisas que devem ser postuladas como axiomas.

Outro ponto de vista, às vezes chamado *subjetivista*, implica uma definição de probabilidade *a priori*. Segundo esse ponto de vista a probabilidade de um evento indica uma previsão sobre o mesmo, uma inferência, condicionada sobre a nossa ignorância. Consideremos por exemplo a seguinte afirmação:

a probabilidade de chuvas nos próximos dias é de 30%.

A interpretação frequêncial aqui não é tão intuitiva, de forma que a interpretação subjetivista seria: "Temos dados suficientes para afirmar que, se fizermos uma previsão assim 10 vezes e acertarmos em 3 delas, o resultado é considerado aceitável". É claro que ambas interpretações devem ser equivalentes, e portanto devem nos levar as mesmas conclusões. Para formular as probabilidades de forma a realizar inferências sobre o resultado de processos estocásticos, vamos definir um conjunto de axiomas mínimo.

1.3.1 Definições básicas e axiomas

Podemos fazer uma formulação axiomática da teoria das probabilidades, de forma a deducir toda a teoria a partir de um conjunto pequeno de axiomas, que definiremos a seguir. A linguagem da teoria de conjuntos será muito útil neste empreendimento. Começamos definindo um **espaço amostral** S, de forma que o resultado de um experimento corresponda a um ou mais elementos de S. Vamos definir um **evento** como sendo um subconjunto de S. Um **evento simples** é qualquer elemento do conjunto S.

- $\emptyset$ representa o conjunto vazio.

- $A \cap B$ (A interseção B) é o conjunto formado simultaneamente por elementos de A e de B. Dois eventos A e B se dizem *mutuamente excludentes* se $A \cap B = \emptyset$. Eventos simples são sempre mutuamente excludentes.

- Um conjunto $\overline{A}$ é complementar do conjunto A se $A + \overline{A} = S$.

A probabilidade de um evento $A \subset S$ é definida como uma função

$$P : S \to [0, 1]$$

com as seguintes propriedades:

1. **Axioma 1**: $P(S) = 1$.

2. **Axioma 2**: para qualquer sequência (finita ou infinita) de eventos E_i mutuamente excludentes entre si, ou seja, $E_i \cap E_j = \emptyset$ para todo par $i \neq j$:

$$P\left(\cup_i E_i\right) = \sum_i P(E_i).$$

As seguintes são consequências importantes dos dois axiomas:

- Se $\overline{A}$ é o evento ou conjunto complementar de A, então:

$$P(\overline{A}) = 1 - P(A) \qquad (1.6)$$

-
$$P(\emptyset) = 0$$

-
$$P(A \cup B) = P(A) + P(B) - P(A \cap B),$$

$P(A \cup B)$ (probabilidade de A união B) é a probabilidade de que aconteça um evento do conjunto A, ou um evento do conjunto B, ou ambos (A e B não necessariamente excludentes entre si). $P(A \cap B)$ é a probabilidade de que aconteça um evento do conjunto A e um evento do conjunto B (probabilidade conjunta) no espaço amostral total S.

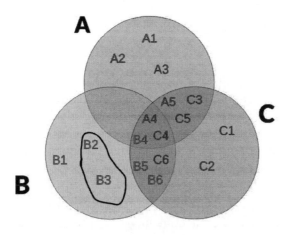

Figura 1.1: Diagrama de Venn mostrando um espaço amostral formado por três conjuntos $S = \{A, B, C\}$.

Na Figura 1.1 se mostram três conjuntos A, B, C. Estes conjuntos podem ser considerados eventos (subconjuntos) do espaço amostral S. Os eventos simples são dados pelos elementos A_i, B_i, C_i. Por exemplo, o subconjunto $\{B_2, B_3\}$ está indicado como sendo um possível evento. Superposições (interseções) entre os diferentes subconjuntos são mostradas.

- Em muitas situações é natural assumir que todos os eventos simples possuem a mesma probabilidade de aparecer em um dado experimento. Por exemplo, no experimento de lançar uma moeda, o espaço amostral é $S =$

{cara,coroa}. Em condições normais, esperamos que os dois eventos simples tenham a mesma probabilidade de aparecer. Outro exemplo é o resultado de lançar um dado de 6 faces. O conjunto de possíveis resultados é $S = \{E_1, E_2, E_3, E_4, E_5, E_6\}$. Para um dado homogêneo, esperamos que os seis resultados tenham a mesma probabilidade. Consideremos então uma situação genérica com N possíveis resultados E_i, com $i = 1, \ldots, N$. Como

$$\sum_{i=1}^{N} P(E_i) = 1,$$

se a probabilidade de cada evento simples é a mesma então $N\,P(E_i) = 1$. Logo, concluimos que:

$$P(E_i) = \frac{1}{N}.$$

Aplicado ao processo de lançar uma moeda, obtemos $P(E_i) = 1/2$, e no caso do dado $P(E_i) = 1/6$.

De forma geral, em um espaço amostral finito, para qualquer evento E:

$$P(E) = \frac{\text{número de elementos em } E}{\text{número de elementos em } S}, \tag{1.7}$$

onde o número de elementos é igual ao número de eventos simples.

1.3.2 Probabilidades condicionadas

Às vezes, estaremos interessados em conhecer a probabilidade de um conjunto L, *condicionado* a formar parte de um outro conjunto M. Consideremos uma população de N pessoas, das quais M são mulheres e, dentre estas, L são loiras. A probabilidade que uma pessoa particular seja mulher e a probabilidade que uma pessoa seja uma mulher loira são, respectivamente: $P(M) = M/N$ e $P(L) = L/N$. Agora consideremos a probabilidade de que uma pessoa, que sabemos é uma mulher, seja loira. Esta probabilidade é L/M. Define-se a probabilidade condicionada de um evento L, sabendo que outro evento M é certo, na forma:

$$P(L|M) = \frac{P(L \cap M)}{P(M)} \tag{1.8}$$

onde deve acontecer necessariamente que $P(M) \neq 0$ e a probabilidade conjunta $P(L \cap M) = L/N$. Para dois conjuntos quaisquer L e M, a relação recíproca

CAPÍTULO 1. VARIÁVEIS ALEATÓRIAS E PROBABILIDADES

também é verdadeira:

$$P(M|L) = \frac{P(M \cap L)}{P(L)} \qquad (1.9)$$

A composição das duas últimas relações constitui o enunciado do *Teorema de Bayes*:

$$P(M|L)P(L) = P(L|M)\,P(M) \qquad (1.10)$$

que define uma espécie de reversibilidade nas probabilidades condicionadas.

1.3.3 Independência estatística

O conceito de probabilidade condicionada permite introduzir o conceito de eventos independentes. Dizemos que dois conjuntos de eventos A e H são independentes se a probabilidade de qualquer evento em um dos conjuntos não está condicionado pelos eventos do segundo conjunto. A partir de (1.8) obtemos, neste caso:

$$P(A \cap H) = P(A)\,P(H). \qquad (1.11)$$

No caso mais geral em que temos uma série de conjuntos $A, B, C, \ldots$ estatisticamente independentes, se estende a condição anterior para todos os possíveis pares de conjuntos. Pode-se mostrar que se um conjunto de eventos $A, B, C, \ldots$ são estatisticamente independentes, então a probabilidade conjunta é igual ao produto das probabilidades dos eventos independentes [1]:

$$P(A \cap B \cap C \cap \ldots) = P(A)P(B)P(C)\ldots \qquad (1.12)$$

1.3.4 Elementos de análise combinatória

Quando o espaço amostral consiste em um número muito grande, porém finito, de eventos simples, é difícil calcular probabilidades analisando o conjunto total das possibilidades para os resultados de um experimento. Aqui se faz necessário sistematizar a enumeração das possibilidades usando análise combinatória. Consideremos o lançamento de uma moeda. Repetimos o experimento 3 vezes. Qual a probabilidade de se obter cara em dois dos três lançamentos? Neste caso, o espaço amostral é reduzido, e então é possível enumerar exatamente todos as possíveis resultados dos lançamentos. Seja C o evento simples que representa uma

---
[1]Estas considerações permitem justificar o produto de probabilidades nas sequências da caminhada aleatória (1.1), e o Axioma 2 justifica a soma que resulta na distribuição binomial (1.3).

cara e S o evento simples que representa coroa. Todas as possíveis sequências de 3 lançamentos são:

$$CCC \quad CCS \quad CSC \quad SCC$$
$$CSS \quad SCS \quad SSC \quad SSS$$

No total, existem 8 possibilidades com igual probabilidade. Portanto, a probabilide de cada sequência é 1/8. Destas 8 sequências, existem 3 com duas caras. Portanto, a probabilidade buscada é 3/8.

Consideremos agora um exemplo mais complexo. Suponhamos que temos um conjunto de 20 pessoas. Qual a probabilidade que ao menos duas delas façam aniversário no mesmo dia? Uma forma de encarar esta pergunta é considerar o evento complementar: "todas as 20 pessoas fazem aniversário em dias diferentes". Chamemos P_1 a probabilidade deste último evento, e P_2 a do evento procurado. Como são eventos complementares, $P_1 + P_2 = 1$, ou $P_2 = 1 - P_1$. Se conseguirmos calcular P_1, obteremos imediatamente P_2. Enumeremos os dias do ano de 1 até 365 (eliminando, por simplicidade, os anos bissextos). Um ponto amostral neste experimento consiste em uma sequência de 20 números, cada um entre 1 e 365, onde o primeiro número representa o aniversário da primeira pessoa, o segundo o aniversário da segunda, e assim por diante. O número total de pontos do espaço amostral N_s será o número de grupos de 20 elementos que podemos formar com 365 números. Para a primeira pessoa temos 365 possibilidades. Para cada uma destas, teremos 365 possibilidades para a segunda pessoa, e assim por diante, de forma que $N_s = 365^{20}$. Para obtermos a probabilidade de não repetir nenhum dos números na sequência de 20, devemos calcular o número de eventos N_1 nos quais não se repete nenhum número, e dividir por N_s. Contemos: para a primeira pessoa temos 365 possibilidades, mas agora para a segunda restam apenas 364 possibilidades, para a terceira 363, e assim por diante, pois os números não podem se repetir na sequência. No total,

$$N_1 = \underbrace{365 \times 364 \times 363 \times \ldots \times 346}_{20 \text{ fatores}}$$

Portanto

$$P_1 = \frac{N_1}{N_s} = \frac{365 \times 364 \times 363 \times \ldots \times 346}{365^{20}} \approx \frac{1.0367 \times 10^{51}}{1.7614 \times 10^{51}} \approx 0.59$$

Como consequência, o resultado que procuramos é $P_2 = 1 - 0.59 = 0.41$. Em palavras, existe 41% de probabilidade de que em um conjunto de 20 pessoas, ao menos duas façam aniversário no mesmo dia.

CAPÍTULO 1. VARIÁVEIS ALEATÓRIAS E PROBABILIDADES

Como vimos nos exemplos anteriores, para calcular probabilidades, no geral é necessário considerar todas as diferentes formas de combinar elementos de um conjunto de possibilidades. Este tipo de cálculo é a matéria da *análise combinatória*. A seguir vamos definir algumas noções básicas que serão úteis para o resto do curso.

- Se chama *permutação* um arranjo qualquer de um conjunto de N objetos com uma ordem definida.

Para contar o número de permutações de N objetos podemos supor que temos N caixas ordenadas, e colocamos um objeto em cada caixa. Para o primeiro objeto temos N possibilidades. Por cada uma destas, para a segunda caixa temos $N-1$ possibilidades. Para cada um destes $N \times (N-1)$ pares, para a terceira caixa temos $N-2$ possibilidades, e assim por diante. O número total de possíveis permutações de N objetos é portanto:

$$N! = N \times (N-1) \times (N-2) \times \cdots \times 2 \times 1, \tag{1.13}$$

onde $N!$ é o fatorial de N.

- Suponhamos agora, como no exemplo dos aniversários, que queremos calcular o número de permutações de R objetos retirados de um conjunto maior de N elementos. Esse número se chama *permutações de R objetos retirados de N*, P_R^N.

Para calcular P_R^N procedemos de forma semelhante ao que fizemos no caso das permutações simples. Podemos pensar que agora temos R caixas ordenadas, e N objetos para preenchê-las. Como anteriormente, temos N possibilidades para preencher a primeira caixa, $N-1$ para a segunda, e assim até preencher as R caixas. Portanto:

$$P_R^N = N \times (N-1) \times (N-2) \times \cdots \times (N-R+1) = \frac{N!}{(N-R)!}. \tag{1.14}$$

No exemplo dos aniversários,

$$\begin{aligned} N_1 = P_{20}^{365} &= \frac{365!}{(365-20)!} = \frac{365 \times 364 \times \ldots \times 345 \times 344 \times \ldots \times 2 \times 1}{345 \times 344 \times \ldots \times 2 \times 1} \\ &= 365 \times 364 \times 363 \times \ldots \times 346. \end{aligned} \tag{1.15}$$

CAPÍTULO 1. VARIÁVEIS ALEATÓRIAS E PROBABILIDADES 12

- Uma *combinação* é uma seleção de R objetos retirados de um conjunto de N *independentemente da ordem dos objetos*, C_R^N.

  Pode-se calcular C_R^N a partir de P_R^N. Em P_R^N cada grupo particular dos R objetos selecionados aparece repetido através de todas as permutações possíveis dos R objetos, $R!$. Sendo assim, concluimos que $P_R^N = R!\,C_R^N$, e portanto:

  $$C_R^N \equiv \binom{N}{R} = \frac{P_R^N}{R!} = \frac{N!}{R!\,(N-R)!}. \qquad (1.16)$$

  C_R^N é conhecido também como *número combinatório* ou *coeficiente binomial*, pois é o coeficiente que aparece na expansão do *binômio de Newton*:

  $$(x+y)^N = \sum_{k=0}^{N} \binom{N}{k} x^k y^{N-k}. \qquad (1.17)$$

  Algumas propriedades simples dos coeficientes binomiais são:

  $$\binom{N}{0} = \binom{N}{N} = 1$$

  $$\binom{N}{1} = \binom{N}{N-1} = N$$

- Vamos supor agora que temos um conjunto de N objetos, dos quais um subconjunto A possui R objetos idênticos, e o complemento B possui $N-R$ objetos diferentes dos de A, mas idênticos entre si. A pergunta é: quantas permutações diferentes dos N objetos existem? Como os R objetos de A são idênticos entre si, todas as $R!$ permutações dos objetos de A são uma só. E o mesmo acontece com todas as $(N-R)!$ permutações dos elementos de B. Portanto, o número de permutações procurado é o número total de permutações $N!$ dividido pelo número de repetições $R!\,(N-R)!$, que corresponde a C_R^N. No exemplo das três moedas, o número de eventos com duas caras é $C_2^3 = 3$.

- O número de permutações de N objetos, nos quais há n_1 de um tipo (idênticos entre si), n_2 de outro tipo, etc. n_p do tipo p é dado pelo *coeficiente multinomial*:

  $$\binom{N}{n_1,\ldots,n_p} = \frac{N!}{n_1!n_2!\cdots n_p!}, \qquad (1.18)$$

CAPÍTULO 1. VARIÁVEIS ALEATÓRIAS E PROBABILIDADES

que aparecem na expansão multinomial:

$$(x_1 + x_2 + \cdots + x_p)^N = \sum \binom{N}{n_1, \ldots, n_p} x_1^{n_1} x_2^{n_2} \cdots x_p^{n_p}, \qquad (1.19)$$

onde a soma se estende a todos os valores inteiros de $n_1, \ldots, n_p$ entre 0 e N, tal que $\sum_{i=1}^{p} n_i = N$.

1.4 Variáveis aleatórias

De forma geral, se os eventos $A_1, A_2, \ldots$ de um conjunto A são identificados com um número real x, podemos interpretar esses eventos como os possíveis valores de uma **variável aleatória X**. Mais formalmente, uma variável aleatória X é uma função do espaço amostral S nos números reais. Como em um mesmo experimento uma variável aleatória X pode tomar diferentes valores $\{x_n\}$, distinguimos a variável, indicada com uma letra maiúscula, dos possíveis valores que ela pode tomar, indicados com letras minúsculas. Por exemplo, o número de caras que pode aparecer no lançamento de três moedas é uma variável aleatória X, cujos possíveis valores são $x = 0, 1, 2, 3$.

1.4.1 Variáveis aleatórias discretas

Se os possíveis valores da variável aleatória X são numeráveis $\{x_1, x_2, \ldots\}$, dizemos que a variável aleatória X é **discreta**. De acordo aos axiomas vistos antes, se define a **distribuição de probabilidade** $P(x_n)$ de uma variável aleatória X como sendo a probabilidade que X tome o valor x_n, e é dada pela soma das probabilidades de todos os eventos simples no espaço amostral S para os quais X tem o valor x_n. A distribuição de probabilidades satisfaz:

$$0 \leq P(x_n) \leq 1 \qquad (1.20)$$

e

$$\sum_n P(x_n) = 1. \qquad (1.21)$$

Seja X uma variável aleatória discreta que pode tomar valores $\{x_n\}$, $n = 1, 2, \ldots$, com probabilidade $P(x_n)$. Quando a série é absolutamente convergente, se define o **valor esperado** ou **valor médio** de X:

$$\langle x \rangle = \sum_n x_n P(x_n) \qquad (1.22)$$

Em geral, se define o valor esperado de uma função da variável aleatória X na forma:

$$\langle f(x) \rangle = \sum_n f(x_n)\, P(x_n) \tag{1.23}$$

O caso particular $f(x) = x$ nos dá o valor esperado da própria variável. Estas definições se generalizam de forma simples para o caso no qual a variável aleatória pode tomar valores em um intervalo contínuo, onde as somas discretas tendem para integrais.

O **momento de ordem n** da distribuição $P(x_i)$ é dado por:

$$\langle x^n \rangle = \sum_i x_i^n\, P(x_i) \tag{1.24}$$

O momento de ordem 1, $\langle x \rangle$, corresponde ao valor esperado da variável aleatória X. Ele representa a média dos resultados de um número muito grande experimentos.

Com o momento de ordem dois, $\langle x^2 \rangle$, podemos obter uma medida da dispersão nos valores da variável aletaória X no entorno do valor médio. Essa medida, chamada **desvio quadrático médio** ou **variância** é definida na forma:

$$\begin{aligned} V(X) &= \langle (x - \langle x \rangle)^2 \rangle \\ &= \langle x^2 \rangle - \langle x \rangle^2 \end{aligned} \tag{1.25}$$

A raiz quadrada desta quantidade, $\sigma_X = \sqrt{V(X)}$ é conhecida como **desvio padrão**, e é uma quantidade importante na análise estatística de dados.

1.4.2 Exemplos de distribuições discretas

A distribuição delta

Seja uma variável aleatória discreta X, que pode tomar valores $\{x_n\}$, $n = 1, 2, \ldots$. No caso em que somente um evento x_p seja certo, enquanto nenhum outro pode ocorrer, a distribuição de probabilidades tem a forma:

$$P(x_n) = \delta_{n,p} \tag{1.26}$$

onde $\delta_{n,p}$ é a delta de Kronecker.

A distribuição binomial

CAPÍTULO 1. VARIÁVEIS ALEATÓRIAS E PROBABILIDADES

Uma das aplicações mais comuns da teoria das probabilidades é o caso de um número muito grande de experimentos, sendo que em cada um deles apenas um dentre dois resultados pode acontecer. Um exemplo é a caminhada aleatória vista antes, definida como um processo onde um caminhante pode dar passos a esquerda ou a direita apenas, sendo que os passos a esquerda acontecem com uma probabilidade p, definida a priori, e os passos a direita acontecem com uma probabilidade $q = 1 - p$. A pergunta neste caso é qual a probabilidade de, após uma sequência de N passos, o caminhante se econtrar na posição m, $P_N(m)$.

O processo binomial se define pelas seguintes caracterísicas:

1. O processo é composto por N eventos simples idênticos.

2. Cada evento simples possui apenas dois resultados possíveis: genericamente ESQUERDA ou DIREITA.

3. A probabilidade do evento ESQUERDA é p, e é o mesmo ao longo de toda a sequência de eventos simples (passos). A probabilidade de dar um passo para a DIREITA é então $1 - p$.

4. Os eventos simples são independentes entre si.

5. A variável aleatória X corresponde, por exemplo, ao número de passos para ESQUERDA observados ao longo dos N eventos simples.

As sequências do processo binomial são da forma: $EEEDDEDDEED\ldots DDEDE$ Como já vimos, a probabilidade de observarmos m passos do tipo E, e $N - m$ passos do tipo D é:

$$P_N(m) = \binom{N}{m} p^m (1-p)^{N-m} \tag{1.27}$$

Esta é a **distribuição binomial**. O valor médio da variável m é:

$$\langle m \rangle = Np, \tag{1.28}$$

e a variância

$$V(X) = \langle m^2 \rangle - \langle m \rangle^2 = Np(1-p). \tag{1.29}$$

A distribuição geométrica

Consideremos agora um processo semelhante ao binomial, mas que termina na primeira vez que aparece o evento simples E. Nesse processo, a variável aleatória de interesse, X, é o número na sequência de eventos simples para o qual aconteceu o primeiro E, o primeiro passo para esquerda na caminhada aleatória, por exemplo. Os eventos do espaço amostral neste processo são da forma: E (esquerda no primeiro passo), DE (esquerda no segundo passo), $DDDDD\cdots E$ (esquerda no k-ésimo passo), etc. Então, o número de eventos simples não é fixo. Como os passos são independentes, a probabilidade do primeiro passo a esquerda ser o m-ésimo é:

$$P(m) = (1-p)^{m-1}p \qquad \text{para } m = 1, 2, \ldots \qquad (1.30)$$

Esta é a **distribuição geométrica**. Como $(1-p) \leq 1$, notamos que a distribuição geométrica decai exponencialmente com m, a menos que $p = 1$, em cujo caso $P(1) = 1$, e $P(m) = 0$ se $m \neq 1$. Neste último caso a distribuição é a delta. O valor médio da variável m é:

$$\langle m \rangle = 1/p. \qquad (1.31)$$

Como a distribuição geométrica decai exponencialmente, quanto menor o valor de p, mais lentamente decai $P(m)$ e, portanto, maior é o valor médio. A variância da distribuição é dada por:

$$V(X) = \frac{2}{p^2} - \frac{1}{p} \qquad (1.32)$$

A distribuição de Poisson

Suponhamos que uma substância radioativa emite aleatoriamente uma partícula toda vez que um átomo decai, e esse decaimento é registrado por um detetor Geiger. Vamos supor ainda que o tempo de vida médio da substância seja muito maior que o tempo de observação dos decaimentos, de forma que o número de contagens é relativamente pequeno. Desta forma, podemos considerar cada evento de decaimento como sendo independente dos outros. O número de contagens durante um certo intervalo de tempo é uma variável aleatória X. Estamos interessados em determinar a probabilidade de observar m contagens em um intervalo de tempo dado τ.

Para realizar esse cálculo, vamos dividir o intervalo τ em n subintervalos de forma que τ/n seja suficientemente pequeno para que a probabilidade de observar mais de um decaimento em cada subintervalo seja desprezível. Seja p a probabilidade de termos uma contagem particular em um subintervalo dado. Certamente, p depende do comprimento dos intervalos. A forma de obter uma probabilidade independente do comprimento do intervalo é fazê-lo tender a zero. Embora p dependa do comprimento do subintervalo, para um τ dado podemos assumir que p

CAPÍTULO 1. VARIÁVEIS ALEATÓRIAS E PROBABILIDADES

é a mesma para cada subintervalo. Nesse caso, a distribuição de probabilidades de X é binomial. Embora não saibamos como p depende do comprimento dos subintervalos, é razoável supor que diminui à medida que n aumenta. A dependência mais simples que satisfaz estas condições é $p = \lambda/n$, com λ sendo uma constante. Isto equivale a considerar que o valor médio do número de contagens, np é constante ao aumentar n. A distribuição de probabilidades de X se obtém tomando o limite $n \to \infty$ da distribuição binomial, com $p = \lambda/n$:

$$\begin{aligned}\lim_{n\to\infty} P(m) &= \lim_{n\to\infty} \frac{n(n-1)\cdots(n-m+1)}{m!} \left(\frac{\lambda}{n}\right)^m \left(1-\frac{\lambda}{n}\right)^{n-m} \\ &= \frac{\lambda^m}{m!} \lim_{n\to\infty} \left(1-\frac{\lambda}{n}\right)^n \left(1-\frac{\lambda}{n}\right)^{-m} \frac{n(n-1)\cdots(n-m+1)}{n^m} \\ &= \frac{\lambda^m}{m!} \lim_{n\to\infty} \left(1-\frac{\lambda}{n}\right)^n \left(1-\frac{\lambda}{n}\right)^{-m} \left(1-\frac{1}{n}\right)\cdots\left(1-\frac{m-1}{n}\right)\end{aligned}$$

O limite da direita se reduz a:

$$\lim_{n\to\infty}\left(1-\frac{\lambda}{n}\right)^n = e^{-\lambda} \tag{1.33}$$

O resultado é a **distribuição de Poisson**:

$$P(m) = \frac{\lambda^m}{m!} e^{-\lambda} \tag{1.34}$$

De forma geral, esta distribuição se aplica a eventos que ocorrem de forma aleatória por unidade de tempo ou de espaço. Por exemplo, se queremos saber a probabilidade de passagem de um número dado de carros por um dado ponto em uma autoestrada por unidade de tempo, ou a probabilidade de entrada de um dado número de ligações telefônicas em um dado intervalo de tempo, etc. A distribuição foi descoberta por Simeón-Denis Poisson (1781-1840) e publicada, junto com a sua teoria das probabilidades, no trabalho *Recherches sur la probabilité des judgements en matières criminelles et matière civile* ("Pesquisa sobre a probabilidades dos juízos em matérias civis e criminais").

O valor médio de m na distribuição de Poisson é:

$$\langle m \rangle = \lambda, \tag{1.35}$$

o mesmo valor da variância:

$$V(X) = \lambda. \tag{1.36}$$

1.4.3 Variáveis aleatórias contínuas

Uma variável aletória X se chama contínua quando pode assumir valores no eixo real, em um conjunto não enumerável. No contexto contínuo é útil definir uma **densidade de probabilidade** $f_X(x)$, tal que a probabilidade da variável aleatória X tomar um valor no intervalo entre x e $x+dx$ é dado por $f_X(x)\,dx$. Desta forma, a probabilidade da variável aleatória X tomar algum valor no intervalo finito (a,b) é dada por:

$$P(a \leq X \leq b) = \int_a^b f_X(x)\,dx \qquad (1.37)$$

De acordo com esta definição, a probabilidade da variável contínua X tomar um valor definido $P(X = x)$ é nula. A densidade de probabilidade deve satisfazer que $f_X(x) \geq 0$ e:

$$\int_{-\infty}^{\infty} f_X(x)\,dx = 1 \qquad (1.38)$$

É possível estender o conceito de densidade de probabilidade para as distribuições discretas. Se X é uma variável aleatória discreta que pode tomar valores $x_1, x_2, \ldots$, com probabilidades $P(x_n)$, então sua densidade de probabilidade se define como:

$$f_X(x) = \sum_n P(x_n)\delta(x - x_n) \qquad (1.39)$$

onde $\delta(x - x_n)$ é a função delta de Dirac.

Define-se a **função de distribuição** $F_X(x)$ como a probabilidade:

$$F_X(x) = P(X \leq x) = \int_{-\infty}^{x} f_X(x')\,dx' \qquad (1.40)$$

Esta definição implica que $f_X(x) = dF_X(x)/dx$. Como $f_X(x)$ é não negativa, conclui-se que a função de distribuição é não decrescente. Como consequência da normalização da $f_X(x)$, se verifica que $F_X(-\infty) = 0$ e $F_X(\infty) = 1$. Para o caso de uma variável aleatória discreta, a função distribuição é definida na forma:

$$F_X(x) = \sum_n P(x_n)\Theta(x - x_n) \qquad (1.41)$$

onde $\Theta(x)$ é a função degrau de Heaviside.

O momento n-ésimo da variável aleatória contínua X se define na forma:

$$\langle x^n \rangle = \int_{-\infty}^{\infty} x^n f_X(x)\,dx \qquad (1.42)$$

CAPÍTULO 1. VARIÁVEIS ALEATÓRIAS E PROBABILIDADES 19

O momento de ordem um $\langle x \rangle$ (valor esperado ou valor médio de X), representa uma espécie de "centro de massa" da densidade de probabilidade $f_X(x)$. Não deve ser confundido com outras grandezas semelhantes como o **valor mais provável** x_p ou a **mediana** x_m. O valor mais provável da variável aleatória X se define com o máximo da função densidade de probabilidade $f_X(x)$. A mediana se define como o valor de x que divide a área debaixo da curva de $f_X(x)$ em duas partes iguais, ou seja, $F_X(x_m) = 1/2$. Em alguns casos, estas quantidades coincidem, mas em geral são diferentes.

O momento de ordem dois, $\langle x^2 \rangle$, representa o "momento de inércia" da densidade f_X em relação à origem. O desvio padrão $\sigma_X = \sqrt{\langle x^2 \rangle - \langle x \rangle^2}$ é uma medida da dispersão de X em relação ao valor médio.

Suponhamos que $\langle x \rangle = 0$. Sempre é possível redefinir a origem de coordenadas de forma a satisfazer esta condição. Nessa situação, o momento de ordem três, $\langle x^3 \rangle$, representa a assimetria de densidade $f_X(x)$ em relação à origem. Se a densidade for simétrica em relação à origem, então $\langle x^3 \rangle = 0$. Quanto mais assimétrica de distribuição da massa em relação à origem, maior será o valor de $\langle x^3 \rangle$.

1.4.4 Exemplos de distribuições contínuas

Algumas densidades de probabilidade de distribuições contínuas são ilustradas na Figura 1.2

A distribuição uniforme

Uma variável aleatória X obedece uma **distribuição uniforme** se:

$$f_X(x) = \begin{cases} A & \text{se} \quad a \leq x \leq b \\ 0 & \text{caso contrário} \end{cases} \quad (1.43)$$

onde A é constante. Pela normalização das probabilidades, se satisfaz que $A = 1/(b-a)$. Um cálculo imediato permite concluir que $\langle x \rangle = (b+a)/2$, isto é, o valor esperado é o centro do intervalo onde a variável toma valores finitos. Da mesma forma, pode-se mostrar que $\sigma_X = (b-a)/\sqrt{12}$. É possível mostrar que:

$$P(\langle x \rangle - \sigma_X \leq X \leq \langle x \rangle + \sigma_X) \approx 0.58 \quad (1.44)$$

isto é, o intervalo entre $\pm \sigma_X$ no entorno da média concentra aproximadamente o

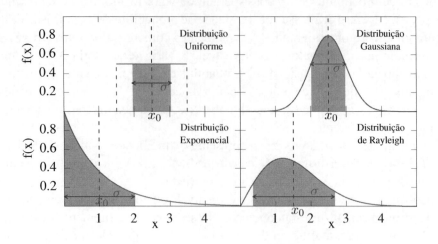

Figura 1.2: Densidades de probabilidades de algumas distribuições contínuas conhecidas.

60% da probabilidade. É fácil obter a função de distribuição:

$$F_X(x) = \begin{cases} 0 & \text{se} \quad x < a \\ A(x-a) & \text{se} \quad a \leq x \leq b \\ 1 & \text{se} \quad x > b \end{cases} \quad (1.45)$$

Deste resultado obtemos imediatamente que, para uma distribuição uniforme, $x_m = \langle x \rangle$.

A distribuição de Gauss ou distribuição normal

Uma distribuição muito importante no contexto de conjuntos de variáveis aleatórias independentes é a **distribuição de Gauss** ou **normal**:

$$f_X(x) = \frac{1}{\sigma\sqrt{2\pi}} e^{-(x-x_0)^2/2\sigma^2} \quad (1.46)$$

onde x pode tomar valores reais e $\sigma > 0$. Por integração direta é possível verificar que a distribuição está normalizada e que $\langle x \rangle = x_0$ e $\sigma_X = \sigma$. A curva apresenta um máximo em $x = x_0$ e é simétrica em relação ao valor médio. Neste caso

CAPÍTULO 1. VARIÁVEIS ALEATÓRIAS E PROBABILIDADES 21

o valor médio, a mediana e o valor mais provável coincidem. A probabilidade da variável aleatória tomar valores em um intervalo $\pm\sigma$ no entorno da média é aproximadamente de 68%, no entanto que para um intervalo $\pm 2\sigma$ a probabilidade é aproximadamente de 95%.

A *distribuição exponencial*

Um exemplo de distribuição não simétrica é a **distribuição exponencial**:

$$f_X(x) = \begin{cases} 0 & \text{se } x < 0 \\ \alpha e^{-\alpha x} & \text{se } x \geq 0 \end{cases} \quad (1.47)$$

É fácil verificar que a distribuição está normalizada e que o valor médio é:

$$\langle x \rangle = 1/\alpha, \quad (1.48)$$

e o desvio padrão:

$$\sigma_X = 1/\alpha. \quad (1.49)$$

A densidade de probabilidade $f_X(x)$ tem o máximo em $x = 0$. Por outro lado, a função de distribuição é dada por:

$$F_X(x) = \begin{cases} 0 & \text{se } x < 0 \\ 1 - e^{-\alpha x} & \text{se } x \geq 0 \end{cases} \quad (1.50)$$

A mediana, definida como $F(x_m) = 1/2$ resulta $x_m = \ln 2/\alpha$. Neste caso, notamos que o valor médio, o valor mais provável, e a mediana não coincidem.

A *distribuição de Rayleigh*

Outra distribuição de probabilidades assimétrica é a **distribuição de Rayleigh**:

$$f_X(x) = \frac{x}{\sigma^2} e^{-x^2/2\sigma^2}, \qquad x \geq 0 \quad (1.51)$$

cujo valor médio é:

$$\langle x \rangle = \sqrt{\frac{\pi}{2}}\,\sigma, \quad (1.52)$$

e a variância:

$$\sigma_X = \frac{4-\pi}{2}\sigma^2. \quad (1.53)$$

A distribuição de Rayleigh aparece em problemas que relacionam o módulo de um vetor em duas dimensões com suas componentes. Quando as componentes são variáveis aleatórias independentes com distribuição normal de média zero e igual variância, o módulo é uma variável aleatória com distribuição de Rayleigh. Outro exemplo no qual aparece a distribuição é em alguns problemas de estatística de eventos extremos.

1.5 Transformação de variáveis aleatórias

Vejamos agora como a densidade de probabilidade $f_X(x)$ da variável aleatória X se transforma frente a uma transformação de variáveis do tipo $Y = g(X)$. Vamos supor $g(x)$ conhecida e cuja inversa pode não ser única. Qual é a forma da densidade de probabilidade $f_Y(y)$?

Se a transformação inversa for única, ou seja, $X = h(Y)$, $h = g^{-1}$, a lei de transformação é dada pelo Jacobiano:

$$f_Y(y) = f_X(h(y)) \left| \frac{dx}{dy} \right| \tag{1.54}$$

No caso geral, se $x = h_j(y)$, onde h_j é um dos ramos da transformação inversa, para obtermos a probabilidade $f_Y(y)\, dy$, temos que somar as probabilidades dos diferentes ramos. Pode-se mostrar que (Tomé e Oliveira 2001):

$$f_Y(y) = \sum_{j=1}^{r} f_X(h_j(y)) \left| \frac{dx}{dy} \right|_{x=h_j(y)} \tag{1.55}$$

Exemplo: A Distribuição de Boltzmann

Se $p(v)$ é a densidade de probabilidade das velocidades das partículas de um gás ideal em equilíbrio termodinâmico à temperatura T (também conhecida como "distribuição de Maxwell das velocidades"):

$$p(v) = \sqrt{\frac{m}{2\pi k_B T}} \exp\left(-\frac{mv^2}{2k_B T}\right). \tag{1.56}$$

Queremos calcular a densidade de probabilidade da energia, $p(E)$. Como $E = \frac{1}{2}mv^2 \equiv g(v)$, observamos que a transformação inversa tem duas raízes:

$$v_{1,2}(E) = h_{1,2}(E) = \pm\sqrt{2E/m}. \tag{1.57}$$

CAPÍTULO 1. VARIÁVEIS ALEATÓRIAS E PROBABILIDADES 23

Então $|h'_{1,2}(E)| = +1/\sqrt{2mE}$. Usando este resultado, juntamente com (1.56) e (1.55), podemos escrever:

$$p(E) = \sum_{j=1,2} p(h_j(E))\, |h'_{1,2}(E)|. \quad (1.58)$$

Substituindo pelas expressões correspondentes, obtemos finalmente a densidade de probabilidade da energia do sistema:

$$p(E) = \sqrt{\frac{m}{2\pi k_B T}}\, \exp\left(-\frac{E}{k_B T}\right)\frac{2}{\sqrt{2mE}} = \frac{1}{\sqrt{\pi E k_B T}}\, e^{-\frac{E}{k_B T}}, \quad (1.59)$$

que é a distribuição de Boltzmann das energias de uma partícula livre em equilíbrio térmico com um reservatório na temperatura T.

1.6 Distribuição conjunta

Sejam X e Y duas variáveis aleatórias. A probabilidade de que x se encontre no intervalo $[a,b]$ e y no intervalo $[c,d]$ *simultaneamente* é dada por:

$$P(a \leq X \leq b, c \leq Y \leq d) = \int_a^b \int_c^d f_{X,Y}(x,y)\, dx\, dy \quad (1.60)$$

onde $f_{X,Y}(x,y)$ é a *densidade de probabilidade conjunta* das variáveis X e Y. Ou seja, $P(a \leq X \leq b, c \leq Y \leq d) = P(a \leq X \leq b \cap c \leq Y \leq d)$. A densidade de probabilidade conjunta é não negativa, $f_{X,Y}(x,y) \geq 0$, e normalizada:

$$\int_{-\infty}^{\infty} dx \int_{-\infty}^{\infty} dy\, f_{X,Y}(x,y) = 1 \quad (1.61)$$

Integrando respeito de uma das variáveis podemos obter a *densidade de probabilidade marginal* da outra variável:

$$f_X(x) = \int_{-\infty}^{\infty} dy\, f_{X,Y}(x,y) \quad (1.62)$$

e

$$f_Y(y) = \int_{-\infty}^{\infty} dx\, f_{X,Y}(x,y) \quad (1.63)$$

- Se as variáveis aleatórias X e Y são independentes, da definição (1.60) conclui-se que:

$$f_{X,Y}(x,y) = f_X(x)\,f_Y(y) \qquad \text{para todo } x, y \qquad (1.64)$$

- O momento n-ésimo da variável X se define na forma:

$$\langle x^n \rangle = \int_{-\infty}^{\infty} dx \int_{-\infty}^{\infty} dy\, x^n\, f_{X,Y}(x,y) = \int_{-\infty}^{\infty} dx\, x^n\, f_X(x) \qquad (1.65)$$

- Os momentos conjuntos para as variáveis X e Y se definem na forma:

$$\langle x^n y^m \rangle = \int_{-\infty}^{\infty} dx \int_{-\infty}^{\infty} dy\, x^n y^m\, f_{X,Y}(x,y) \qquad (1.66)$$

- Uma grandeza muito comum na física é a **covariância**:

$$Cov(X,Y) = \langle (x - \langle x \rangle)(y - \langle y \rangle) \rangle = \langle xy \rangle - \langle x \rangle \langle y \rangle. \qquad (1.67)$$

Esta fornece uma medida da correlação entre as flutuações de duas variáveis aleatórias. Uma quantidade equivalente é a **função de correlação** (também chamada de *coeficiente de Pearson*):

$$Cor(X,Y) = \frac{Cov(X,Y)}{\sigma_X \sigma_Y}, \qquad (1.68)$$

que é uma grandeza adimensional.

- *Transformação de duas variáveis aletórias*: se $Z = G(X,Y)$ é uma função conhecida de duas variáveis, e $f_{X,Y}(x,y)$ é a densidade de probabilidade conjunta de X e Y, então a densidade de probabilidade da variável aleatória Z é dada por:

$$f_Z(z) = \int_{-\infty}^{\infty} dx \int_{-\infty}^{\infty} dy\, \delta(z - G(x,y))\, f_{X,Y}(x,y) \qquad (1.69)$$

1.7 Função característica e expansão em cumulantes

Alternativamente, podemos caracterizar as probabilidades de uma variável aleatória por meio do desenvolvimento de Fourier da densidade de probabilidade. A

função característica $g(k)$ de uma variável aleatória real X é definida como:

$$g_X(k) = \int_{-\infty}^{\infty} f_X(x)\, e^{ikx}\, dx \qquad (1.70)$$
$$= \langle e^{ikx} \rangle,$$

que pode ser interpretada como o valor médio de e^{ikx}. Se os momentos da distribuição $\langle x^n \rangle$ existem, a função característica admite desenvolvimento em série de Taylor no entorno de $k = 0$:

$$g_X(k) = \sum_{n=0}^{\infty} \frac{(ik)^n}{n!} \langle x^n \rangle. \qquad (1.71)$$

Desta forma, a função característica permite determinar todos os momentos da distribuição, que são dados por:

$$\langle x^n \rangle = \frac{1}{i^n} \frac{d^n}{dk^n} g_X(k) \bigg|_{k=0}. \qquad (1.72)$$

A partir desta relação podemos concluir que, nos casos em que $g_X(k)$ não seja diferenciável em $k = 0$, um ou alguns momentos podem não estar definidos. Exemplos de distribuições onde momentos não estão definidos são a distribuição de Lorentz e distribuições do tipo Lévy, cuja característica fundamental é um decaimento algébrico da densidade de probabilidade para grandes valores da variável, do tipo $f_X(x) \propto x^{-\alpha}$, com $\alpha \leq 2$.

Alternativamente, podemos desenvolver o logaritmo da função característica em série de Taylor:

$$\ln g_X(k) = \sum_{n=1}^{\infty} \frac{(ik)^n}{n!} C_n(x) \qquad (1.73)$$

Esta expressão se conhece como **expansão em cumulantes**, onde o coeficiente $C_n(x)$ do termo de ordem n é chamado *cumulante de ordem n*. Como $g_X(k) = \exp\left[\sum_{n=1}^{\infty} \frac{(ik)^n}{n!} C_n(x)\right]$, a partir da expansão em série de Taylor da exponencial e a expansão (1.71), e identificando potências em k, é possível expressar os cumulantes em termos dos momentos da distribuição. Por exemplo:

$$\begin{aligned}
C_1(x) &= \langle x \rangle \\
C_2(x) &= \langle x^2 \rangle - \langle x \rangle^2 = V(X) \\
C_3(x) &= \langle x^3 \rangle - 3\langle x \rangle\langle x^2 \rangle + 2\langle x \rangle^3
\end{aligned} \qquad (1.74)$$

Em geral, o cumulante de ordem n é função de todos os momentos de ordem $l \leq n$.

1.8 Soma de variáveis independentes

Muitas vezes, a variável aleatória de interesse é dada por uma soma de variáveis aleatórias independentes. Por exemplo, a posição de uma caminhada aleatória após um certo número de passos. Consideremos a variável aleatória $Y = X_1 + X_2$, onde X_1 e X_2 são variáveis independentes. A densidade de probabilidade da variável Y é dada por (1.69). Com esse resultado e a definição de função característica, podemos escrever:

$$g_Y(k) = \int e^{iky} f_Y(y)\, dy \tag{1.75}$$

$$= \int_{-\infty}^{\infty} dx_1 \int_{-\infty}^{\infty} dx_2 f_{X_1,X_2}(x_1,x_2) \int_{-\infty}^{\infty} dy\, \delta(y-(x_1+x_2))\, e^{iky}$$

Como X_1 e X_2 são independentes, finalmente obtemos:

$$g_Y(k) = \int_{-\infty}^{\infty} dx_1\, f_{X_1}(x_1)\, e^{ikx_1} \int_{-\infty}^{\infty} dx_2\, f_{X_2}(x_2)\, e^{ikx_2} = g_{X_1}(k)\, g_{X_2}(k), \tag{1.76}$$

onde $g_{X_1}(k)$ e $g_{X_2}(k)$ são as funções características dos processos X_1 e X_2, respectivamente. Este resultado é facilmente generalizável no caso de uma soma de N variáveis aleatórias independentes $Y = \sum_{i=1}^{N} X_i$, em cujo caso:

$$g_Y(k) = g_{X_1}(k) g_{X_2}(k) \ldots g_{X_N}(k) \tag{1.77}$$

A partir das propriedades anteriores e das propriedades da função característica, pode-se mostrar que a média e a variância de uma variável, que é soma de variáveis independentes, são dadas por:

$$\langle y \rangle = \sum_{i=1}^{N} \langle x_i \rangle \tag{1.78}$$

e

$$V(Y) = \langle y^2 \rangle - \langle y \rangle^2 = \sum_{i=1}^{N} \left(\langle x_i^2 \rangle - \langle x_i \rangle^2 \right) = \sum_{i=1}^{N} V(X_i) \tag{1.79}$$

Exemplo: Ensaios de Bernoulli

O exemplo utilizado no início, da moeda assimétrica ou caminhada aleatória, é um caso particular de um experimento muito geral e comum, chamado ensaios

CAPÍTULO 1. VARIÁVEIS ALEATÓRIAS E PROBABILIDADES

de Bernoulli. Consideremos N experimentos idênticos, nos quais podem ocorrer apenas dois eventos por ensaio, A ou B. Sendo p a probabilidade de ocorrência do evento A e $q = 1 - p$ a probabilidade do evento B, uma forma de determinar a probabilidade $P_N(m)$ de que A ocorra m vezes é considerar N destes eventos e definir N variáveis aleatórias independentes X_i, $i = 1 \ldots N$. Estas podem valer $x_i = 1$, caso ocorra A, ou $x_i = 0$, caso ocorra B. Dessa forma, o problema é determinar a distribuição de probabilidades da variável:

$$Y = X_1 + X_2 + \ldots + X_N \tag{1.80}$$

Como Y é uma variável aleatória discreta, a função característica se expressa em termos de uma série de Fourier:

$$g_Y(k) = \sum_{m=0}^{N} P_N(m)\, e^{ikm}. \tag{1.81}$$

Como as $X_i's$ são variáveis aleatórias identicamente distribuídas e independentes:

$$g_Y(k) = [g_{X_i}(k)]^N, \tag{1.82}$$

onde $g_{X_i}(k)$ é a função característica da variável X_i, dada por:

$$g_{X_i}(k) = \langle e^{ikx_i} \rangle = p\, e^{ik} + q. \tag{1.83}$$

Então,
$$g_Y(k) = (p\, e^{ik} + q)^N. \tag{1.84}$$

Usando a expansão do binômio obtemos:

$$g_Y(k) = \sum_{m=0}^{N} \binom{N}{m} p^m\, e^{ikm}\, q^{N-m}. \tag{1.85}$$

Comparando com (1.81), concluímos que a variável aleatória Y possui uma distribuição de probabilidades binomial:

$$P_N(m) = \binom{N}{m} p^m\, q^{N-m} \tag{1.86}$$

CAPÍTULO 1. VARIÁVEIS ALEATÓRIAS E PROBABILIDADES 28

1.9 Teorema do Limite Central

Consideremos N variáveis aleatórias X_i, *independentes entre si*, e *identicamente distribuídas*, isto é, a densidade de probabilidade $f_X(x)$ é a mesma para todas. Um exemplo possível é o resultado da repetição de um experimento N vezes, quando, nas mesmas condições, medimos um observável X. Sejam $\mu = \langle x \rangle$ e $\sigma^2 = Var(X)$ o valor médio e a variância das variáveis X_i. Seja Y_N a variável aleatória definida como o desvio da **média aritmética** das N variáveis X_i do valor μ, isto é:

$$Y_N \equiv \frac{1}{N}\sum_{i=1}^{N} X_i - \mu = \sum_{i=1}^{N} Z_i, \qquad (1.87)$$

onde
$$Z_i = \frac{1}{N}(x_i - \mu). \qquad (1.88)$$

Estas definições resultam em:

$$\langle Z_i \rangle = 0 \qquad (1.89)$$
$$V(Z_i) = \frac{\sigma^2}{N^2}. \qquad (1.90)$$

Também é fácil verificar que:

$$\left\langle \sum_{i=1}^{N} X_i \right\rangle = N\mu, \qquad (1.91)$$

e
$$\langle Y_N \rangle = 0. \qquad (1.92)$$

Pela propriedade (1.79), sobre a variância de uma soma de variáveis aleatórias independentes e (1.90), obtemos:

$$V(Y_N) = \sum_{i=1}^{N} V(Z_i) = \frac{\sigma^2}{N} \qquad (1.93)$$

que nos diz que a variância de uma soma de variáveis aleatórias independentes identicamente distribuídas tende para zero ao aumentar o número de variáveis proporcionalmente a $1/N$. Podemos obter um resultado ainda mais completo sobre a distribuição de probabilidades da variável Y_N quando N é suficientemente grande. Para isso, começamos calculando a função característica das variáveis Z_i:

$$g_Z(k) = \int_{-\infty}^{\infty} dx\, e^{i(k/N)(x-\mu)} f_X(x) = 1 - \frac{1}{2}\frac{\sigma^2}{N^2}k^2 + \cdots \qquad (1.94)$$

CAPÍTULO 1. VARIÁVEIS ALEATÓRIAS E PROBABILIDADES

onde expandimos o exponencial em série de Taylor e integramos termo a termo. Se os momentos de $f_X(x)$ existem, os termos de ordem superior podem ser desprezados para N suficientemente grande. A função característica resulta:

$$g_{Y_N}(k) = \left(1 - \frac{1}{2}\frac{\sigma^2}{N^2}k^2 + \cdots\right)^N \to \exp\left(-\frac{\sigma^2}{2N}k^2\right) \qquad (1.95)$$

Tomando a transformada inversa obtemos a densidade de probabilidade da variável Y_N:

$$f_{Y_N}(y) \to \frac{1}{2\pi}\int_{-\infty}^{\infty} dk\, e^{iky}\exp\left(-\frac{\sigma^2}{2N}k^2\right) = \sqrt{\frac{N}{2\pi\sigma^2}}\exp\left(-\frac{N}{2\sigma^2}y^2\right) \qquad (1.96)$$

Este último resultado é conhecido como **Teorema do Limite Central**. *Ele diz que, independentemente da forma específica da densidade $f_X(x)$, sempre que esta possua momentos finitos, a média aritmética de um grande número de medidas de X tem uma distribuição Gaussiana centrada em $\langle x \rangle$, e com desvio padrão igual ao desvio de X dividido por $\sqrt{N}$.*

1.10 Problemas de aplicação

1. Mostre que, dados dois eventos A e B:
$$P(A \cup B) = P(A) + P(B) - P(A \cap B),$$
onde $P(A \cup B)$ é a probabilidade de que aconteça um evento do conjunto A, ou um evento do conjunto B, ou ambos, e $P(A \cap B)$ é a probabilidade de que aconteça um evento do conjunto A e um evento do conjunto B (probabilidade conjunta).

2. Qual a probabilidade de tirar 6 pontos ou menos ao jogar três dados simultaneamente?

3. Considere uma caixa C_1 contendo 3 bolas azuis e 1 branca, e outra caixa C_2 com 2 bolas azuis e 1 branca. Escolhe-se ao acaso um caixa e, em seguida se extrai uma bola de dentro dela. Qual a probabilidade de extrair uma bola azul?

4. Considere uma família com exatamente dois filhos. Dado que um dos filhos é do sexo masculino, qual a probabilidade do segundo filho ser do mesmo sexo?

5. Considere agora uma família com três filhos.

    (a) Qual a probabilidade da familia ter filhos de ambos os sexos?

    (b) Qual a probabilidade de ter, no máximo, uma menina?

    (c) Qual a probabilidade de ambos eventos acontecerem simultaneamente?

    (d) O que é possível dizer sobre a independência estística destes eventos?

6. Suponha que a taxa normal de infecção de um doença viral seja de 25%. Para testar uma nova vacina, n animais sadios são expostos ao vírus.

    (a) Qual a probabilidade de exatamente k animais ficarem livres da infecção?

    (b) Em uma população de 10 animais, qual a probabilidade de todos ficarem livres?

    (c) Nessa mesma população, qual a probabilidade apenas um contrair a doença?

CAPÍTULO 1. VARIÁVEIS ALEATÓRIAS E PROBABILIDADES

(d) Quais seriam as respostas se a população fosse de 100 animais?

7. Calcule a probabilidade que, em uma reunião com R pessoas, exatamente n façam aniversário no mesmo dia e que as restantes $R-n$ façam aniversário em dias diferentes entre si e diferentes das n anteriores.

8. Mostre que a distribuição binomial :

$$P_N(m) = \binom{N}{m} p^m (1-p)^{N-m},$$

está normalizada, ou seja, que $\sum_{m=0}^{N} P_N(m) = 1$. Fazendo uso da função característica mostre que e o valor médio e a variância são dados por $\langle m \rangle = Np$ e $\sigma^2 = Np(1-p)$, respectivamente.

9. Dada uma variável aleatória X, mostre que os três primeiros cumulantes são dados por:

$$\begin{aligned} C_1(x) &= \langle x \rangle \\ C_2(x) &= \langle x^2 \rangle - \langle x \rangle^2 = V(X) \\ C_3(x) &= \langle x^3 \rangle - 3\langle x \rangle \langle x^2 \rangle + 2\langle x \rangle^3 \end{aligned}$$

10. Se $X = x_1 + x_2 + \ldots + x_N$ é uma variável aleatória, e x_i, $i = 1, \ldots, N$ são variáveis aleatórias independentes, mostre que a média e a variância de X são dadas por:

$$E(X) \equiv \langle x \rangle = \sum_{i=1}^{N} \langle x_i \rangle$$

e

$$V(X) \equiv \langle x^2 \rangle - \langle x \rangle^2 = \sum_{i=1}^{N} \left(\langle x_i^2 \rangle - \langle x_i \rangle^2 \right) = \sum_{i=1}^{N} V(X_i)$$

11. Fazendo uso da identidade:

$$\int_{-\infty}^{\infty} e^{-\alpha x^2/2} dx = \sqrt{\frac{2\pi}{\alpha}},$$

e identificando $\alpha = 1/\sigma^2$, onde σ^2 é a variância da distribuição Gaussiana, determine os 6 primeiros momentos da distribuição.

12. Uma variável aleatória X possui distribuição de probabilidade $F_X(x)$. Determine a expressão para a função de distribuição de probabilidade $F_Y(y)$, da variável aleatória $Y = g(X)$ nos seguintes casos:

    (a) $g(x) = ax + b$.
    (b) $g(x) = x^2$.

    Desenhe esquematicamente g e F_Y, para f_X uniformemente distribuida no intervalo $[-1, 1]$.

13. A distribuição log-normal é definida por:

    $$P(y) = \frac{1}{y\sqrt{2\pi\sigma^2}} e^{-(\ln y)^2/2\sigma^2},$$

    válida para $y > 0$. Se a variável aleatória X possui distribuição normal, mostre que a distribuição log-normal se obtém da distribuição normal por meio da transformação $y = e^x$.

Capítulo 2

Fundamentos da Mecânica Estatística

Como vimos no ínicio do capítulo anterior, a mecânica estatística foi desenvolvida inicialmente para tentar entender a origem microscópica do comportamento macroscópico da matéria, descrito pela termodinâmica. Este esforço, iniciado a meados do século XIX, permitiu desenvolver métodos para predizer propriedades macroscópicas de sistemas em **equilíbrio termodinâmico**. Nesse caso, falamos de **mecânica estatística do equilíbrio**. No entanto, os fundamentos da mecânica estatística estão na mecânica, ou seja, nos sistemas dinâmicos. A grande maioria dos sistemas de interesse, físicos ou não, não se encontram em equilíbrio, como por exemplo os sistemas biológicos, a evolução de preços nas bolsas de valores, ou até a evolução em grande escala da distribuição de matéria no universo.

Para descrever estes sistemas em uma abordagem probabilística é necessário desenvolver uma **mecânica estatística fora do equilíbrio**. Os métodos para descrever o equilíbrio não são suficientes e novas técnicas são necessárias para lidar com a variável temporal. Apesar de se saber muito atualmente sobre processos fora do equilíbrio, ainda não existe um formalismo razoavelmente simples, compacto e poderoso, como o representado pela teoria de ensembles para o equilíbrio. Aqui faremos apenas uma abordagem inicial ao problema dinâmico, com o único intuito de conectar o problema da mecânica de muitos corpos com conceitos estatísticos.

2.1 Ergodicidade e equilíbrio

2.1.1 O Teorema de Liouville

Consideremos um sistema clássico de N partículas em um volume V, cuja dinâmica obedece as equações de Hamilton. Um **microestado** deste sistema fica definido pelos valores instantâneos das $3N$ coordenadas generalizadas q_i, e os $3N$ momentos generalizados p_i:

$$\begin{aligned} \frac{dq_i}{dt} &= \frac{\partial H(p,q)}{\partial p_i} \\ \frac{dp_i}{dt} &= -\frac{\partial H(p,q)}{\partial q_i} \end{aligned} \qquad (2.1)$$

onde $i = 1, \ldots, 3N$, $H(p,q)$ é o Hamiltoniano do sistema, e (p,q) representa um vetor em um espaço vetorial de $6N$ dimensões, chamado **espaço de fase**. Em um sistema isolado a energia é fixa, H é uma constante do movimento que corresponde à energia mecânica:

$$H(p,q) = E. \qquad (2.2)$$

A identidade anterior define uma **superfície de energia** no espaço de fase. A evolução do sistema é descrita por uma trajetória ou curva no espaço de fase sobre a superfície de energia. Como na mecânica clássica cada condição inicial (p_0, q_0) determina de forma unívoca a evolução do sistema, trajetórias no espaço de fase nunca se cruzam. Para uma energia fixa E do sistema, existe um conjunto infinito de microestados correspondentes a pontos (p,q) na superfície de energia.

Define-se a função $\rho(p,q,t)$ como sendo a densidade de probabilidade de encontrar o sistema em um elemento de volume $dp\,dq$, no entorno do ponto (p,q) do espaço de fase ao tempo t.

O conjunto de pontos (p,q) que satisfazem $H(p,q) = E$ e cuja probabilidade ao tempo t é $\rho(p,q,t)dp\,dq$ formam um **ensemble estatístico**. Cada ponto representa uma cópia exata do sistema em um microestado diferente. O conceito de ensemble estatístico foi introduzido por Josiah W. Gibbs (1839-1903) na segunda metade do século XIX e ocupa um papel fundamental no formalismo e interpretação da mecânica estatística do equilíbrio. A densidade de probabilidade obedece

CAPÍTULO 2. FUNDAMENTOS DA MECÂNICA ESTATÍSTICA

a normalização:

$$\int_\Gamma \rho(p,q,t)\, dp\, dq = 1, \qquad (2.3)$$

válida para todo tempo t, e onde a integração se estende sobre todo o espaço de fase Γ.

Queremos determinar a evolução no tempo da densidade de probabilidade, e as condições para o sistema atingir o equilíbrio termodinâmico, que será definido mais precisamente adiante. Uma condição necessária para o equilíbrio é que as probabilidades dos microestados não dependem mais do tempo. Para obter as equações que regem a dinâmica de $\rho(p,q,t)$ um bom ponto de partida é considerar as condições de conservação do número de partículas.

Consideremos a probabilidade de encontrar o sistema dentro de um volume $V_0 \subset \Gamma$, limitado por uma superfície S_0. A medida que o tempo passa algumas trajetórias saem de V_0 e a probabilidade correspondente, $P(V_0)$, muda. Como a probabilidade global é conservada, eq. (2.3), e as trajetórias não se cruzam, a variação da probabilidade no volume V_0 deve corresponder ao fluxo da mesma através da superfície S_0, como acontece em um fluido:

$$\frac{dP(V_0)}{dt} = \frac{\partial}{\partial t}\int_{V_0} \rho(p,q,t)\, dp\, dq = -\int_{S_0} \vec{n}\cdot\vec{J}\, dS, \qquad (2.4)$$

onde $\vec{J} = \vec{v}\rho$ é uma corrente de probabilidade, $\vec{v} = \{\dot{q}_i, \dot{p}_i\}$ é a velocidade de um ponto no espaço de fase e $\vec{n}$ é um vetor unitário normal à superfície S_0. Pela (2.4) e o Teorema de Gauss:

$$\int_{V_0} \frac{\partial}{\partial t}\rho(p,q,t)\, dp\, dq = -\int_{V_0} (\vec{\nabla}\cdot\vec{J})\, dp\, dq. \qquad (2.5)$$

Como V_0 é arbitrário se conclui que:

$$\frac{\partial \rho}{\partial t} + \vec{\nabla}\cdot(\vec{v}\rho) = 0. \qquad (2.6)$$

Mas

$$\begin{aligned}
\vec{\nabla}\cdot\vec{v} &= \frac{\partial \dot{q}}{\partial q} + \frac{\partial \dot{p}}{\partial p} \\
&= \sum_{i=1}^{3N}\left[\frac{\partial}{\partial q_i}\left(\frac{\partial H}{\partial p_i}\right) + \frac{\partial}{\partial p_i}\left(-\frac{\partial H}{\partial q_i}\right)\right] = 0. \qquad (2.7)
\end{aligned}$$

CAPÍTULO 2. FUNDAMENTOS DA MECÂNICA ESTATÍSTICA

Portanto:

$$\frac{d\rho}{dt} = \frac{\partial \rho}{\partial t} + \vec{v} \cdot \vec{\nabla}\rho = 0. \tag{2.8}$$

Este resultado é conhecido como *Teorema de Liouville*. Ele diz que a derivada total, ou derivada convectiva de ρ no espaço de fase Γ é nula para qualquer ponto e qualquer instante. Podemos interpretar a evolução dos pontos do ensemble estatístico no espaço de fase como sendo análogos a um fluido incompressível. Notando que

$$\vec{v} \cdot \vec{\nabla}\rho = \dot{q}\frac{\partial \rho}{\partial q} + \dot{p}\frac{\partial \rho}{\partial p} = \frac{\partial H}{\partial p}\frac{\partial \rho}{\partial q} - \frac{\partial H}{\partial q}\frac{\partial \rho}{\partial p} \equiv \{\rho, H\}, \tag{2.9}$$

onde $\{\rho, H\}$ é o parêntese de Poisson entre ρ e H (Lemos 2007). Podemos reescrever o Teorema de Liouville da seguinte forma:

$$\frac{\partial \rho}{\partial t} = -\{\rho, H\}. \tag{2.10}$$

Esta é a equação de evolução da densidade de probabilidade no espaço de fase. Em equilíbrio, ρ não depende explicitamente do tempo, é uma constante do movimento, e então $\{\rho, H\} = 0$. Esta condição se pode satisfazer, por exemplo, se ρ for uma função explícita de H, ou seja, se $\rho(p,q) \equiv \rho[H(p,q)]$, o que parece natural dada a definição da densidade de probabilidade. O caso mais simples corresponde a $\rho = cte$. Agora estamos em condições de enunciar o *postulado fundamental da mecânica estatística do equilíbrio*.

2.1.2 Postulado da igual probabilidade a priori

Para formular o mesmo de forma conceitualmente transparente, vamos relaxar a condição de que a energia seja estritamente constante, permitindo então que flutue entre dois valores próximos E e $E + \Delta$, com $\Delta \ll E$. Pode-se mostrar que esta condição não afeta os resultados no limite de sistemas formados por um grande número de partículas, em cujo caso se tornam independentes de Δ (Pathria e Beale 2011).

Postulado: *Em um sistema em equilíbrio termodinâmico com energia entre E e $E + \Delta$, $\Delta \ll E$, todos os microestados acessíveis são igualmente prováveis.*

CAPÍTULO 2. FUNDAMENTOS DA MECÂNICA ESTATÍSTICA   37

Formalmente:

$$\rho(p,q) = \begin{cases} \frac{1}{\Gamma(E)}, & \text{se } E \leq H(p,q) \leq E + \Delta, \\ 0, & \text{em caso contrário,} \end{cases} \quad (2.11)$$

onde

$$\Gamma(E) = \int_{E \leq H(p,q) \leq E+\Delta} dp\, dq \quad (2.12)$$

é o volume do espaço de fase com energia entre E e $E + \Delta$. Os pontos nesse volume definem um conjunto conhecido como o **ensemble microcanônico**.

2.1.3 A hipótese ergódica

O postulado de igual probabilidade a priori se refere a sistemas em equilíbrio termodinâmico. Uma condição necessária para que um sistema possa ser considerado em equilíbrio é que a evolução dinâmica seja **ergódica**. A ergodicidade de um sistema dinâmico se define através da igualdade, em um certo limite, da média temporal e da média de ensemble de um dado observável.

A *média temporal* de uma função $f(p,q)$ ao longo de uma trajetória no intervalo de tempo $(t_0, t_0 + T)$ é definida como:

$$\langle f \rangle_T = \frac{1}{T} \int_{t_0}^{t_0+T} f(p(t), q(t))\, dt, \quad (2.13)$$

enquanto que a *média de ensemble* (média probabilística) do mesmo observável é definida na forma:

$$\langle f \rangle_e = \int f(p,q)\, \rho(p,q)\, dp\, dq \quad (2.14)$$

$$= \frac{1}{\Gamma(E)} \int_{E \leq H(p,q) \leq E+\Delta} f(p,q)\, dp\, dq. \quad (2.15)$$

Um sistema é considerado ergódico se $\lim_{T \to \infty} \langle f \rangle_T = \langle f \rangle_e$.

A hipótese ergódica, introduzida por Ludwig E. Boltzmann (1844-1906), consiste em assumir que sistemas com $N \gg 1$ são ergódicos para tempos suficientemente grandes. Em geral, este postulado só pode ser validado a posteriori. A

CAPÍTULO 2. FUNDAMENTOS DA MECÂNICA ESTATÍSTICA 38

hipótese ergódica é fundamental para poder interpretar médias temporais, acessíveis experimentalmente, em termos de médias de ensemble, que é uma ferramenta metodológica básica da mecânica estatística do equilíbrio.

A ergodicidade de um sistema pode ser útil para obter valores médios de observáveis em tempos relativamente curtos, durante uma série de experimentos repetidos ou em uma série de simulações computacionais. Suponha que rodamos uma simulação de dinâmica molecular de um líquido clássico, e queremos calcular o valor quadrático médio da velocidade das partículas no estado de equilíbrio termodinâmico. Se fizermos médias temporais, devemos tomar a média de velocidades instantâneas medidas a intervalos mais ou menos regulares durante uma simulação muito longa, de forma a garantir que uma amostragem significativa das velocidades foi feita. No entanto, se contamos com a possibilidade de rodar muitas simulações idênticas em paralelo, a partir de condições iniciais diferentes para cada réplica do sistema em equilíbrio, podemos aproveitar a ergodicidade e calcular a mesma média medindo um número menor de valores das velocidades nos diferentes sistemas, rodando simulações muito mais curtas em cada um deles.

Ou seja, no primeiro caso fazemos uma média temporal, uma amostragem na linha do tempo de um único sistema, enquanto que no segundo fazemos uma média no ensemble, uma série de amostragens menores em diferentes sistemas idênticos entre si. Se o sistema físico for ergódico, no estado de equilíbrio termodinâmico, ambas a médias devem coincidir.

A hipótese ergódica justifica, de certa forma, o postulado de igual probabilidade a priori pois implica que, se um sistema é ergódico, a fração de tempo que ele passa em uma região restrita do espaço de fase acessível é proporcional apenas ao volume dessa região, e não às posições particulares na superfície de energia ocupadas pelo sistema em um determinado tempo. Isto pode ser ilustrado da seguinte forma. Seja $\mathcal{R} \subset \Gamma$ uma região do espaço de fase. Definimos:

$$\phi_\mathcal{R}(p,q) = \begin{cases} 1, & \text{se } (p,q) \in \mathcal{R}, \\ 0, & \text{em caso contrário}. \end{cases} \qquad (2.16)$$

O tempo que o sistema passa em $\mathcal{R}$ durante o intervalo T é dado por:

$$\tau_\mathcal{R} = \int_{t_0}^{t_0+T} \phi_\mathcal{R}(p(t), q(t))\, dt. \qquad (2.17)$$

Se o sistema é ergódico:

$$\langle \phi_\mathcal{R} \rangle \equiv \lim_{T \to \infty} \frac{\tau_\mathcal{R}}{T} = \frac{1}{\Gamma(E)} \int_{E \leq H(p,q) \leq E+\Delta} \phi_\mathcal{R}(p,q)\, dp\, dq = \frac{\Gamma(\mathcal{R})}{\Gamma(E)}, \qquad (2.18)$$

CAPÍTULO 2. FUNDAMENTOS DA MECÂNICA ESTATÍSTICA

ou seja, a fração de tempo que o sistema passa em uma dada região $\mathcal{R}$ é igual à fração de volume do espaço de fase ocupado pela mesma região.

Formalmente, é muito difícl demonstrar que um dado sistema hamiltoniano é ergódico. Sistemas dissipativos, como um pêndulo amortecido, são claramente não-ergódicos, pois a tempos longos tendem a ficar confinados em um pequeno subespaço (chamado "atrator") do espaço de fase acessível inicialmente. Mesmo em sistemas conservativos aparentemente simples, como no famoso problema dos três corpos interagindo gravitacionalmente, foi só no século XX que através do Teorema KAM (de Kolmogorov, Arnold e Moser) se mostrou que existe um conjunto de medida não nula de trajetórias no espaço de fase, que ficam aproximadamente confinadas, e que correspondem a conjuntos particulares de condições iniciais. Essas trajetórias se encontram misturadas no espaço de fase a muitas outras com aparência mais caótica, ou "ergódicas".

Pensando que a existência desses estados previstos pelo Teorema KAM era uma propriedade exclusiva de sistemas formados por poucas partículas, depois da segunda guerra mundial, Fermi, Pasta, Ulam e Tsingou fizeram uma das primeiras simulações computacionais de um sistema de osciladores anarmônicos unidimensionais com o intuito de estudar as propriedades de ergodicidade de um sistema de muitas partículas. Os resultados que obtiveram não foram os esperados. De fato foi encontrado que a taxa de transferência de energia entre modos de oscilação era extremamente lenta e, nos tempos acessíveis da simulação, muitas condições iniciais levavam a trajetórias mais parecidas a ciclos limite do que a trajetórias ergódicas (Fermi et al. 1965).

De fato, a ergodicidade é violada rigorosamente nas fases com simetrias quebradas nas transições de fases, como na passagem de um líquido para um sólido. O sistema no estado sólido não irá mais explorar todas as configurações de igual energia que o sistema original, no estado líquido, podia explorar. No entanto, essas limitações da hipótese ergódica, por vezes formais e outras vezes práticas, não limitam de forma substancial o poder de predição da mecânica estatística do equilíbrio.

2.2 A caminhada aleatória e a equação de difusão

Uma vez assumido o caráter estatístico da descrição do sistema, é muitas vezes útil pensar que o mesmo (uma partícula suspensa na superfície de um fluido ou um ponto em um espaço de fase complexo) está sujeito a algumas forças de origem determinística e outras de origem estocástica. Estas últimas surgem a partir de uma descrição fenomenológica de uma série de efeitos microscópicos complexos e cujo conhecimento em detalhe não é necessário para a informação que se quer obter do sistema.

O caso mais simples é o de uma partícula browniana que sofre sucessivas colisões com outras partículas em um líquido e, como consequência, descreve uma trajetória errática ou caminhada aleatória, como visto no capítulo 1. É natural perceber que esta partícula, como consequência das colisões em diferentes direções, irá se *difundir* no espaço de uma forma muito mais lenta do que se não estivesse sujeita a tais colisões. Veremos que, através de uma descrição estatística, é possível obter uma descrição precisa e rica da difusão sem necessidade de considerar os detalhes das colisões particulares a nível microscópico.

2.2.1 A caminhada aletória

Nas palavras de Einstein (Hanggi e Marchesoni 2005; Haw 2005): *"Deve ser claramente assumido que cada partícula executa um movimento que é independente do movimento de todas as outras partículas; também será considerado que o movimento de uma e a mesma partícula em diferentes intervalos de tempo são processos independentes, sempre que estes intervalos de tempo não sejam muito curtos. Introduzimos um intervalo de tempo τ, que é muito pequeno se comparado com os intervalos de tempo de observação, mas ao mesmo tempo suficientemente grande para que quando considerados dois intervalos de tempo τ sucessivos, o movimento executado pela partícula pode ser considerado como eventos independentes um do outro".*

Consideremos uma rede hipercúbica d-dimensional. Um modelo de caminhada aleatória nesta rede pode ser definido da seguinte forma:

- Em um dado instante de tempo a partícula pode ocupar um dos vértices da rede hipercúbica em d dimensões;

- A partícula passa um tempo τ em um dado vértice e de repente sofre uma colisão e salta a um vértice vizinho;

- As colisões são modeladas fazendo com que a partícula salte para um vizinho imediato (vizinho próximo) do vértice em que se encontra no instante t: os movimentos são de curto alcance.

Em d dimensões cada vértice possui $2d$ vizinhos próximos. Se l é a distância entre qualquer par de vizinhos próximos, então podemos descrever a posição da

CAPÍTULO 2. FUNDAMENTOS DA MECÂNICA ESTATÍSTICA

partícula no instante t pelo vetor posição:

$$\vec{R}(t) = l(n_1, n_2, \ldots n_d) \quad (2.19)$$

onde os $\{n_j, j = 1 \ldots d\}$ são inteiros. Para descrever a evolução temporal deste vetor vamos considerar uma sequência de saltos. Um salto a partir do vértice i é descrito pelo vetor $\vec{\xi}_i = \pm l\vec{e}_\mu$, onde o $\vec{e}_\mu$ é o vetor unitário na direção μ. Vamos completar o modelo definindo duas características fundamentais a respeito dos saltos:

- Os saltos podem acontecer com igual probabilidade em qualquer uma das d direções acessíveis, eles são isotrópicos:

$$\langle \vec{\xi}_i \rangle = 0 \quad (2.20)$$

- As sucessivas colisões, que dão lugar aos saltos, são eventos independentes, ou seja, a partícula não guarda memória das diferentes colisões. Nestas condições temos que:

$$\langle \vec{\xi}_i \cdot \vec{\xi}_j \rangle = l^2 \delta_{ij} \quad (2.21)$$

Nestes dois resultados está contida toda a informação matemática que necessitamos para determinar as propriedades estatísticas da trajetória da partícula. Depois de N saltos o vetor posição é dado por:

$$\vec{R}_N = \sum_{i=1}^{N} \vec{\xi}_i \quad (2.22)$$

Como os saltos são eventos independentes:

$$\langle \vec{R}_N \rangle = \sum_{i=1}^{N} \langle \vec{\xi}_i \rangle = 0, \quad (2.23)$$

com o que comprovamos que, em média, a partícula não avança. Isto é devido à isotropia nas direções das colisões individuais. No entanto, ela vai *difundindo* no espaço, como sugerido pelo valor do desvio quadrático médio:

$$\langle \vec{R}_N \cdot \vec{R}_N \rangle = \sum_{i,j=1}^{N} \langle \vec{\xi}_i \cdot \vec{\xi}_j \rangle = l^2 \sum_{i,j=1}^{N} \delta_{ij} = Nl^2 \quad (2.24)$$

CAPÍTULO 2. FUNDAMENTOS DA MECÂNICA ESTATÍSTICA

Notamos que, após N saltos, a partícula vai conseguir difundir ou explorar a vizinhança até distâncias da ordem de $\sqrt{N}l$, ou seja, muito mais lentamente do que se as colisões acontecessem em uma direção preferencial, en cujo caso o deslocamento aumetaria proporcionalmente a N.

O expoente $1/2$ em um processo difusivo é característico da chamada *difusão simples*. Outros expoentes podem caracterizar processos difusivos mais complexos, quando alguma das hipóteses da caminhada aleatória simples não é obedecida. Quando isso ocorre, temos a chamada *difusão anômala*.

Vamos agora calcular a probabilidade de observar a partícula na posição $\vec{r}$ ao tempo t. Formalmente:

$$P(\vec{r},t) = \langle \delta_{\vec{R}(t),\vec{r}} \rangle_{\vec{R}(0)} \tag{2.25}$$

onde $\vec{R}(t)$ é uma variável aleatória representativa da posição da partícula no instante t e $\vec{r}$ um ponto dado da rede d-dimensional. Os colchetes indicam uma média sobre diferentes trajetórias com a mesma condição inicial $\vec{R}(0)$.

Para simplificar a análise vamos nos limitar ao caso unidimensional, no entanto, permitindo que as probabilidades de dar passos para direita ou esquerda sejam diferentes. Como a dinâmica evolui via saltos discretos de comprimento $\pm l$, após um tempo $t = n\tau$ a partícula estará em $r = ml$. Vamos utilizar os índices n e m para descrever a probabilidade $P(m,n)$. Além disso, vamos supor que a partícula pode ir para direita com probabilidade p e para esquerda com probabilidade $q = 1 - p$. Claramente, após n passos $m = \xi_1 + \xi_2 + \ldots + \xi_n$, então m é uma soma de variáveis aleatórias independentes, como visto no capítulo 1. Redefinindo as distâncias em unidades do comprimento elementar l: $\xi_j/l \to \xi_j = \pm 1$, a média e a variância de ξ_j são dadas por:

$$a = \langle \xi_j \rangle = p - q \tag{2.26}$$

e

$$b = \langle \xi_j^2 \rangle - \langle \xi_j \rangle^2 = 1 - (p-q)^2 = 4pq \tag{2.27}$$

A função característica da variável aleatória ξ é dada por:

$$g_\xi(k) = \langle e^{ik\xi_j} \rangle = pe^{ik} + qe^{-ik}. \tag{2.28}$$

Então, a função característica do processo após n passos será:

$$\begin{aligned} g_n(k) &= [g_\xi(k)]^n \\ &= (pe^{ik} + qe^{-ik})^n \\ &= \sum_{j=0}^{n} \binom{n}{j} p^j \, q^{n-j} e^{ik(2j-n)} \end{aligned} \tag{2.29}$$

CAPÍTULO 2. FUNDAMENTOS DA MECÂNICA ESTATÍSTICA 43

Comparando com a definição:

$$g_n(k) = \sum_{m=-n}^{n} P(m,n)\, e^{ikm} \qquad (2.30)$$

onde m, pela sua definição, pode tomar os valores $-n, -n+2, \ldots, n-2, n$, obtemos:

$$P(m,n) = \frac{n!}{\left(\frac{n+m}{2}\right)!\,\left(\frac{n-m}{2}\right)!}\, p^{(n+m)/2} q^{(n-m)/2} \qquad (2.31)$$

que é uma distribuição binomial com média e variância dadas por:

$$\langle m \rangle = na = n(p-q), \qquad (2.32)$$

onde notamos que, no caso simétrico quando $p = q$ a média é nula, e:

$$\langle m^2 \rangle - \langle m \rangle^2 = nb = 4npq. \qquad (2.33)$$

No limite de um número muito grande de passos, $n \gg 1$, podemos usar o teorema do limite central para obtermos:

$$P(m,n) \to \frac{1}{\sqrt{2\pi nb}}\, e^{-\frac{(m-na)^2}{2nb}}. \qquad (2.34)$$

Tomando os limites do contínuo, $l \to 0$ e $\tau \to 0$, tal que as constantes

$$c = \frac{la}{\tau} = \frac{l(p-q)}{\tau} \qquad (2.35)$$

e

$$D = \frac{l^2 b}{\tau} = \frac{l^2 4pq}{\tau} \qquad (2.36)$$

sejam finitas, a densidade de probabilidade de observar a partícula no ponto x ao tempo t é dada por $P(m,n)/l \to p(x,t)$:

$$p(x,t) = \frac{1}{\sqrt{2\pi Dt}}\, e^{-\frac{(x-ct)^2}{2Dt}} \qquad (2.37)$$

Notamos que:

$$\langle x \rangle = ct \qquad (2.38)$$

e

$$\langle x^2 \rangle - \langle x \rangle^2 = Dt, \qquad (2.39)$$

permitindo identificar c com a velocidade média e D com o coeficiente de difusão da partícula.

2.2.2 A equação de difusão

Os resultados da seção anterior sugerem que a caminhada aleatória é equivalente ao problema da difusão de partículas, ou ainda ao da difusão da probabilidade de encontrar uma partícula em um dado ponto no espaço e no tempo. Como a dinâmica não possui memória, a probabilidade de observar uma partícula no ponto $\vec{m}$, depois de $n+1$ passos de tempo, será basicamente a soma das probabilidades de encontrar a partícula em um dos $2d$ sítios vizinhos após n passos:

$$P(\vec{m}, n+1) = \frac{1}{2d} \sum_{\xi} P(\vec{m} - \vec{\xi}, n) \qquad (2.40)$$

Esta equação é um caso particular da *equação de Chapman-Kolmogorov*. O postulado básico é a ausência de memória entre passos sucessivos, propriedade conhecida como *processo de Markov*.

A partir da equação (2.40) é fácil ver como as probabilidades de ocupação se propagam. No primeiro passo, a probabilidade de ocupação de qualquer vizinho será $1/2d$, no segundo passo, os vizinhos mais externos serão ocupados com probabilidade $(1/2d) \cdot (1/2d)$ e assim sucessivamente, de forma que é possível notar que, após um número grande de iterações, a probabilidade terá uma variação suave no tempo e no espaço de forma a permitirnos transformar o processo discreto (2.40) em uma equação diferencial parcial.

Ao fazer essa passagem, assumimos implicitamente que não estamos interessados na dinâmica discreta, microscópica, mas na evolução da probabilidade em uma região *mesoscópica*. Esta região deverá ser grande em relação à distância $\vec{l}$ entre sítios da rede, mas ainda pequena o suficiente para que a probabilidade não varie apreciavelmente em seu interior. Se assumirmos que esta região ocupa um volume Ω, então:

$$\sum_{\vec{m} \in \Omega} P(\vec{m}, n) \to \int_{\vec{r} \in \Omega} d\vec{r}\, p(\vec{r}, t). \qquad (2.41)$$

Como cada ponto $\vec{r}$ pertence a um volume unitário l^d, da relação anterior temos $l^{-d} P(\vec{m}, n) \to p(\vec{r}, t)$. Agora, multiplicando (2.40) por l^{-d} obtemos:

$$p(\vec{r}, t+\tau) - p(\vec{r}, t) = \sum_{\vec{\xi}} \frac{p(\vec{r} - \vec{\xi}, t) - p(\vec{r}, t)}{2d}. \qquad (2.42)$$

Até este momento o cálculo é exato. Se consideramos τ e $\vec{\xi}$ pequenos, e expandi-

CAPÍTULO 2. FUNDAMENTOS DA MECÂNICA ESTATÍSTICA 45

mos em série de Taylor nas ordens mais baixas, obtemos:

$$\tau\frac{\partial}{\partial t}p(\vec{r},t) = \sum_{\vec{\xi}} \frac{-\vec{\xi}\cdot\vec{\nabla} + (\vec{\xi}\cdot\vec{\nabla})^2}{2d} p(\vec{r},t) \qquad (2.43)$$

O primeiro termo da parte da direita é anulado ao fazer a soma. Lembrando que $\vec{\xi} = l\vec{e}_\mu$, obtemos:

$$\tau\frac{\partial}{\partial t}p(\vec{r},t) = \frac{l^2}{2d}\nabla^2 p(\vec{r},t). \qquad (2.44)$$

Vemos que a probabilidade nas condições descritas, com variação suave no espaço e no tempo, obedece uma equação diferencial parcial, conhecida como **equação de difusão**. Em particular, a constante

$$D = \frac{l^2}{d\tau} \qquad (2.45)$$

é chamada *coeficiente de difusão* (comparar com a equação (2.36) para o caso $d=1$ quando $p=q$).

Existem diversas formas de resolver a equação (2.44) para obter a distribuição de probabilidades. Uma possível é pela transformada de Fourier:

$$g(\vec{k},t) = \int d\vec{r}\, p(\vec{r},t)\, e^{-i\vec{k}\cdot\vec{r}}, \qquad (2.46)$$

$$p(\vec{r},t) = \int \frac{d\vec{k}}{(2\pi)^d}\, g(\vec{k},t)\, e^{i\vec{k}\cdot\vec{r}}. \qquad (2.47)$$

Assumindo que inicialmente a partícula está localizada na origem, $\vec{r}=0$, a condição inicial resulta:

$$p(\vec{r},0) = \delta(\vec{r}), \qquad (2.48)$$

de forma que:

$$g(\vec{k},0) = 1. \qquad (2.49)$$

Transformando Fourier em ambos os lados da equação (2.44) obtemos:

$$\frac{\partial g(\vec{k},t)}{\partial t} = -\frac{1}{2}Dk^2 g(\vec{k},t), \qquad (2.50)$$

cuja solução é:

$$g(\vec{k},t) = e^{-\frac{1}{2}Dk^2 t}. \qquad (2.51)$$

Finalmente, fazendo a anti-transformada (2.47) obtemos:

$$p(\vec{r}, t) = (2\pi Dt)^{-d/2} \exp\left[-\frac{r^2}{2Dt}\right]. \qquad (2.52)$$

que é a generalização para d dimensões do resultado (2.37). É possível notar que o desvio quadrático médio é dado por:

$$\langle r^2 \rangle = D\, t, \qquad (2.53)$$

o que permite interpretar o coeficiente de difusão como o desvio quadrático médio por unidade de tempo.

A lei de Fick

Uma alternativa mais fenomenologica de chegar à equação de difusão é via um argumento hidrodinâmico, contínuo. Consideremos, por simplicidade, que a probabilidade corresponda a densidade de partículas $p(\vec{r}, t) \to n(\vec{r}, t)$. Se o número de partículas no sistema é conservado, ele deve obedecer uma equação de continuidade do tipo:

$$\frac{\partial n(\vec{r}, t)}{\partial t} + \vec{\nabla} \cdot \vec{j}(\vec{r}, t) = 0, \qquad (2.54)$$

onde

$$\vec{j}(\vec{r}, t) = \sum_i \vec{v}_i(t)\, \delta(\vec{r} - \vec{r}_i(t)) \qquad (2.55)$$

é a corrente de partículas, com $\vec{v}_i(t)$ correspondendo à velocidade da partícula i. No equilíbrio termodinâmico, as partículas se distribuem uniformemente no espaço, de forma que a densidade média $\langle n(\vec{r}, t)\rangle$ não depende do espaço e nem do tempo. Mas, se em algum instante, por causa de alguma flutuação ou por uma força externa, a densidade se tornar não homogênea, quando a causa da não homogeneidade passar, o sistema tentará voltar ao estado de equilíbrio homogêneo. Esse processo será governado pela presença de correntes de partículas que tenderão a restabelecer a homogeneidade espacial. Se a variação espacial da densidade não for muito grande, podemos assumir que as correntes serão proporcionais aos gradientes de partículas:

$$\vec{j}(\vec{r}, t) = -D\, \vec{\nabla} n. \qquad (2.56)$$

Esta equação é conhecida como **lei de Fick**. É uma relação fenomenológica que diz que a origem das correntes é dada pelos gradientes. O coeficiente de difusão

CAPÍTULO 2. FUNDAMENTOS DA MECÂNICA ESTATÍSTICA 47

também pode ser definido através da lei de Fick. Quando substituímos a lei de Fick na equação de continuidade, obtemos a equação de difusão para a distribuição espacial e temporal da densidade de partículas.

2.3 Sistemas quânticos

Em mecânica quântica os estados microscópicos de um sistema são definidos pela função de onda $\Psi(q)$, que é solução da equação de Schrödinger. Como esta tem uma interpretação probabilística, intrínseca ao formalismo quântico, devemos redefinir o conceito de ensemble para sistemas quânticos.

A função de onda $\Psi(q)$ pode ser desenvolvida em termos dos elementos de uma base ortonormal de autofunções de algum operador (Cannas 2018):

$$\Psi(q) = \sum_n c_n \phi_n(q), \qquad (2.57)$$

onde $|c_n|^2$ é a probabilidade de encontrar o sistema no autoestado ϕ_n.

O valor esperado (quântico) de um observável $\hat{O}$ é dado por:

$$\begin{aligned}\langle \Psi|\hat{O}|\Psi\rangle &= \int \Psi^*(q)\hat{O}\Psi(q)\, dq \\ &= \sum_{m,n} O_{mn} c_n c_m^*,\end{aligned} \qquad (2.58)$$

onde $O_{mn} = \langle \phi_m|\hat{O}|\phi_n\rangle$ são os elementos de matriz do operador $\hat{O}$ na base considerada.

Note que, no problema que nos interessa, a função de onda Ψ corresponde à função de onda de um sistema de N corpos, onde N é um número grande. Assim como no caso clássico, em um sistema quântico formado por muitos corpos, existirão muitos microestados, definidos agora por funções de onda $\Psi^i(q)$, compatíveis com os vínculos macroscópicos. Estes serão o ponto de partida para definir um ensemble. Neste caso, $\Psi^i(q)$ é uma função de onda de N corpos, a função de onda do sistema completo. Explicitamente:

$$\Psi^i(q) = \sum_n c_n^i \phi_n(q) \qquad (2.59)$$

e

$$\langle \Psi^i|\hat{O}|\Psi^i\rangle = \sum_{m,n} O_{mn} c_n^i c_m^{i*} \qquad (2.60)$$

CAPÍTULO 2. FUNDAMENTOS DA MECÂNICA ESTATÍSTICA 48

representa o valor esperado quântico do operador $\hat{O}$ no microestado $\Psi^i(q)$. Se associamos cada microestado a uma probabilidade de ocorrência p_i, a *média de ensemble* do observável $\hat{O}$ é definida por:

$$\begin{aligned}\langle \hat{O} \rangle_e &= \sum_i p_i \langle \Psi^i | \hat{O} | \Psi^i \rangle \\ &= \sum_i p_i \sum_{m,n} O_{mn} c_n^i c_m^{i*}.\end{aligned} \qquad (2.61)$$

Podemos definir uma matriz de elementos ρ_{nm}:

$$\rho_{nm} = \sum_i p_i c_n^i c_m^{i*} \qquad (2.62)$$

tal que

$$\langle \hat{O} \rangle_e = \sum_{m,n} \rho_{nm} O_{mn}. \qquad (2.63)$$

O operador, cujos elementos de matriz na base ortonormal de autoestados ϕ_n são os ρ_{nm}, é conhecido como **operador densidade** ou **matriz densidade**:

$$\rho_{nm} \equiv \langle \phi_n | \hat{\rho} | \phi_m \rangle = \int \phi_n(q) \, \hat{\rho} \, \phi_m^*(q) \, dq. \qquad (2.64)$$

Com esta definição, a média no ensemble de um operador $\hat{O}$ pode ser escrita como

$$\langle \hat{O} \rangle_e = \sum_n \left(\hat{\rho} \hat{O} \right)_{nn} = Tr \left(\hat{\rho} \hat{O} \right) = Tr \left(\hat{O} \hat{\rho} \right). \qquad (2.65)$$

Notemos que

$$Tr \, \hat{\rho} = \sum_n \rho_{nn} = \sum_i p_i \sum_n |c_n^i|^2 = \sum_i p_i = 1, \qquad (2.66)$$

o que permite interpretar o elemento ρ_{nn} como a probabilidade de encontrar o sistema no estado ϕ_n.

O operador densidade pode ser expressado em forma matricial:

$$\hat{\rho} = \sum_i p_i \Psi^i \Psi^{i\dagger}, \qquad (2.67)$$

CAPÍTULO 2. FUNDAMENTOS DA MECÂNICA ESTATÍSTICA 49

onde

$$\Psi^i = \begin{pmatrix} c_1^i \\ \vdots \\ c_l^i \\ \vdots \end{pmatrix} \quad e \quad \Psi^{i\dagger} = \left(c_1^{i*}, \ldots c_l^{i*}, \ldots\right). \tag{2.68}$$

Os microestados Ψ^i satisfazem a equação de Schrödinger:

$$i\hbar \frac{\partial \Psi^i}{\partial t} = \hat{H}\Psi^i, \tag{2.69}$$

onde $\hat{H}$ é o operador Hamiltoniano do sistema de N corpos. Transpondo e tomando o complexo conjugado obtemos:

$$-i\hbar \frac{\partial \Psi^{i\dagger}}{\partial t} = \Psi^{i\dagger} \hat{H}^\dagger = \Psi^{i\dagger} \hat{H}, \tag{2.70}$$

onde usamos o fato que $\hat{H}$ é hermitiano. Com este resultado e a definição (2.67) pode-se mostrar que $\hat{\rho}$ satisfaz a equação de Liouville-von Neumann:

$$i\hbar \frac{\partial \hat{\rho}}{\partial t} = -\left[\hat{\rho}, \hat{H}\right] \tag{2.71}$$

na qual o lado direito $[\hat{\rho}, \hat{H}] = \hat{\rho}\hat{H} - \hat{H}\hat{\rho}$ é o comutador de $\hat{\rho}$ e $\hat{H}$. A equação anterior define a dinâmica da matriz densidade e corresponde ao Teorema de Liouville para um sistema quântico.

Postulado de igual probabilidade a priori para um sistema quântico

No equilíbrio, o operador densidade comuta com o hamiltoniano. Por tanto, existe uma base de estados $\{\phi_n\}$ que diagonoliza simultaneamente $\hat{\rho}$ e $\hat{H}$. Seja ϕ_n um autoestado de uma base ortonormal do hamiltoniano $\hat{H}$. Então, $\hat{H}\phi_n = E_n\phi_n$. Para um sistema isolado, com energia entre E e $E + \Delta$, seja $\{\phi_l, l = 1, \ldots, M(E)\}$ o conjunto de autoestados correspondentes. Então, o postulado de igual probabilidade a priori para um sistema quântico corresponde a:

$$\rho_{ll} = \begin{cases} \frac{1}{M(E)} & \text{para } l = 1, 2, \ldots, M(E) \\ 0 & \text{para o resto} \end{cases} \tag{2.72}$$

Capítulo 3

Ensembles Estatísticos

3.1 O ensemble microcanônico

3.1.1 A entropia de Boltzmann e a conexão com a termodinâmica

O postulado de igual probabilidade a priori permite determinar a probabilidade de encontrar o sistema em um microestado compatível com os vínculos macroscópicos. A partir da probabilidade, podemos determinar valores médios de observáveis como energia, magnetização, etc. Para obter uma conexão com a termodinâmica temos que *estabelecer uma conexão entre probabilidade e entropia*, que é o potencial termodiâmico relevante em sistemas com energia fixa (Callen 1985; Oliveira 2012). Como a probabilidade é uma função do número de microestados acessíveis, e ela é uma quantidade fundamental, é razoavel pensar que a entropia também será função do número de microestados.

Em um sistema quântico, com níveis de energia E_n discretos, a definição do número de microestados compatíveis com a energia macroscópica E, $W(E)$, é um problema de combinatória. No caso clássico, quando os graus de liberdade sejam contínuos, é necessário definir um volume unitário no espaço de fase, que é um espaço contínuo, de maneira a permitir contar o número de microestados, e que seja compatível com a mecânica quântica em algum limite apropriado.

O Princípio da Incerteza de Heisenberg (1901-1976), $\Delta p \, \Delta q \sim h$, implica na existência de um volume mínimo no espaço de fase, $V_{min} \sim h^3$, resultando na impossibilidade de identificar estados físicos em escala menor do que a constante de Planck, h. Para um sistema clássico de N partículas, define-se $W(E) =$

CAPÍTULO 3. ENSEMBLES ESTATÍSTICOS

$\Gamma(E)/h^{3N}$ como sendo o número de células unitárias no espaço de fase correspondentes a um volume $\Gamma(E) \geq h^{3N}$ neste mesmo espaço.

Para definirmos uma entropia que seja compatível com o formalismo termodinâmico, esta deve ser:

- Aditiva
- Satisfazer a Segunda Lei da Termodinâmica.

Consideremos dois sistemas não interagentes, cada um com W_1 e W_2 microestados respectivamente, como ilustrado na Figura 3.1. O número total de microestados do sistema composto é:

$$W = W_1 \times W_2.$$

De acordo com a termodinâmica a entropia deve ser *aditiva*:

$$S(W) = S(W_1) + S(W_2),$$

Isto implica que S deve ser uma função proporcional ao *logaritmo* de W. A entropia microcanônica é definida na forma:

$$S(E) = k_B \ln W(E) \tag{3.1}$$

onde $k_B = 1.380649 \times 10^{-23} \, J \cdot K^{-1}$ é a *constante de Boltzmann*, em homenagem a Ludwig E. Boltzmann (1844-1906), que propôs essa forma para a entropia como função do número de microestados de energia E.

Vamos conferir se esta definição é satisfatória, ou seja, se obedece os dois requisitos de compatibilidade com a termodinâmica mencionados acima. Consideremos os subsistemas 1 e 2 separados por uma parede adiabática, fixa e impermeável, como mostra a Figura 3.1, de maneira que: $H(p,q) = H_1(p_1,q_1) + H_2(p_2,q_2)$.

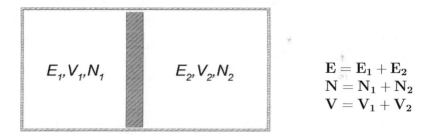

Figura 3.1: Dois sistemas de partículas não interagentes separados por uma parede adiabática, fixa e impermeável.

CAPÍTULO 3. ENSEMBLES ESTATÍSTICOS

De acordo com a definição (3.1), a entropia de cada subsistema é dada por:

$$S_1(E_1, V_1, N_1) = k_B \ln\left(\Gamma_1(E_1)/h^{3N_1}\right),$$
$$S_2(E_2, V_2, N_2) = k_B \ln\left(\Gamma_2(E_2)/h^{3N_2}\right). \quad (3.2)$$

Qual é a entropia do conjunto? O volume total do espaço de fase (número de microestados) é

$$\Gamma(E) = \Gamma_1(E_1) \times \Gamma_2(E_2),$$

onde:

$$E = E_1 + E_2.$$

A entropia do sistema completo resulta em:

$$\begin{aligned}S(E, V, N) &= k_B \ln\left(\Gamma(E)/h^{3N}\right) \\ &= k_B \ln\left(\Gamma_1(E_1)/h^{3N_1}\right) + k_B \ln\left(\Gamma_2(E_2)/h^{3N_2}\right) \\ &= S_1(E_1, V_1, N_1) + S_2(E_2, V_2, N_2),\end{aligned} \quad (3.3)$$

satisfazendo a condição de aditividade.

Falta verificar se a definição de Boltzmann satisfaz a Segunda Lei da Termodinâmica. Se, em lugar da parede adiabática, os subsistemas são separados por uma parede diatérmica, então haverá troca de energia entre eles. Desta forma, a energia de cada subsistema poderá variar entre 0 e E, tal que $E_1 + E_2 = E$ permaneça fixa. O número de microestados do sistema total com energia E, para um valor fixo de E_1, pode ser escrito como:

$$W(E, E_1) = \frac{\Gamma(E, E_1)}{h^{3N}} = \frac{1}{h^{3N}} \Gamma_1(E_1) \Gamma_2(E - E_1). \quad (3.4)$$

Agora notemos que o número total de microestados compatível com a energia E será dado pelo somatório de $W(E, E_1)$ para todos os valores de E_1 entre 0 e E. Se discretizarmos o espectro de energias em intervalos de largura Δ, podemos escrever:

$$\Gamma(E) = \sum_{i=1}^{E/\Delta} \Gamma_1(E_i) \Gamma_2(E - E_i). \quad (3.5)$$

O número de microestados aumenta monotonamente com a energia. Então, quando $\Gamma_1(E_i)$ cresce $\Gamma_2(E-E_i)$ decresce e vice-versa. Conclui-se que $\Gamma_1(E_i)\Gamma_2(E-E_i)$ deve passar por um máximo em algum valor $0 \leq E_i \leq E$.

CAPÍTULO 3. ENSEMBLES ESTATÍSTICOS 53

Sendo $\overline{E}_1$ e $\overline{E}_2 = E - \overline{E}_1$ os valores das energias para as quais $\Gamma_1(E_1)\Gamma_2(E_2)$ é máximo, deve-se satisfazer:

$$\Gamma_1(\overline{E}_1)\Gamma_2(\overline{E}_2) \leq \Gamma(E) \leq \frac{E}{\Delta}\Gamma_1(\overline{E}_1)\Gamma_2(\overline{E}_2), \quad (3.6)$$

ou, de forma equivalente:

$$\ln\left[\Gamma_1(\overline{E}_1)\Gamma_2(\overline{E}_2)\right] \leq \ln\Gamma(E) \leq \ln\left(\frac{E}{\Delta}\right) + \ln\left[\Gamma_1(\overline{E}_1)\Gamma_2(\overline{E}_2)\right]. \quad (3.7)$$

Agora analisemos a ordem de grandeza destes termos. Em geral, o número de microestados cresce exponencialmente com o número de partículas, de forma que $\ln\Gamma \propto N$, ou seja, *a entropia é extensiva*. Por sua vez, a energia também cresce proporcionalmente a N, $E \propto N$. Desta forma, no limite quando $N_1, N_2 \to \infty$ o termo em $\ln\left(\frac{E}{\Delta}\right)$ é da ordem $\ln N$ e se torna desprezível frente a $\ln\Gamma$, que é da ordem de N. Portanto, neste limite, a relação (3.7) é satisfeita como uma identidade. Assim, a entropia do sistema total é dada por:

$$S(E, V, N) = S_1(\overline{E}_1, V_1, N_1) + S_2(\overline{E}_2, V_2, N_2) + O(\ln N). \quad (3.8)$$

Pode-se concluir que, *no limite termodinâmico, a entropia (3.1) é aditiva e extensiva. Além disso, no equilíbrio termodinâmico, dois subsistemas que podem trocar energia tomam valores de energias $\overline{E}_1$ e $\overline{E}_2$, de maneira que o número total de microestados acessíveis é maximizado*. Este é um dos enunciados da *Segunda Lei da Termodinâmica* (Callen 1985; Oliveira 2012) [1].

Ainda considerando que a probabilidade dos subsistemas se encontrarem com energias E_1 e E_2 será proporcional ao número de microestados compatíveis, temos:

$$\ln P(E, E_1) = cte + \ln\Gamma(E_1) + \ln\Gamma(E - E_1) \quad (3.9)$$

Pelo visto anteriormente, no equilíbrio o número de microestados é maximizado para valores $\overline{E}_1, \overline{E}_2$:

$$\frac{\partial \ln P(E, E_1)}{\partial E_1} = \frac{\partial \ln \Gamma(E_1)}{\partial E_1}\bigg|_{E_1=\overline{E}_1} - \frac{\partial \ln \Gamma(E_2)}{\partial E_2}\bigg|_{E_2=\overline{E}_2} = 0 \quad (3.10)$$

---

[1]É fácil mostrar que esta formulação variacional da segunda lei é equivalente à condição de *irreversibilidade*, ou seja, se um sistema isolado em equilíbrio passa de um estado a outro estado de equilíbrio, a entropia total não pode diminiur. Em outras palavras, o número de microestados acessíveis é maximizado no processo. No exemplo de um gás ideal de partículas não interagentes, como na Figura 3.1, a conclusão é que se permitirmos que ambos os sistemas se misturem, o sistema total irá equilibrar em um estado que maximize o número de microestados acessíveis, nunca o contrário.

Usando a definição de entropia de Boltzmann, a relação anterior é equivalente a:

$$\left.\frac{\partial S_1}{\partial E_1}\right|_{E_1=\overline{E}_1} = \left.\frac{\partial S_2}{\partial E_2}\right|_{E_2=\overline{E}_2}. \quad (3.11)$$

Por fim, fazendo uso da relação termodinâmica entre entropia e temperatura concluímos que:

$$\frac{1}{T_1} = \frac{1}{T_2}, \quad (3.12)$$

o que corresponde à condição de equilíbrio térmico. Vemos, então, que *a condição de equilíbrio térmico entre dois sistemas é equivalente a maximizar a entropia do conjunto*.

3.1.2 Gás ideal monoatômico clássico

Consideremos um gás de N partículas clássicas em um volume V. O Hamiltoniano do gás clássico de partículas não interagentes é:

$$\mathcal{H} = \sum_{i=1}^{3N} \frac{p_i^2}{2m}. \quad (3.13)$$

O volume do espaço de fase com energia entre E e $E + \Delta$ é dado por:

$$\Gamma(E, V, N) = \int_{E \leq H(p,q) \leq E+\Delta} dp\, dq. \quad (3.14)$$

Um cálculo rigoroso desta quantidade mostra que a dependência com E é muito irregular quando Δ é muito pequeno (Pathria e Beale 2011). É mais conveniente calcular a quantidade integrada:

$$\Sigma(E, V, N) = \int_{H(p,q) \leq E} dp\, dq, \quad (3.15)$$

de forma que $\Gamma(E) = \Sigma(E+\Delta) - \Sigma(E)$. É possível mostrar que, quando $N \to \infty$, $\Gamma(E)$ e $\Sigma(E)$ diferem em termos de ordem $O(\ln N)$ (ver, por exemplo, capítulo 1 em (Pathria e Beale 2011)). Portanto, no limite termodinâmico, podemos escrever

$$S(E, V, N) = k_B \ln\left(\frac{\Sigma(E, V, N)}{h^{3N}}\right), \quad (3.16)$$

CAPÍTULO 3. ENSEMBLES ESTATÍSTICOS

onde, para um gás ideal:

$$\Sigma(E, V, N) = \int_{H \leq E} dp\, dq = V^N \Omega_{3N}(R) \tag{3.17}$$

e onde $\Omega_{3N}(R)$ é o volume de uma hiperesfera de dimensão $3N$ e raio $R = \sqrt{2mE}$:

$$\Omega_{3N}(R) = C_{3N}\, E^{\frac{3N}{2}}, \tag{3.18}$$

sendo C_{3N} uma constante. Desta forma:

$$S(E, V, N) = k_B \ln\left(\frac{V^N C_{3N} E^{\frac{3N}{2}}}{h^{3N}}\right). \tag{3.19}$$

É possível calcular C_{3N} (ver, por exemplo, (Huang 1987; Pathria e Beale 2011) e lista de problemas adiante).

Aproximando a expressão resultante para $N \gg 1$, a entropia do gás ideal no ensemble microcanônico resulta em:

$$S(E, V, N) = \frac{3}{2} N k_B + N k_B \ln\left[V \left(\frac{4\pi m}{3h^2} \frac{E}{N}\right)^{3/2}\right]. \tag{3.20}$$

Podemos notar que, se multiplicarmos E, V e N por um fator λ arbitrário, $S(\lambda E, \lambda V, \lambda N) \neq \lambda S(E, V, N)$. Ou seja, a entropia resultante não é uma função homogênea de primeira ordem dos parâmetros extensivos, como exigido pela termodinâmica. Em particular, a forma obtida da entropia não é extensiva. Josiah W. Gibbs (1839-1903) resolveu este problema de forma empírica, postulando que o número de microestados no cálculo anterior foi superestimado e propondo um fator de correção:

$$\Sigma(E) \to \frac{\Sigma(E)}{N!} \tag{3.21}$$

Podemos entender o problema na contagem considerando novamente a entropia de dois sistemas inicialmente isolados que são depois misturados. A chamada *entropia de mixing* viola a extensividade e leva ao chamado *Paradoxo de Gibbs* (Huang 1987; Pathria e Beale 2011; Reichl 2016; Salinas 2005). Incluindo o fator $N!$, e refazendo o cálculo, chega-se à seguinte expressão para a entropia:

$$S(E) = \frac{3}{2} N k_B \left[\frac{5}{3} + \ln\left(\frac{4\pi m}{3h^2}\right)\right] + N k_B \ln\left[\frac{V}{N}\left(\frac{E}{N}\right)^{3/2}\right]. \tag{3.22}$$

Esta expressão, conhecida como *Fórmula de Sackur-Tetrode*, recupera a extensividade da entropia.

A introduçao *ad hoc* do fator de contagem de Gibbs não tem uma interpretação natural no contexto da mecânica estatística de sistemas clássicos. A origem do mesmo aparece naturalmente ao considerar sistemas quânticos de partículas indistiguíveis, que analisaremos ao estudar as estatísticas quânticas.

3.1.3 Sistema de osciladores quânticos: o sólido de Einstein

Os átomos de um sólido se organizam espacialmente em arranjos com simetrias simples: cúbica, tetragonal, ortorrômbica, etc. Estas estruturas simétricas, cuja simetria específica depende de propriedades dos átomos e moléculas que compõem o material, formam uma *rede cristalina*. A variação da energia de equilíbrio do sólido em relação à temperatura, ou *calor específico*, permite determinar diversas propriedades estruturais do material:

$$C(T) = \frac{\partial U}{\partial T}. \tag{3.23}$$

$U(T)$ é a energia de equilíbrio do sistema na temperatura T, que, no ensemble microcanônico, obtém-se a partir da equação de estado termodinâmica:

$$\left.\frac{\partial S}{\partial E}\right|_{E=U} = \frac{1}{T}. \tag{3.24}$$

O calor específico é uma grandeza fácil de determinar experimentalmente e, por esse motivo, amplamente utilizada no estudo das propriedades térmicas dos materiais.

Um modelo elementar de sólido consiste em considerar os átomos vibrantes na rede cristalina com sendo osciladores harmônicos simples, independentes entre si. Uma simplificação adicional consiste em considerar que todos vibram com a mesma frequência. Um modelo de osciladores clássicos independentes prediz resultados razoáveis para o calor específico somente em temperaturas altas, resultado conhecido como lei de Dulong-Petit.

Em 1906, no início do desenvolvimento da mecânica quântica, Albert Einstein propôs uma generalização do modelo de osciladores, considerando a versão quântica dos mesmos. O modelo de sólido de Einstein consiste em associar um oscilador harmônico simples tridimensional independente a cada um dos N sítios da rede cristalina. Não há interação entre os osciladores, e todos oscilam com a

CAPÍTULO 3. ENSEMBLES ESTATÍSTICOS 57

mesma frequência ω. Nestas condições, um autoestado do sistema de N corpos é dado pelo produto dos autoestados de cada oscilador. Como estão localizados espacialmente, os osciladores são distinguíveis. Na base de autoestados de partícula única o operador hamiltoniano é diagonal. Os autovalores da energia são dados por:

$$E = \hbar\omega \sum_{i=1}^{3N} \left(n_i + \frac{1}{2} \right) = \frac{3}{2} N\hbar\omega + \hbar\omega \sum_{i=1}^{3N} n_i, \qquad (3.25)$$

onde $n_i = 0, 1, 2, \ldots$ é o número quântico que descreve um autoestado particular do oscilador i-ésimo. Assim, um microestado do sistema fica determinado por um conjunto específico de valores dos $3N$ números quânticos n_i, de forma que, para energia e número de partículas fixos, E e N respectivamente, a soma dos números quânticos n_i deve satisfazer:

$$\sum_{i=1}^{3N} n_i = \frac{E}{\hbar\omega} - \frac{3}{2} N \equiv M. \qquad (3.26)$$

O vínculo anterior permite pensar em um conjunto de M bolas distribuídas em $3N$ caixas, como ilustrado na Figura 3.2. Como em cada caixa podemos ter um máximo de M bolas, podemos obter uma permutação particular das bolas movendo somente as divisórias entre as caixas, de forma a mudar o número de bolas em cada caixa. Existem $3N - 1$ divisórias (as divisórias dos extremos na figura não são relevantes para a contagem). Então, podemos pensar que temos um total de $3N - 1 + M$ objetos para permutar, e queremos saber quantas permutações existem no total. Como os objetos são de dois tipos, bolas e divisórias, as permutações de elementos dentro de cada grupo não produzem novas sequências, e o número procurado é o número combinatório $C(3N - 1 + M, M)$. Desta forma, o número total de microestados é dado por:

$$W(E, 3N) = \binom{3N - 1 + M}{M} = \frac{(3N - 1 + M)!}{M!(3N - 1)!}. \qquad (3.27)$$

Para expressar o resultado em função apenas de E e N devemos eliminar M. Para isto, usamos a relação dada pela energia total do sistema:

$$\frac{E}{\hbar\omega} = M + \frac{3}{2} N. \qquad (3.28)$$

Obtemos:

$$W(E, 3N) = \frac{\left(\frac{E}{\hbar\omega} + \frac{3}{2} N - 1 \right)!}{\left(\frac{E}{\hbar\omega} - \frac{3}{2} N \right)! (3N - 1)!}. \qquad (3.29)$$

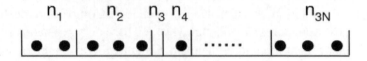

Figura 3.2: M bolas distribuidas em $3N$ caixas. n_i é o número de bolas na caixa i-ésima.

A entropia é dada por $S(E,N) = k_B \ln W(E,N)$. Definindo a entropia e a energia por átomo, $s = S/N$ e $u = E/N$ respectivamente, e usando a aproximação de Stirling (ver apêndice B) nos fatoriais, $N! \approx N \ln N - N$, obtemos, no limite termodinâmico:

$$s(u) = 3k_B \left[\left(\frac{u}{\epsilon} + \frac{1}{2}\right) \ln\left(\frac{u}{\epsilon} + \frac{1}{2}\right) - \left(\frac{u}{\epsilon} - \frac{1}{2}\right) \ln\left(\frac{u}{\epsilon} - \frac{1}{2}\right) \right], \quad (3.30)$$

onde $\epsilon = 3\hbar\omega$. Através da equação (3.24) obtemos a energia de equilíbrio, ou energia interna do sólido de Einstein:

$$u(T) = \frac{3}{2}\hbar\omega + \frac{3\hbar\omega}{\exp\left(\frac{\hbar\omega}{k_B T}\right) - 1}. \quad (3.31)$$

No limite de baixas temperaturas, $k_B T \ll \hbar\omega$, cada oscilador se encontra na energia do seu estado fundamental $u \to (3/2)\hbar\omega$. No limite de altas temperaturas, $k_B T \gg \hbar\omega$, $u - (3/2)\hbar\omega \sim 3k_B T$. O calor específico por átomo do modelo de sólido de Einstein é dado por:

$$c(T) = \frac{\partial u}{\partial T} = 3k_B \left(\frac{\hbar\omega}{k_B T}\right)^2 \frac{\exp\left(\frac{\hbar\omega}{k_B T}\right)}{\left[\exp\left(\frac{\hbar\omega}{k_B T}\right) - 1\right]^2}, \quad (3.32)$$

e é ilustrado na Figura 3.3.

Definindo a temperatura de Einstein, $T_E \equiv \hbar\omega/k_B$, que é da ordem de $100\,K$ para os sólidos mais comuns, no limite de altas temperaturas $T \gg T_E$ se obtém $c \to 3k_B$, conhecida como lei de Dulong-Petit. Para temperaturas baixas, $T \ll T_E$ o calor específico vai a zero exponencialmente:

$$c(T) \sim 3k_B \left(\frac{\hbar\omega}{k_B T}\right)^2 \exp\left(-\frac{\hbar\omega}{k_B T}\right). \quad (3.33)$$

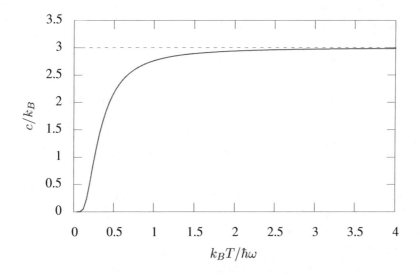

Figura 3.3: Calor específico do sólido de Einstein.

O modelo de sólido de Einstein descreve de forma qualitativamente correta o comportamento do calor específico dos sólidos. No entanto, medidas precisas a baixas temperaturas mostram que o calor específico devido às oscilações da rede cristalina decai segundo uma lei de potência $c \sim T^3$. Alguns anos depois de Einstein, Peter Debye (1884-1966) propôs um modelo mais sofisticado, que inclui interações entre os osciladores, e reproduz corretamente o decaimento com T^3 do calor específico, como será descrito no contexto do ensemble canônico na Seção 3.2.9.

3.1.4 A formulação de Gibbs

J. W. Gibbs propôs uma expressão para a entropia alternativa à de Boltzmann e que permite formular a teoria a partir de um princípio variacional. Se $\rho(p,q)$ é a densidade de probabilidade de equilíbrio, a *entropia de Gibbs* é dada por:

$$S = -k_B \langle \ln(C\rho) \rangle, \tag{3.34}$$

onde $C = h^{3N}$ para sistemas clássicos e $C = 1$ e para sistemas quânticos. Neste último caso $\rho \to \hat{\rho}$. Para sistemas clássicos, a média resulta em:

$$S = -k_B \int_\Gamma \rho(p,q) \ln\left[h^{3N}\rho(p,q)\right] dp\, dq. \tag{3.35}$$

Já para um sistema quântico obtemos a *entropia de von Neumann*:

$$\begin{aligned} S &= -k_B \operatorname{Tr}\left[\hat{\rho}\ln\hat{\rho}\right] \\ &= -k_B \sum_n \rho_{nn} \ln \rho_{nn}, \end{aligned} \tag{3.36}$$

onde a segunda linha corresponde à expressão em uma base de autoestados que diagonaliza $\hat{\rho}$. Dado que $0 \leq \rho_{nn} \leq 1$, a entropia é não-negativa: $S \geq 0$.

Por exemplo, se o sistema se encontra em um macroestado que possui apenas um microestado acessível n_0, chamado *estado puro*, $\rho_{n_0 n_0} = 1$, enquanto $\rho_{nn} = 0$ para todo $n \neq n_0$. Neste caso $S = 0$ para este macroestado. Como a entropia de Gibbs é não negativa, um estado puro possui sempre a mínima entropia possível.

Postulado
A densidade de probabilidade de equilíbrio é aquela que maximiza a entropia de Gibbs, sujeita aos vínculos macroscópicos.

Desta forma, o problema consiste em maximizar a expressão (3.34) respeitando os vínculos. Consideremos um sistema clássico. Para um sistema no ensemble microcanônico, onde E, V e N são fixos, o único vínculo exigido é o de normalização das probabilidades:

$$\int_\Gamma \rho(p,q)\, dp\, dq = 1. \tag{3.37}$$

Em geral, vínculos podem ser considerados no princípio variacional via *multiplicadores de Lagrange* (Callen 1985; Lemos 2007). Sendo a entropia de Gibbs um funcional da densidade de probabilidade, a condição de extremo (máximo) pode ser expressa na forma:

$$\delta\left[S[\rho] + \alpha_0 \int \rho\, dp\, dq\right] = 0, \tag{3.38}$$

CAPÍTULO 3. ENSEMBLES ESTATÍSTICOS
61

onde δ indica uma variação funcional e α_0 é o multiplicador que impõe a normalização das probabilidades. Desenvolvendo a variação obtemos:

$$S[\rho + \delta\rho] - S[\rho] + \alpha_0 \int [\rho + \delta\rho - \rho]\, dp\, dq = 0, \qquad (3.39)$$

$$-k_B \int \left\{ (\rho + \delta\rho) \ln[h^{3N}(\rho + \delta\rho)] - \rho \ln(h^{3N}\rho) \right\} dp\, dq + \alpha_0 \int \delta\rho\, dp\, dq = 0$$

Expandindo até primeira ordem em $\delta\rho$:

$$\int \left(-k_B - k_B \ln[h^{3N}\rho] + \alpha_0 \right) \delta\rho\, dp\, dq = 0. \qquad (3.40)$$

Como $\delta\rho$ é arbitrário, o integrando deve-se anular identicamente. Portanto:

$$\rho(p,q) = \frac{1}{h^{3N}} e^{\alpha_0/k_B - 1}. \qquad (3.41)$$

A densidade de probabilidade microcanônica é uma constante, como esperado. Resta determinar o valor do multiplicador de Lagrange α_0. Ele é fixado pela condição de normalização das probabilidades, resultando em:

$$\rho(p,q) = \frac{1}{\Gamma(E)} \quad \text{se } E \le H(p,q) \le E + \Delta. \qquad (3.42)$$

Notamos que, neste caso de um sistema isolado, a distribuição equiprovável é a que maximiza a entropia de Gibbs (a segunda variação permite mostrar que o extremo obtido é, de fato, um máximo). Substituindo na definição obtemos

$$S(E) = -k_B \langle \ln(h^{3N}\rho) \rangle = -\frac{k_B}{\Gamma(E)} \int \ln\left[h^{3N}/\Gamma(E)\right] dp, dq, \qquad (3.43)$$

ou

$$S(E) = k_B \ln\left(\frac{\Gamma(E)}{h^{3N}}\right) = k_B \ln W(E), \qquad (3.44)$$

que coincide com a expressão da entropia de equilíbrio microcanônica de Boltzmann.

3.1.5 Problemas de aplicação

1. *Sistema de partículas com dois níveis de energia I*: Considere um sistema formado por N partículas não interagentes, distinguíveis, com energia total E, onde cada uma pode estar em dois estados de energia 0 ou $\epsilon > 0$.

   (a) Calcule o número de microestados $W(N_1)$ com N_1 partículas no estado de energia nula.

   (b) Determine a entropia microcanônica por partícula, $s(u) \equiv S/N$, onde $u \equiv U/N$ é a energia por partícula.

   (c) Faça um gráfico da entropia em função da energia, $s(u)$, e interprete fisicamente o resultado para pequenas, médias e altas energias.

2. *Sistema de partículas com dois níveis de energia II*: A partir dos resultados do problema anterior:

   (a) Determine a equação de estado do sistema de dois níveis na representação da entropia, $\partial s/\partial u = 1/T$.

   (b) Inverta a equação de estado e obtenha uma expressão para a energia por partícula em função da temperatura. Faça um gráfico de $u(T)$. Note que, formalmente, há um setor de temperaturas negativas.

   (c) Calcule o calor específico deste sistema, $c(T) = \partial u/\partial T$. Faça um gráfico de $c(T)$. Quais os limites do calor específico para baixas e altas temperaturas?

3. *Memória de um disco rígido*: Uma palavra na memória de um computador é dada por um conjunto de N bits, variáveis que podem assumir apenas dois estados $\{\sigma_i = \pm 1\}$. Para gravar dados na memória, aplica-se um pequeno campo magnético que força um bit a ficar com o sinal dado pelo sinal do campo. Se aplicarmos o mesmo campo magnético uniforme h sobre todo o sistema, podemos escrever a energia de interação entre o campo e os dipolos binários (bits) na forma:

$$\mathcal{H} = -h \sum_{i=1}^{N} \sigma_i.$$

Se N é o número de bits, N_1 o número de bits de valor $+1$ e $N_2 = N - N_1$ o número de bits de valor -1, escreva uma expressão para a energia em função de N, N_1, h. Considerando um sistema isolado com energia $\mathcal{H} = E$ determine:

CAPÍTULO 3. ENSEMBLES ESTATÍSTICOS

(a) O número de microestados acessíveis $W(E, N, h)$.

(b) A entropia microcanônica $S(E, N, h)$.

(c) No limite termodinâmico utilize a aproximação de Stirling, $\ln n! \approx n \ln n - n$, e uma relação termodinâmica para obter a energia interna por partícula em função da temperatura e o campo $e(T, h) \equiv E(T, h)/N$.

4. *Suscetibilidade magnética e lei de Curie*: No problema anterior, definindo o grau de alinhamento dos bits com o campo (magnetização) na forma $M = N_1 - N_2$, determine:

(a) A magnetização em função da temperatura e campo magnético, $M(T, h)$.

(b) Analise o comportamento para altas ($h/k_B T \ll 1$) e baixas ($h/k_B T \gg 1$) temperaturas e faça um gráfico de $M(T, h)$ em função de T para h fixo.

A suscetibilidade magnética é a resposta da magnetização a um pequeno campo externo aplicado, e se define na forma:

$$\chi(T, h) = \left.\frac{\partial M}{\partial h}\right|_T.$$

(c) Calcule a suscetibilidade e analise em quais condições ela se comporta como a *lei de Curie*: $\chi \propto 1/T$.

5. *Sistema de partículas com três níveis de energia*: Os núcleos dos átomos de certos sólidos cristalinos têm spin $S = 1$. De acordo com a teoria quântica, cada núcelo pode ter 3 estados quânticos de spin, com $m = 0, \pm 1$. Um núcleo nos estados $m = \pm 1$ possui uma energia $D > 0$, enquanto que um núcelo no estado $m = 0$ tem energia nula. O Hamiltoniano desse sistema de N núcelos localizados em um sólido pode ser escrito na forma:

$$\mathcal{H} = D \sum_{i=1}^{N} S_i^2,$$

onde a variável de spin S_i pode assumir os valores ± 1 ou 0. Calcule o número de microestados acessíveis ao sistema com energia total E.

6. *Volume de uma hiperesfera n-dimensional*: Uma esfera de raio R em n dimensões é definida pela equação:

$$\sum_{i=1}^{n} x_i^2 = R^2.$$

Mostre que o volume da hiperesfera n-dimensional

$$\Sigma(R) = \int_{\sum_{i=1}^{n} x_i^2 \leq R^2} dx_1 \cdots dx_n.$$

é

$$\Sigma(R) = \frac{2\,\pi^{n/2}}{n(n/2-1)!}\, R^n$$

7. *Gás ideal monoatômico clássico*: Considere um sistema de N partículas clássicas, não interagentes, idênticas, confinadas em um volume V. Definindo o volume no espaço de fase dos pontos com energia $H(p,q) \leq E$:

$$\Sigma(E) = \int_{H(p,q) \leq E} dp\, dq,$$

pode-se mostrar que, no limite termodinâmico, a entropia microcanônica é dada por:

$$S(E) = k_B\, \ln\left(\Sigma(E)/h^{3N}\right),$$

onde k_B é a constante de Boltzmann, h a constante de Planck e N o número de partículas.

(a) Calcule $\Sigma(E)$ para um gás ideal monoatômico clássico, com Hamiltoniano dado por:

$$H(p,q) = \frac{1}{2m} \sum_{i=1}^{3N} p_i^2$$

(b) Mostre que a entropia do gás resulta em:

$$S(E, V, N) = N\, k_B\, \ln\left[V \left(\frac{4\pi m}{3h^2} \frac{E}{N}\right)^{3/2}\right] + \frac{3}{2}\, N\, k_B.$$

Note que esta expressão para a entropia não é extensiva. Como se resolve o problema da extensividade neste caso? Estude o problema chamado *Paradoxo de Gibbs*, discutido na maioria dos livros de mecânica estatística.

8. *Calor específico de um sólido clássico*: O Hamiltoniano clássico de um conjunto de $3N$ osciladores harmônicos independentes é dado por:

$$H(p,q) = \frac{1}{2} \sum_{i=1}^{3N} \left[\frac{p_i^2}{m} + m\,\omega^2\, q_i^2\right].$$

CAPÍTULO 3. ENSEMBLES ESTATÍSTICOS

Fazendo a mudança de variáveis $x_i = p_i/\sqrt{2m}$ para $i = 1, \ldots, 3N$ e $x_i = \omega q_i \sqrt{m/2}$ para $i = 3N + 1, \ldots, 6N$, calcule:

(a) O volume do espaço de fases

$$\Sigma(E) = \int_{H(p,q) \leq E} dp\, dq,$$

e a entropia microcanônica do sistema, $S(E, N)$.

(b) Use a aproximação de Stirling:

$$\ln m \sim m \ln m - m, \qquad \text{para } m \text{ grande,}$$

e calcule o calor específico do sistema de osciladores clássicos.

(c) Compare o resultado clássico com o resultado quântico do modelo de sólido de Einstein.

9. *Gás de rede I*: Em um modelo simplificado para um gás diluído de partículas, conhecido como "gás de rede", o volume do sistema é dividido em V células de volume unitário onde se encontram N partículas, com $0 \leq N \leq V$. A energia do gás é dada por:

$$E = \mu \sum_{i=1}^{V} n_i$$

onde $0 \leq n_i \leq V$ é o número de partículas na célula i-ésima.

(a) Encontre a quantidade de maneiras que é possível distribuir as N partículas entre as V células, de modo que cada célula possa estar vazia ou ocupada por uma única partícula.

(b) Calcule a entropia microcanônica no limite de N e V grandes com $\rho = N/V$ finito. A entropia é extensiva?

10. *Gás de rede II*: No problema anterior, escreva a entropia por partícula na forma $s = s(v)$ onde $v = V/N$ é o volume específico.

(a) A partir dessa relação fundamental, utilize uma relação termodinâmica e obtenha uma expressão para a equação de estado p/T.

(b) Escreva uma expansão para p/T em termos da densidade $\rho = 1/v$. Mostre que o primeiro termo dessa expansão corresponde à conhecida lei de Boyle dos gases ideais.

(c) Esboce um gráfico de μ/T, onde μ é o potencial químico, contra a densidade ρ. Qual o comportamento do potencial químico nos limites $\rho \to 0$ e $\rho \to 1$?

3.2 O ensemble canônico

3.2.1 O fator de Boltzmann e a função de partição

Em geral, os sistemas não são isolados. Suponhamos que um sistema S possa trocar calor com um outro muito maior que chamamos de reservatório térmico, um sistem R em equilíbrio termodinâmico, cuja temperatura é T. O sistema composto é considerado isolado, com energia $E_0 = E_S + E_R$ fixa. Vamos supor ainda que o sistema e o reservatório estão separados por uma parede diatérmica (permite a troca de calor), rígida (o volume é fixo) e impermeável (não permite a troca de partículas ou matéria em geral). Como o reservatório possui um número de microestados muito maior que os do sistema, a probabilidade de encontrar o sistema S em um microestado particular j será proporcional ao número de microestados do reservatório compatíveis com o vínculo $E_R = E_0 - E_j$:

$$P(E_j) = c\, W_R(E_R) = c\, W_R(E_0 - E_j), \tag{3.45}$$

onde c é uma constante de normalização das probabilidades e $W_R(E_R)$ é o número de estados microscópicos do reservatório, cuja energia é $E_R = E_0 - E_j$. Como $E_j \ll E_0$:

$$\ln P(E_j) = \ln c + \ln W_R(E_0) + \left.\frac{\partial \ln W_R(E_R)}{\partial E_R}\right|_{E_R=E_0} (-E_j) + \mathcal{O}(E_j^2).$$
$$\tag{3.46}$$

Da definição de entropia e da equação de estado no equilíbrio:

$$\left.\frac{\partial \ln W_R(E_R)}{\partial E_R}\right|_{E_R=E_0} = \frac{1}{k_B T}, \tag{3.47}$$

onde T é a temperatura do reservatório. Como c e $W_R(E_0)$ são constantes, a probabilidade $P(E_j)$ resulta proporcional a $\exp(-\beta E_j)$, com $\beta = 1/k_B T$. A constante de proporcionalidade pode ser fixada exigindo a normalização das probabilidades, $\sum_j P(E_j) = 1$, dando como resultado:

$$P(E_j) = \frac{e^{-\beta E_j}}{\sum_i e^{-\beta E_i}} \tag{3.48}$$

CAPÍTULO 3. ENSEMBLES ESTATÍSTICOS

O **ensemble canônico** é definido pelo conjunto de microestados de um sistema em contato com um reservatório térmico à temperatura T e cujas probabilidades são dadas por (3.48). No ensemble canônico, a probabilidade de encontrar o sistema em um microestado particular de energia E_j, em equilíbrio térmico à temperatura T, decai exponencialmente com a energia. O fator exponencial $e^{-\beta E_j}$ é conhecido como *fator de Boltzmann*.

Consideremos agora um sistema quântico em contato com um reservatório térmico. Vamos calcular novamente a probabilidade de encontrar o sistema em um microestado com uma energia dada mas, desta vez, partindo do princípio variacional de Gibbs. No ensemble canônico a energia do sistema pode flutuar. Em equilíbrio, a energia média é fixa:

$$\langle E \rangle = U = \text{Tr}(\hat{\rho}\hat{H}) \equiv \sum_n \rho_{nn} E_n, \qquad (3.49)$$

onde $\hat{\rho}$ é o operador densidade e os $n's$ são números quânticos correspondentes à uma base de autoestados do operador Hamiltoniano de N partículas, que diagonaliza simultaneamente ambos operadores $\hat{\rho}$ e $\hat{H}$.

A entropia de Gibbs é dada por

$$S = -k_B \langle \ln \hat{\rho} \rangle \equiv -k_B \sum_n \rho_{nn} \ln \rho_{nn}. \qquad (3.50)$$

O princípio variacional diz que a densidade de probabilidade de equilíbrio é aquela que maximiza a entropia de Gibbs respeitando os vínculos macroscópicos. No ensemble canônico, os vínculos são dois:

1. A normalização das probabilidades: $\text{Tr}\,\hat{\rho} = \sum_n \rho_{nn} = 1$.

2. O valor esperado da energia: $\langle E \rangle \equiv \text{Tr}(\hat{\rho}\hat{H}) = U$.

Portanto, temos que introduzir dois multiplicadores de Lagrange e calcular a variação da expressão resultante:

$$\begin{aligned}
\delta \left[\left(\alpha_0 \,\text{Tr}\,\hat{\rho} + \alpha_1 \,\text{Tr}(\hat{\rho}\hat{H}) - k_B \,\text{Tr}(\hat{\rho}\ln\hat{\rho}) \right) \right] &= \\
\delta \sum_n \left(\alpha_0\, \rho_{nn} + \alpha_1\, \rho_{nn} E_n - k_B\, \rho_{nn} \ln \rho_{nn} \right) &= \\
\sum_n \left[(\alpha_0 - k_B) + \alpha_1 E_n - k_B \ln \rho_{nn} \right] \delta \rho_{nn} &= 0, \qquad (3.51)
\end{aligned}$$

CAPÍTULO 3. ENSEMBLES ESTATÍSTICOS

onde a última linha corresponde à variação de primeira ordem. Como esta é arbitrária obtemos:

$$\rho_{nn} = \exp\left[\left(\frac{\alpha_0}{k_B} - 1\right) + \frac{\alpha_1}{k_B}E_n\right]. \tag{3.52}$$

Os multiplicadores α_0 e α_1 devem ser determinados de maneira a satisfazer os vínculos. Da condição de normalização obtemos:

$$\exp\left(1 - \frac{\alpha_0}{k_B}\right) = \sum_n \exp\left(\frac{\alpha_1}{k_B}E_n\right) \equiv Z_N(\alpha_1). \tag{3.53}$$

onde definimos a função:

$$Z_N(\alpha_1) \equiv \sum_n \exp\left(\frac{\alpha_1}{k_B}E_n\right) = \text{Tr } \exp\left(\frac{\alpha_1}{k_B}\hat{H}\right) \tag{3.54}$$

Agora, multiplicando o fator entre colchetes em (3.51) (que deve se anular) por ρ_{nn} e somando em n obtemos:

$$(\alpha_0 - k_B) + \alpha_1 U + S = 0, \tag{3.55}$$

ou

$$-k_B \ln Z_N(\alpha_1) + \alpha_1 U + S = 0. \tag{3.56}$$

Identificando $\alpha_1 = -1/T$, e usando a definição do potencial termodinâmico $F(T, V, N) = U - TS$, podemos escrever:

$$F(T, V, N) = -k_B T \ln Z_N(T, V) \tag{3.57}$$

onde a função:

$$Z_N(T, V) = \text{Tr } \exp(-\beta \hat{H}) \tag{3.58}$$

é conhecida como **função de partição** do sistema. A relação (3.57) conecta a função de partição com a termodinâmica. Como o potencial $F(T, V, N)$ é uma grandeza fundamental, no sentido de conter toda a informação sobre a termodinâmica do sistema, assim também a função de partição canônica $Z_N(T, V)$ contém

CAPÍTULO 3. ENSEMBLES ESTATÍSTICOS

toda a informação sobre o sistema. A partir de (3.52) e (3.53) podemos escrever a matriz densidade de equilíbrio na forma:

$$\hat{\rho} = \frac{e^{-\beta \hat{H}}}{\text{Tr}\, e^{-\beta \hat{H}}} \tag{3.59}$$

Já, para um sistema clássico, a densidade de probabilidade é dada por:

$$\rho(p,q) = \frac{e^{-\beta H(p,q)}}{Z_N(T,V)} \tag{3.60}$$

onde a função de partição fica definida na forma:

$$Z_N(T,V) = \int_\Gamma \frac{dp\,dq}{h^{3N}} \exp\{-\beta H(p,q)\} \tag{3.61}$$

e a integral se extende por todo o espaço de fase Γ.

3.2.2 A densidade de estados e a função de partição

Consideremos a integral no espaço de fase de uma função arbitrária f que depende de (p,q) através do Hamiltoniano:

$$I = \int_\Gamma \frac{dp\,dq}{h^{3N}} f[H(p,q)]. \tag{3.62}$$

Podemos escrever a mesma integral na forma:

$$I = \int_0^\infty f(E)g(E)dE, \tag{3.63}$$

onde a função:

$$g(E) = \int_{H(p,q)=E} \frac{dp\,dq}{h^{3N}} \tag{3.64}$$

CAPÍTULO 3. ENSEMBLES ESTATÍSTICOS

é a **densidade de estados**. $g(E)dE$ é o número de estados com energias entre E e $E + dE$. Em particular, se $f(H) = \Theta(H - E)$, onde $\Theta(x)$ é a função degrau:

$$\Theta(x) = \begin{cases} 1 & \text{se } x \geq 0 \\ 0 & \text{se } x < 0 \end{cases} \quad (3.65)$$

obtemos

$$I = \int_0^E g(E')dE' = \frac{\Sigma(E)}{h^{3N}}, \quad (3.66)$$

então

$$g(E) = \frac{1}{h^{3N}} \frac{\partial \Sigma(E)}{\partial E}. \quad (3.67)$$

Da definição:

$$\Gamma(E) = \int_{E \leq H(p,q) \leq E+\Delta} dp\,dq \quad (3.68)$$

e (3.64) é possível concluir que $g(E) = \lim_{\Delta \to 0} \Gamma(E)/h^{3N}$. Como consequência, no limite termodinâmico:

$$g(E) = e^{S_m/k_B}, \quad (3.69)$$

onde S_m é a entropia microcanônica.

Se $f(E) = e^{-\beta E}$, obtemos uma forma alternativa para a função de partição:

$$Z_N(T,V) = \int_0^\infty e^{-\beta E} g(E) dE \quad (3.70)$$

que se corresponde com a definição (3.61). É importante notar que, na última fôrmula, a função de partição corresponde à transformada de Laplace da densidade de estados.

No caso quântico a expressão correspondente é:

$$Z_N(T,V) = \sum_n e^{-\beta E_n} \quad (3.71)$$

que se corresponde com a definição (3.58), e onde n representa um conjunto completo de número quânticos, ou seja, a soma varre todos os possíveis autoestados

CAPÍTULO 3. ENSEMBLES ESTATÍSTICOS 72

do Hamiltoniano, sendo E_n os autovalores correspondentes. Se o conjunto de autovalores da energia for degenerado, podemos escrever:

$$Z_N(T,V) = \sum_E g(E) e^{-\beta E} \qquad (3.72)$$

onde, agora, a soma é feita em todos os autovalores diferentes do Hamiltoniano e $g(E)$ é a multiplicidade do autovalor E.

3.2.3 Flutuações da energia

A energia média do sistema no ensemble canônico, ou *energia interna*, é dada por:

$$U \equiv \langle H \rangle = \frac{\sum_j E_j\, e^{-\beta E_j}}{Z_N(T,V)} = -\frac{\partial \ln Z}{\partial \beta}. \qquad (3.73)$$

Como cada microestado tem uma probabilidade de ocorrência P_j associada, conforme a equação (3.48), então devem existir flutuações em torno do valor médio. A variância da energia é dada por:

$$\begin{aligned}
\left\langle (H - \langle H \rangle)^2 \right\rangle &= \langle H^2 \rangle - \langle H \rangle^2 \qquad (3.74)\\
&= \frac{1}{Z} \sum_j E_j^2 e^{-\beta E_j} - \frac{1}{Z^2} \left(\sum_j E_j e^{-\beta E_j} \right)^2 \\
&= \frac{\partial}{\partial \beta}\left(\frac{\partial \ln Z}{\partial \beta} \right) = -\frac{\partial U}{\partial \beta} = k_B T^2 \frac{\partial U}{\partial T} = k_B T^2 N\, c_V > 0,
\end{aligned}$$

onde

$$c_V = \frac{1}{N}\left(\frac{\partial U}{\partial T} \right)_V \qquad (3.75)$$

é o calor específico a volume constante. Concluímos que as flutuações da energia no ensemble canônico são proporcionais ao calor específico, o que também aponta para a positividade de c_V.

Esta relação é muito útil para determinar o calor específico em simulações de Monte Carlo, ou Dinâmica Molecular, pois os valores médios de momentos da energia podem ser obtidos facilmente ao longo da trajetória do sistema durante a simulação. O desvio relativo resulta em:

CAPÍTULO 3. ENSEMBLES ESTATÍSTICOS

$$\frac{\sqrt{\langle H^2 \rangle - \langle H \rangle^2}}{\langle H \rangle} = \frac{\sqrt{N k_B T^2 c_V}}{N u} \propto \frac{1}{\sqrt{N}}, \tag{3.76}$$

onde $u = \langle H \rangle / N$ é a energia média por partícula.

Notamos que o desvio relativo ao valor médio tende para zero quando $N \to \infty$. Isto quer dizer que, em sistemas formados por muitas partículas, a distribuição de energias está fortemente concentrada em torno do valor médio, e as probabilidades do sistema se encontrar em microestados com energias diferentes do valor médio são muito pequenas. Desta forma, os resultados do ensemble canônico se correspondem com os do ensemble microcanônico no limite termodinâmico. É um exemplo da *equivalência de ensembles*.

Vejamos o resultado anterior com um pouco mais de detalhe. Vimos que podemos expressar a probabilidade de encontrar o sistema com uma energia entre E e $E + dE$ na forma:

$$P(E) dE = \frac{g(E) e^{-\beta E} dE}{\int_0^\infty g(E) e^{-\beta E} dE}. \tag{3.77}$$

A densidade de estados é uma função fortemente crescente de E, ao passo que o exponencial de Boltzmann decai rapidamente. Como consequência, a probabilidade deve passar por um máximo para alguma energia especial E^*, que corresponde ao valor mais provável para a energia do sistema. O valor de E^* é determinado extremizando o produto:

$$\left. \frac{\partial}{\partial E} \left(g(E) e^{-\beta E} \right) \right|_{E=E^*} = 0, \tag{3.78}$$

que equivale a

$$\left. \frac{\partial \ln g(E)}{\partial E} \right|_{E=E^*} = \beta. \tag{3.79}$$

Da relação termodinâmica:

$$\left. \frac{\partial S_m(E)}{\partial E} \right|_{E=U} = \frac{1}{T} = k_B \beta, \tag{3.80}$$

CAPÍTULO 3. ENSEMBLES ESTATÍSTICOS 74

e do resultado (3.69),

$$\ln g(E) = \frac{S_m(E)}{k_B}, \tag{3.81}$$

podemos concluir que:

$$E^* = U. \tag{3.82}$$

Este resultado é importante pois implica que, para um sistema com um número grande de partículas em equilíbrio termodinâmico, *o valor mais provável da energia é igual à energia média*.

Vamos agora dar um passo além e determinar qual a forma da distribuição de probabilidades das energias. Para isso, é útil expandir o logaritmo da densidade de probabilidade no entorno do valor médio U:

$$\begin{aligned}
\ln\left[g(E)e^{-\beta E}\right] &= -\beta E|_{E=U} + \ln g(E)|_{E=U} + \\
&\quad \frac{1}{2}\left(\frac{\partial^2}{\partial E^2}\ln\left[g(E)e^{-\beta E}\right]\right)_{E=U}(E-U)^2 + \ldots \\
&= -\beta(U - TS_m) - \frac{1}{2k_B T^2 C_V}(E-U)^2 + \ldots \quad (3.83)
\end{aligned}$$

Obtemos finalmente:

$$P(E) \propto g(E)e^{-\beta E} \approx e^{-\beta(U-TS_m)} \exp\left\{-\frac{(E-U)^2}{2k_B T^2 N c_V}\right\}. \tag{3.84}$$

A densidade de probabilidade da energia se aproxima de uma distribuição Gaussiana, com média U e desvio padrão $\sqrt{k_B T^2 N c_V}$. Considerando a escala de energia dada pela energia interna U, podemos definir a variável adimensional E/U. Esta também possui uma distribuição Gaussiana, com média 1 e desvio padrão $\sqrt{k_B T^2 N c_V}/U$, que é de ordem $\mathcal{O}(N^{-1/2})$. Portanto, para $N \gg 1$ a distribuição de probabilidades é muito estreita, tendendo a uma função delta quando $N \to \infty$.

Integrando o resultado (3.84) é fácil mostrar que:

$$-k_B T \ln Z_N(T, V) \equiv F(T, V, N) \approx U - TS_m - \frac{1}{2}k_B T \ln\left(2\pi k_B T^2 N c_V\right). \tag{3.85}$$

Este último resultado nos diz que a energia livre no ensemble canônico resulta igual à energia livre microcanônica mais correções de ordem $\ln(N)$.

Finalmente, é interessante notar que as flutuações para sistemas com grande número de graus de liberdade podem não ser desprezíveis em situações especiais, como, por exemplo, perto de *transições de fases* contínuas, onde c_V diverge na temperatura da transição chamada, nestes casos, de *temperatura crítica*, T_c.

3.2.4 Gás ideal clássico no ensemble canônico

O ponto de partida para obter a termodinâmica de um sistema no ensemble canônico é o cálculo da função de partição. No caso do gás ideal clássico a eq. (3.61) resulta em:

$$\begin{aligned} Z_N(T,V) &= \int \frac{dp\,dq}{h^{3N}} \exp\left[-\beta \sum_{i=1}^{3N} \frac{p_i^2}{2m}\right] \quad (3.86) \\ &= \left(\frac{V^N}{h^{3N}}\right) \prod_{i=1}^{3N} \int dp_i \exp\left(-\frac{\beta p_i^2}{2m}\right) \\ &= \left(\frac{V}{h^3}\right)^N \left[\int dp_{ix}dp_{iy}dp_{iz}\, e^{-\frac{\beta}{2m}\left(p_{ix}^2+p_{iy}^2+p_{iz}^2\right)}\right]^N \\ &= [Z_1(T)]^N, \end{aligned}$$

onde

$$Z_1(T,V) = \frac{V}{\lambda_T^3} \quad (3.87)$$

é a função de partição de uma partícula e

$$\lambda_T = \frac{h}{\sqrt{2\pi m k_B T}} \quad (3.88)$$

é o *comprimento de onda térmico* das partículas. Esta quantidade, que tem dimensões de comprimento, é importante pois corresponde aproximadamente ao valor médio do *comprimento de onda de De Broglie* para uma partícula de massa m e energia $k_B T$. Se o comprimento de onda térmico for muito menor que a distância típica interpartícula então o gás pode ser considerado clássico. No entanto, se λ_T for da ordem ou maior do que a distância interpartícula, os efeitos quânticos se tornam importantes e o gás deve ser estudado a partir das estatísticas quânticas de Bose-Einstein ou Fermi-Dirac.

A energia livre do gás ideal clássico é dada por:

$$F(T,V,N) = -k_B T N \ln Z_1 = -k_B T N \ln\left\{\frac{V}{h^3}(2\pi m k_B T)^{3/2}\right\}. \quad (3.89)$$

CAPÍTULO 3. ENSEMBLES ESTATÍSTICOS 76

A energia livre obtida não é uma função homogênea das variáveis extensivas: $F(T, \gamma V, \gamma N) \neq \gamma F(T, V, N)$. Encontramos novamente o "paradoxo de Gibbs". A solução, no contexto do ensemble canônico, consiste em introduzir o fator de contagem de Gibbs na forma:

$$Z_N(T, V) \to \frac{Z_N(T, V)}{N!}. \tag{3.90}$$

No limite de N grande podemos aplicar a aproximação de Stirling (ver apêndice B) ao fatorial, obtendo como resultado:

$$F(T, V, N) = -k_B T N \ln\left\{\frac{V}{Nh^3}(2\pi m k_B T)^{3/2}\right\} - k_B T N \tag{3.91}$$

que recupera o comportamento extensivo da energia livre e leva aos resultados esperados para a termodinâmica do sistema.

3.2.5 Sistema de osciladores harmônicos e o Teorema de Equipartição da energia

Somando a função de partição de um sistema de osciladores harmônicos clássicos, ou de forma mais geral, de um sistema com graus de liberdade quadráticos da forma:

$$H(p, q) = \sum_i \left[A_i p_i^2 + B_i q_i^2\right], \tag{3.92}$$

onde A_i, B_i são coeficientes constantes, pode-se mostrar (ver problema no final do capítulo) que a energia interna do sistema resulta igual a:

$$U = f\frac{1}{2}k_B T, \tag{3.93}$$

onde f é o número de coeficientes não nulos na expressão do hamiltoniano. Em palavras, *cada grau de liberdade quadrático no hamiltoniano de um sistema clássico contribui com $k_B T/2$ à energia interna do mesmo*. Este resultado é conhecido como **teorema de equipartição da energia**.

Se o sistema fosse quântico, com a energia de $3N$ osciladores dada por:

$$E = \hbar\omega \sum_{i=1}^{3N} \left(n_i + \frac{1}{2}\right), \tag{3.94}$$

CAPÍTULO 3. ENSEMBLES ESTATÍSTICOS

onde ω é a frequência dos osciladores e $n_i = 1, 2, \ldots$ é o número quântico que descreve o autoestado do oscilador i-ésimo, a energia interna no limite termodinâmico é dada pela equação (3.31):

$$U = N\frac{3}{2}\hbar\omega + \frac{3N\hbar\omega}{\exp\left(\frac{\hbar\omega}{k_B T}\right) - 1} \tag{3.95}$$

Notamos que, de forma geral, o teorema de equipartição da energia não é obedecido pelos osciladores quânticos. Isto se deve justamente ao fenômeno da quantização da energia, o fato da energia aumentar em saltos discretos, ou quanta, múltiplos de $\hbar\omega$. Somente para altas temperaturas, quando $k_B T \gg \hbar\omega$, o espectro de energias vai se tornando aproximadamente contínuo e o resultado do teorema de equipartição reaparece.

No final do século XIX a falha do teorema de equipartição esteve na origem do problema do espectro da radiação de corpo negro, e a sua solução proposta por Planck, para a energia dos osciladores, representou o nascimento da mecânica quântica. O problema da radiação do corpo negro será abordado no capítulo sobre a estatística de Bose-Einstein.

3.2.6 Entropia e estatística

Como visto até aqui, a forma da densidade de probabilidades dos microestados é dada atráves de uma análise do comportamento de um sistema que, sob condições gerais, atinge o equilíbrio termodinâmico. Na análise mais fenomenológica, considera-se um sistema fechado, com energia fixa, e se postula que nesta situação todos os microestados possuem a mesma probabilidade. Se o sistema é aberto, a forma da distribuição pode ser obtida por uma análise simples da troca de energia entre dois sistemas que podem interagir entre si somente através da fronteira que os separa, podendo assim distinguí-los sem ambiguidade: o sistema e o reservatório de calor. Já a abordagem mais formal de Gibbs, através de um princípio variacional de máxima entropia, postula um funcional entrópico compatível, por construção, com a abordagem heurística de Boltzmann:

$$S[p_i] = -k_B \sum_i p_i \ln p_i. \tag{3.96}$$

Maximizando este funcional entropia em relação à p_i, e exigindo compatibilidade com os vínculos macroscópicos que definem a termodinâmica do sistema, obtém-se, no ensemble canônico, a famosa lei exponencial de Boltzmann-Gibbs (3.48):

$$p_j \equiv p(E_j) = \frac{e^{-\beta E_j}}{\sum_i e^{-\beta E_i}}. \tag{3.97}$$

Neste ponto, e dada a generalidade dos métodos da física estatística, podemos nos perguntar se é possível estender com sucesso esta metodologia para sistemas além do equilíbrio termodinâmico, onde o conceito de entropia tem se mostrado útil em contextos diversos.

Existe uma variedade de funcionais de entropia que têm encontrado utilidade em diferentes campos das ciências. Dentre eles, destacam-se as conexões entre entropia e informação proposta originalmente por Claude Shannon (1916-2001); a entropia de objetos cosmológicos, como buracos negros, proposta por Stephen Hawking (1942-1918); as entropias de emaranhamento quântico de John von Neumann (1903-1957) e de Alfréd Rényi (1921-1970); dentre outras. Uma forma funcional alternativa à entropia de Boltzmann-Gibbs foi proposta por Constantino Tsallis, inspirada em sistemas fora do equilíbrio termodinâmico. A *entropia de Tsallis* ou *q-entropia* tem a forma (Tsallis 2010):

$$S_q(p_i) = \frac{k}{q-1}\left(1 - \sum_i p_i^q\right), \tag{3.98}$$

onde q é um parâmetro real e k uma constante positiva. No limite $q \to 1$ a entropia de Tsallis recupera a forma da entropia de Boltzmann-Gibbs:

$$\lim_{q \to 1} S_q(p_i) = -k \sum_i p_i \ln p_i, \tag{3.99}$$

identificando k com a constante de Boltzmann, k_B. A entropia de Tsallis, que possui como uma das suas características marcantes a não-aditividade, tem encontrando aplicações em diversos sistemas que não satisfazem as condições do equilíbrio termodinâmico. Um modelo muito estudado em conexão com os problemas de ergodicidade e caos hamiltoniano é o *mapa padrão*:

$$\begin{aligned}p_{n+1} &= p_n + K\,sen(\theta_n) \\ \theta_{n+1} &= \theta_n + p_{n+1},\end{aligned}$$

onde p_n e θ_n são definidos módulo 2π. Uma característica importante deste sistema é que a dinâmica preserva a área do espaço de fases, assim como nos sistemas hamiltonianos. No entanto, apresenta comportamento caótico para grandes

CAPÍTULO 3. ENSEMBLES ESTATÍSTICOS 79

valores da constante K e comportamentos não caóticos para pequenos valores de K.

Foi mostrado que, enquanto a distribuição de somas de "momentos", p_n, converge para uma gaussiana quando K é grande, para K pequenos a distribuição se afasta do comportamento tipo Maxwell-Boltzmann e pode ser representada rigorosamente por uma distribuição generalizada, ou q-gaussiana, que resulta da maximização da forma entrópica generalizada (3.98) (Bountis, Veerman e Vivaldi 2020; Tirnakli e Borges 2016).

3.2.7 Fluidos clássicos não ideais

Fluidos simples geralmente são bem descritos com a estatística clássica, pois quando os efeitos quânticos começam a ser relevantes, geralmente a temperaturas baixas, muitos sistemas físicos se encontram no estado sólido. A situação mais comum em relação ao hamiltoniano de um fluido clássico é que possa ser considerado como a soma de uma parte cinética, dependente das velocidades, e uma energia potencial, que depende das coordenadas $U(q_1, q_2, \ldots, q_N)$, onde $q_i \equiv \vec{q}_i$. Então, a função de partição clássica é fatorada, podendo ser escrita na forma:

$$Z_N(T, V) = Z_{GI} \, V^{-N} \, Q, \qquad (3.100)$$

onde Z_{GI} é a função de partição do gás ideal, com o fator de contagem correto, e

$$Q = \int dq_1 \cdots dq_N \; e^{-\beta U(q_1, \ldots, q_N)} \qquad (3.101)$$

é a função de partição *configuracional*. Por causa do fatoramento entre a parte cinética e configuracional, o valor médio estatístico de uma função $f(q)$ resulta em:

$$\langle f(q_1, \ldots, q_N) \rangle = \frac{1}{Q} \int dq_1 \cdots dq_N \, f(q_1, \ldots, q_N) \, e^{-\beta U(q_1, \ldots, q_N)}, \qquad (3.102)$$

independente do termo cinético.

Para analisar as propriedades de fluidos, sejam eles gases ou líquidos, é importante levar em consideração questões de simetria. Em primeiro lugar, a energia potencial $U(q_1, q_2, \ldots, q_N)$ deve ser invariante perante permutações dos índices das partículas pois, embora partículas clássicas são consideradas distinguíveis, elas são idênticas. Outra simetria importante é a invariância da energia potencial perante uma translação espacial de todo o sistema, ou seja, se deslocarmos todas as coordenadas por um vetor fixo no espaço, a energia potencial deve ser a mesma. Isto quer dizer que a energia potencial deve ser função apenas das distâncias relativas entre as partículas e não das posições absolutas no espaço. A invariância perante translações globais implica na *homogeneidade* do fluido. Além de homogêneo, um fluido simples deve ser *isotrópico*, ou seja, a energia potencial deve ser invariante diante de rotações de coordenadas. Estas três são as invariâncias, ou simetrias, mais importantes de sistemas fluidos simples.

Uma quantidade fundamental para descrever a fase fluida é a densidade local de partículas. Assumindo que as partículas são pontuais, e levando em conta o caráter isotrópico de um fluido simples, a densidade se define na forma:

$$\rho(r) = \sum_{i=1}^{N} \langle \delta(r - q_i) \rangle = \frac{1}{Q} \int dq_1 \cdots dq_N \sum_{i=1}^{N} \delta(r - q_i) \, e^{-\beta U(q_1,\ldots,q_N)} \quad (3.103)$$

onde $r - q_i = |\vec{r} - \vec{q}_i|$.

Agora, devido à invariância do potencial perante permutações de partículas, cada um dos termos da soma deve ser igual aos outros, resultando em:

$$\rho(r) = \frac{N}{Q} \int dq_2 \cdots dq_N \int dq_1 \delta(r - q_1) \, e^{-\beta U(q_1,\ldots,q_N)}. \quad (3.104)$$

Ainda, como o potencial deve depender apenas das distâncias relativas entre pares de partículas $|\vec{q}_i - \vec{q}_j|$, podemos definir novas variáveis $\vec{q}'_i = \vec{q}_i - \vec{q}_1$, para $i = 2, \ldots, N$, resultando em:

$$\begin{aligned} \rho(r) &= \frac{N}{Q} \int dq'_2 \cdots dq'_N \, e^{-\beta U(q'_2,\ldots,q'_N)} \int dq_1 \delta(r - q_1) \\ &= \frac{N}{Q} \int dq'_2 \cdots dq'_N \, e^{-\beta U(q'_2,\ldots,q'_N)}. \end{aligned} \quad (3.105)$$

De forma semelhante:

$$Q = \int dq'_2 \cdots dq'_N \, e^{-\beta U(q'_2,\ldots,q'_N)} \int dq_1 = V \int dq'_2 \cdots dq'_N e^{-\beta U(q'_2,\ldots,q'_N)}. \quad (3.106)$$

De (3.105) e (3.106) se conclui que $\rho(r) = N/V$ para todos os pontos r no volume V. Esta propriedade é válida para qualquer fluido simples. Já em um sólido, a densidade local não é uniforme pois as partículas se encontram localizadas no espaço. A invariância translacional é quebrada na fase sólida.

CAPÍTULO 3. ENSEMBLES ESTATÍSTICOS

Em um gás ideal as posições das partículas são independentes entre si. Já em um fluido real, existem correlações entre as posições. Uma função que descreve as correlações espaciais entre partículas é a *função de distribuição de pares* $g(r)$, definida como:

$$g(\vec{r}) \equiv \frac{2V}{N(N-1)} \sum_{(i,j)} \langle \delta(\vec{r} - \vec{r}_{ij}) \rangle \qquad (3.107)$$

onde $\vec{r}_{ij} \equiv \vec{q}_i - \vec{q}_j$ é o vetor da distância relativa entre as partículas i e j. A notação (i,j) indica que cada par de partículas é contabilizado apenas uma vez. Notamos que a função $g(\vec{r})$ corresponde, essencialmente, ao número médio de pares de partículas que se encontram a uma distância r uma da outra. Para entender melhor a definição da $g(\vec{r})$ notamos que, pela invariância do sistema frente a permutações de partículas, todos os termos de pares devem ser idênticos. Ainda, pela isotropia do sistema, a função não pode depender da direção do vetor $\vec{r}$, mas apenas do módulo $r = |\vec{r}|$. Então:

$$g(r) = V \langle \delta(\vec{r} - \vec{r}_{12}) \rangle. \qquad (3.108)$$

Para um gás ideal $U(q_1, \ldots, q_N) = 0$ e, então, o valor médio pode ser calculado facilmente, obtendo que $\langle \delta(\vec{r} - \vec{r}_{12}) \rangle = 1/V$ e $g(r) = 1$. Este resultado quer dizer que, para o gás ideal, todas as distâncias entre pares de partículas são igualmente prováveis. Já, no caso de partículas em interação, obtemos:

$$\begin{aligned} g(r) &= \frac{V}{Q} \int dq_2' \, \delta(\vec{r} - \vec{q}_2') \int dq_3' \cdots dq_N' \, e^{-\beta U(q_2', \ldots, q_N')} \int dq_1 \\ &= \frac{V^2}{Q} \int dq_3' \cdots dq_N' \, e^{-\beta U(\vec{r}, q_3', \ldots, q_N')}. \end{aligned} \qquad (3.109)$$

A forma mais frequente de energia potencial é a que corresponde a uma soma de interações de pares, ou seja:

$$U(q_1, \ldots, q_N) = \sum_{(i,j)} u(\vec{r}_{ij}). \qquad (3.110)$$

Levando em consideração a simetria do potencial perante permutações das partículas resulta em:

$$\begin{aligned} \langle U \rangle &= \frac{N(N-1)}{2} \langle u(r_{12}) \rangle \\ &= \frac{N(N-1)}{2Q} \int dq_2' \, u(q_2') \int dq_3' \cdots dq_N' \, e^{-\beta U(q_2', \ldots, q_N')} \int dq_1 \\ &= \frac{V N(N-1)}{2Q} \int d^3 r \, u(r) \int dq_3' \cdots dq_N' \, e^{-\beta U(r, \ldots, q_N')}. \end{aligned} \qquad (3.111)$$

CAPÍTULO 3. ENSEMBLES ESTATÍSTICOS

Agora, usando o resultado (3.109), e incluindo a contribuição da energia cinética, obtemos uma expressão para a equação de estado da energia do fluido:

$$U = \langle H \rangle = \frac{3}{2} N k_B T + \frac{N(N-1)}{2V} \int d^3 r \, u(r) \, g(r). \tag{3.112}$$

Para obter a equação de estado da pressão do fluido, partimos da definição da pressão no ensemble canônico:

$$\begin{aligned} P &= -\frac{\partial F}{\partial V} = k_B T \frac{\partial \ln Z_N}{\partial V} \\ &= k_B T \frac{\partial}{\partial V} \ln \left(\frac{Z_{GI} Q}{V^N} \right) = k_B T \, \rho + k_B T \, \frac{V^N}{Q} \frac{\partial}{\partial V} \left(\frac{Q}{V^N} \right). \end{aligned} \tag{3.113}$$

Com um pouco mais de trabalho, podemos obter uma expressão para a pressão de um fluido, com interações de pares, em termos da função de distribuição de pares:

$$P = k_B T \, \rho \left[1 - \frac{2\pi \rho}{3 k_B T} \int_0^\infty r^3 \frac{du(r)}{dr} g(r) \, dr \right]. \tag{3.114}$$

Esta última relação é conhecida como *equação de estado do virial*. Conhecendo o potencial de pares e a função de distribuição $g(r)$, notamos que as equações de estado ficam completamente determinadas.

A função de distribuição de pares pode ser determinada experimentalmente por técnicas de espectroscopia, como espalhamento de raios X, nêutrons, elétrons, etc. Ela está relacionada com uma quantidade básica em experimentos de espectroscopia que é o *fator de estrutura*, definido como (Chaikin e Lubensky 1995; Stanley 1971):

$$I(\vec{k}) = \left\langle \left| \sum_{j=1}^N e^{i \vec{k} \cdot \vec{q}_j} \right|^2 \right\rangle, \tag{3.115}$$

onde a média é realizada no ensemble. $I(\vec{k})$ mede a intensidade do espalhamento em função do vetor de onda $\vec{k}$ da radiação espalhada pelo material. Da definição anterior obtemos:

$$I(\vec{k}) = \left\langle \sum_{j=1}^N \sum_{l=1}^N e^{i \vec{k} \cdot (\vec{q}_j - \vec{q}_l)} \right\rangle = N + \left\langle \sum_{j \neq l} e^{i \vec{k} \cdot (\vec{q}_j - \vec{q}_l)} \right\rangle. \tag{3.116}$$

CAPÍTULO 3. ENSEMBLES ESTATÍSTICOS 83

Como a função que deve ser mediada depende apenas das coordenadas:

$$\begin{aligned}
I(\vec{k}) &= N + \frac{1}{Q} \sum_{j \neq l} \int dq_1 \cdots dq_N \; e^{i\vec{k}.(\vec{q}_j - \vec{q}_l)} \; e^{-\beta U(q_1,\ldots,q_N)} \\
&= N + \frac{N(N-1)}{Q} \int dq_1 \cdots dq_N \; e^{i\vec{k}.(\vec{q}_2 - \vec{q}_1)} \; e^{-\beta U(q_1,\ldots,q_N)} \\
&= N + \frac{VN(N-1)}{Q} \int dq'_2 \cdots dq'_N \; e^{i\vec{k}.\vec{q}'_2} \; e^{-\beta U(q'_2,\ldots,q'_N)} \quad (3.117)
\end{aligned}$$

Comparando com (3.109) obtemos:

$$I(\vec{k}) = N + \frac{N(N-1)}{V} \int d^3r \; e^{i\vec{k}.\vec{r}} \; g(r). \quad (3.118)$$

Ou seja, o fator de estrutura está relacionado diretamente com a transformada de Fourier da função de distribuição de pares. Desta forma, é possível determinar a função $g(r)$ a partir de dados experimentais para um dado sistema.

Para muitos fluidos normais, o potencial de interação é repulsivo a distâncias muito curtas (caroço duro) e atrativo a distâncias um pouco maiores. Um potencial semi-empírico, que representa razoavelmente a muitos líquidos clássicos, é o potencial de Lennard-Jones:

$$u(r) = 4\epsilon \left[\left(\frac{\sigma}{r}\right)^{12} - \left(\frac{\sigma}{r}\right)^{6} \right] \quad (3.119)$$

mostrado na figura 3.4.

No potencial, σ possui unidades de comprimento e representa o tamanho do caroço duro. O potencial $u(\sigma) = 0$ e cresce muito fortemente para $r < \sigma$. Para $r > \sigma$ o potencial é atrativo, apresentando um mínimo, um ponto de estabilidade mecânica, em $r = 2^{1/6}\sigma$. Para distâncias $r \gg \sigma$ o potencial tende para zero como $1/r^6$, que corresponde a uma interação de van der Waals. A função de distribuição de pares para este potencial tem a forma mostrada na figura 3.5.

A forma da $g(r)$ pode ser interpretada como segue: $\rho \, g(r)$ é a densidade média de partículas que se observam a uma distância r de uma partícula arbitrária. Como para $r < \sigma$ não pode haver partículas, por causa do termo de caroço duro, $g(r) = 0$ nesta região. Na sequência, $g(r)$ apresenta um pico pronunciado, que corresponde aproximadamente à distância até os primeiros vizinhos, e depois segue uma série de picos menores, representando as sucessivas camadas de vizinhos da partícula central.

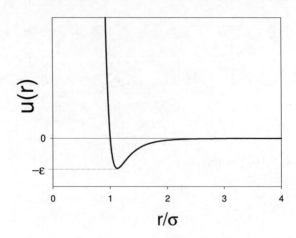

Figura 3.4: O potencial de Lennard-Jones.

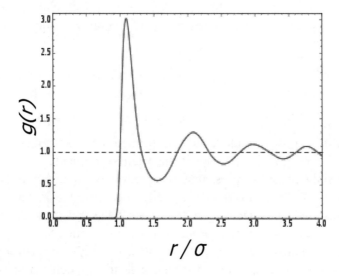

Figura 3.5: A função de distribuição de pares para um sistema com energia potencial de Lennard-Jones, para $k_B T/\epsilon = 0.71$ e $\rho = 0.844$, obtido por simulação numérica.

CAPÍTULO 3. ENSEMBLES ESTATÍSTICOS

O caráter oscilatório da função é consequência da competição entre forças atrativas e repulsivas no potencial. Finalmente, para distâncias muito grandes, $g(r) \to 1$, que coincide com o valor correspondente a partículas livres, como é esperado de um par de partículas muito afastadas em um fluido simples. As posições dos picos fornecem informação das correlações entre as partículas. Quanto mais diluído é o fluido, menos picos vão aparecer na $g(r)$, em oposição ao comportamento de um sólido, onde a periodicidade da rede cristalina deve levar à presença de uma série de picos de igual intensidade separados pela mesma distância, que corresponde à distância entre as partículas na matriz cristalina.

No caso de fluidos com interações fracas, ou densidades baixas, é possível obter a equação de estado da forma seguinte. Seja a função:

$$f(r) = e^{-\beta u(r)} - 1. \qquad (3.120)$$

Definindo $f_{ij} \equiv f(r_{ij})$, podemos escrever a função de partição configuracional na forma:

$$Q = \int dq_1 \cdots dq_N \prod_{(i,j)} e^{-\beta u(r_{ij})} = \int dq_1 \cdots dq_N \prod_{(i,j)} [1 + f_{ij}] \qquad (3.121)$$

Desenvolvendo os produtos obtemos:

$$\begin{aligned}
Q &= \int dq_1 \cdots dq_N \left[1 + \sum_{(i,j)} f_{ij} + \frac{1}{2} \sum_{(i,j)} \sum_{(k,l) \neq (i,j)} f_{ij} f_{kl} + \cdots \right] \\
&= V^N + V^{N-2} \sum_{(i,j)} \int dq_i dq_j \, f_{ij} + \cdots \\
&= V^N + V^{N-1} \frac{N(N-1)}{2} \int d^3 r f(r) + \cdots \\
&= V^N \left[1 - \frac{N(N-1)}{V} B(T) + \cdots \right],
\end{aligned} \qquad (3.122)$$

onde

$$B(T) = -\frac{1}{2} \int d^3 r \left[e^{-\beta u(r)} - 1 \right] \qquad (3.123)$$

é conhecido como *segundo coeficiente do virial*. Desconsiderando termos de ordem superior na expansão acima, obtemos:

$$\frac{Q}{V^N} \approx 1 - \frac{N^2}{V} B(T), \qquad (3.124)$$

e da equação (3.113):

$$P = k_B T \rho + k_B T \frac{\frac{N^2}{V^2} B(T)}{1 - \frac{N^2}{V} B(T)}. \qquad (3.125)$$

Para $N^2 B(T)/V \ll 1$ obtemos finalmente:

$$P \approx k_B T \rho \left[1 + \rho B(T)\right]. \qquad (3.126)$$

De fato, é possível mostrar que, para potenciais de muito curto alcance, é possível obter uma expansão da equação de estado em potências da densidade de partículas:

$$P = k_B T \left[\rho + \rho^2 B(T) + \rho^3 C(T) + \cdots\right], \qquad (3.127)$$

conhecida como *expansão do virial*. Notamos que a aproximação (3.126) é válida somente para densidades muito baixas. Integrando a equação (3.123) por partes para o potencial de Lennard-Jones obtemos:

$$B(T) = -\frac{2\pi\beta}{3} \int_0^\infty r^3 \frac{du(r)}{dr} e^{-\beta u(r)} \, dr. \qquad (3.128)$$

Substituindo em (3.126), e comparando o resultado com (3.114), notamos que truncar a expansão do virial a segunda ordem equivale a aproximar a função de distribuição de pares por:

$$g(r) = e^{-\beta u(r)}. \qquad (3.129)$$

Na figura 3.6 podemos ver o resultado de aproximar a $g(r)$ usando a expansão do virial até segunda ordem. Note que, neste caso, aparece apenas o primeiro pico. Para poder obter os outros picos é necessário ir a ordens superiores na expansão. Esse resultado deixa claro que a expansão de ordem baixa é boa apenas para fluidos muito diluídos.

CAPÍTULO 3. ENSEMBLES ESTATÍSTICOS

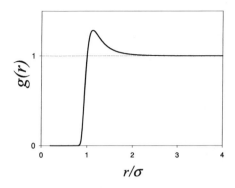

Figura 3.6: A função de distribuição de pares para um sistema com energia potencial de Lennard-Jones, obtido truncando a expansão do virial até segunda ordem para $k_B T/\epsilon = 1$.

É possível testar os limites de aplicação destes resultados analíticos através de simulações de Dinâmica Molecular de modelos de partículas clássicas em interação (Rapaport 2004).

3.2.8 Sólidos: vibrações da rede cristalina

A temperaturas baixas, a grande maioria dos fluidos solidificam. Olhando para o potencial intermolecular de Lennard-Jones (3.4) podemos concluir que, a baixas temperaturas, o movimento das moléculas ou átomos vai ficar restrito a uma pequena vizinhança do mínimo do potencial. Nesta situação, é razoável considerar uma expansão do potencial em série de Taylor no entorno do mínimo e truncar a expansão até a ordem quadrática, resultando em um problema de pequenas oscilações harmônicas (Lemos 2007), que são as vibrações da rede cristalina no sólido. As vibrações dos átomos individuais podem ser decompostas em modos normais de oscilação, que correspondem a *ondas sonoras* que se propagam no cristal, ondas transversais e longitudinais cujas frequências dependem da estrutura cristalina particular.

Consideremos incialmente um modelo de N partículas em uma dimensão espacial interagindo em pares com uma energia potencial do tipo Lennard-Jones. Como este potencial é de curto alcance, cada partícula interage efetivamente com os vizinhos imediatos à esquerda e à direita. O mínimo da energia potencial do sistema acontece quando as partículas se encontram equidistantes das vizinhas, o que ocorre quando a distância interatômica corresponde ao mínimo do potencial, $a = 2^{1/6}\sigma$. Exatamente no mínimo, as posições das partículas são $x_n = na$, com $n = 1, 2, \ldots, N$. A constante a é conhecida como *parâmetro de rede*. A temperatura induz uma energia cinética que produz uma dinâmica oscilatória no entorno do mínimo.

Definimos os deslocamentos em torno das posições de equilíbrio, $y_n = q_n - x_n$. Na aproximação de pequenas oscilações o hamiltoniano clássico do sistema pode ser escrito na forma:

$$H = \sum_{n=1}^{N} \frac{p_n^2}{2m} + \frac{1}{2} K \sum_{n=1}^{N} (y_{n+1} - y_n)^2, \qquad (3.130)$$

onde $K = d^2 u(r)/dr^2|_{r=a} > 0$.

Vamos considerar condições de contorno periódicas, $y_{N+1} = y_1$, em cujo caso a cadeia linear de osciladores se torna um anel fechado. No limite de um grande número de partículas, esperamos que o comportamento do sistema seja independente das condições de contorno. Dado o hamiltoniano clássico anterior, existe uma transformação canônica para um conjunto de novas variáveis (P_k, Q_k) que diagonalizam a forma quadrática:

$$H = \sum_{k=1}^{N} \left[\frac{P_k^2}{2m} + \frac{1}{2} m \omega_k^2 Q_k^2 \right] \qquad (3.131)$$

As novas coordenadas generalizadas (P_k, Q_k) são os *modos normais* (Lemos 2007), e correspondem a ondas longitudinais na cadeia linear. As frequências de oscilação podem ser obtidas notando que os modos normais correspondem a combinações lineares de soluções da forma:

$$y_n \propto e^{i(kna - \omega_k t)}, \qquad (3.132)$$

que correspondem a ondas longitudinais com vetor de onda k e frequência ω_k. As condições de contorno periódicas implicam que $y_{n+N} = y_n$ e, portanto $e^{ikNa} = 1$. Por sua vez, esta última relação implica que existe um conjunto de vetores de onda permitidos:

$$k = \frac{2\pi m}{aN}, \qquad (3.133)$$

com $m = 0, \pm 1, \pm 2, \ldots, \pm(N-1)/2, N/2$. Outros valores de m repetem algumas das soluções anteriores pois, ao mudar k em $2\pi/a$, a solução permanece a

CAPÍTULO 3. ENSEMBLES ESTATÍSTICOS

mesma. Desta forma, existem exatamente N soluções linearmente independentes, cujos valores de k estão todos no intervalo $\pm\pi/a$, setor que é conhecido como *primeira zona de Brillouin*. Para obter o espectro de frequências, ou relação de dispersão, trabalhamos com as equações de movimento:

$$m\frac{d^2 y_n}{dt^2} = -K(2y_n - y_{n+1} - y_{n-1}), \qquad n = 1, \ldots, N. \qquad (3.134)$$

Substituindo as soluções (3.132) nas equações de movimento:

$$\begin{aligned}-m\omega_k^2 e^{i(kna-\omega_k t)} &= -K\left[2 - e^{ika} - e^{-ika}\right] e^{i(kna-\omega_k t)} \\ &= -2K\left(1 - \cos ka\right) e^{i(kna-\omega_k t)}\end{aligned} \qquad (3.135)$$

de onde resulta a relação de dispersão:

$$\omega_k = \sqrt{\frac{2K\left(1 - \cos ka\right)}{m}} = 2\sqrt{\frac{K}{m}}|\text{sen}(ka/2)|, \qquad (3.136)$$

ilustrada na Figura 3.7. As soluções (3.132) correspondem a ondas longitudinais, que se propagam ao longo da cadeia com velocidade de fase $c_s = \omega_k/k$ e velocidade de grupo $v = d\omega/dk$. Para valores pequenos de k (comprimentos de onda longos), a relação de dispersão é aproximadamente linear, a velocidade de grupo é aproximadamente independente de k e igual à velocidade de fase $c_s \approx a\sqrt{K/m}$. Esta é a velocidade do som no sólido.

Os resultados anteriores podem ser facilmente generalizados para o caso tridimensional. Em três dimensões, os átomos no estado sólido se organizam em diferentes estruturas cristalinas. A mais simples é a rede cúbica simples, na qual as coordenadas dos átomos são dadas na forma: $x_n = n_x a$, $y_n = n_y a$ e $z_n = n_z a$, com $n_x, n_y, n_z = 1, \ldots, L$. Com condições de contorno periódicas, os vetores de onda dos modos normais têm as componentes:

$$k_i = \frac{2\pi m_i}{aL}, \qquad i = x, y, z \ \text{e}\ m_i = 0, \pm 1, \pm 2, \ldots, \pm(L-1)/2, L/2 \quad (3.137)$$

Neste caso existem $N = L^3$ vetores de onda. Cada componente toma valores no intervalo $\Delta k = \pm\pi/aL$. O cubo definido no espaço dos vetores de onda, ou espaço recíproco, de lados $2\pi/aL$, constitui a primeira zona de Brillouin em $d = 3$. Em três dimesões é possível ter ondas longitudinais e transversais. Isto implica que, para cada vetor de onda $\vec{k}$, existem 3 soluções diferentes, cada uma com relação de dispersão $\omega_s(\vec{k})$ com $s = 1, 2, 3$. De forma semelhante ao que acontece

CAPÍTULO 3. ENSEMBLES ESTATÍSTICOS 90

para o caso unidimensional, para vetores de onda pequenos, as relações de dispersão são lineares em k, resultando em duas velocidades do som diferentes, uma para ondas longitudinais c_l e outra para ondas transversais c_t (os modos transversais correspondem a duas polarizações diferentes e, portanto possuem a mesma velocidade do som). O hamiltoniano dos modos normais corresponde, neste caso, ao de $3N$ osciladores harmônicos independentes, cada um com um frequência própria:

$$H = \sum_{\vec{k}} \sum_{s=1}^{3} \left[\frac{P_{\vec{k},s}^2}{2m} + \frac{1}{2} m \omega_s(\vec{k})^2 Q_{\vec{k},s}^2 \right] \qquad (3.138)$$

3.2.9 Calor específico dos sólidos: os modelos de Einstein e Debye

Um modelo simples de sólido consiste em considerar os átomos de um material localizados espacialmente, realizando apenas pequenas oscilações em torno das posições de equilíbrio mecânico. Como visto na Seção 3.2.5, sobre o princípio de equipartição da energia, a energia interna, eq. (3.93), de um sistema de osciladores clássicos é proporcional à temperatura e independente das frequências e, portanto, o calor específico deste modelo de sólido clássico resulta em um valor constante por partícula, $c_V = 3k_B$, resultado conhecido como lei de Dulong-Petit.

Consideremos a versão quântica do hamiltoniano (3.138):

$$H = \sum_{\vec{k}} \sum_{s=1}^{3} \left(n_{\vec{k},s} + \frac{1}{2} \right) \hbar \omega_s(\vec{k}) \qquad (3.139)$$

onde $n_{\vec{k},s} = 0, 1, \ldots$ são chamados *números de ocupação*. A quantização do oscilador harmônico e a representação em termos dos números de ocupação é apresentada neste contexto no livro de Salinas (Salinas 2005). Notamos que nesta representação o operador hamiltoniano, assim como o operador densidade, são

CAPÍTULO 3. ENSEMBLES ESTATÍSTICOS 91

diagonais, e portanto é fácil calcular a função de partição do sistema:

$$\begin{aligned}
Z_N(T) &= \text{Tr}_N \exp\left[-\beta \sum_{\vec{k}} \sum_{s=1}^{3} \left(n_{\vec{k},s} + 1/2\right) \hbar\omega_s(\vec{k})\right] \\
&= \sum_{n_{\vec{k},s}} \exp\left[-\beta \sum_{\vec{k}} \sum_{s=1}^{3} \left(n_{\vec{k},s} + 1/2\right) \hbar\omega_s(\vec{k})\right] \\
&= \prod_{\vec{k},s} \left\{ \sum_{n_{\vec{k},s}=0}^{\infty} \exp\left[-\beta \left(n_{\vec{k},s} + 1/2\right) \hbar\omega_s(\vec{k})\right]\right\} \\
&= \prod_{\vec{k},s} \frac{e^{-\beta\hbar\omega_s(\vec{k})/2}}{1 - e^{-\beta\hbar\omega_s(\vec{k})}}.
\end{aligned} \quad (3.140)$$

Portanto a energia interna resulta:

$$U = -\frac{\partial Z_N(T)}{\partial \beta} = \sum_{\vec{k},s} \frac{\hbar\omega_s(\vec{k})}{2} + \sum_{\vec{k},s} \frac{\hbar\omega_s(\vec{k})}{e^{\beta\hbar\omega_s(\vec{k})} - 1} \quad (3.141)$$

Considerando que os vetores de onda estão separados por $\Delta k_i = 2\pi/aL$, no limite termodinâmico $L \to \infty$ as somas são substituídas por integrais. A energia interna por partícula, $u = U/N$, resulta:

$$u = \frac{a^3}{(2\pi)^3} \sum_s \int_{-\pi/a}^{\pi/a} dk_x \int_{-\pi/a}^{\pi/a} dk_y \int_{-\pi/a}^{\pi/a} dk_z \left[\frac{\hbar\omega_s(\vec{k})}{2} + \frac{\hbar\omega_s(\vec{k})}{e^{\beta\hbar\omega_s(\vec{k})} - 1}\right], \quad (3.142)$$

e o calor específico:

$$c = \frac{\partial u}{\partial T} = \frac{a^3}{k_B T^2 (2\pi)^3} \sum_s \int_{-\pi/a}^{\pi/a} dk_x \int_{-\pi/a}^{\pi/a} dk_y \int_{-\pi/a}^{\pi/a} dk_z \frac{(\hbar\omega_s(\vec{k}))^2 \, e^{\beta\hbar\omega_s(\vec{k})}}{\left(e^{\beta\hbar\omega_s(\vec{k})} - 1\right)^2}. \quad (3.143)$$

Para uma relação de dispersão arbitrária o cálculo das integrais não é simples. É necessário introduzir alguma aproximação. O modelo de sólido de Einstein, visto na Seção 3.1.3, consiste em assumir que todas as frequências são iguais. Neste caso, a densidade de energia é dada por:

$$u = \frac{3}{2}\hbar\omega + \frac{3\hbar\omega}{e^{\beta\hbar\omega} - 1} \quad (3.144)$$

CAPÍTULO 3. ENSEMBLES ESTATÍSTICOS 92

e o calor específico por partícula:

$$c = 3k_B \left(\frac{\hbar\omega}{k_B T}\right)^2 \frac{e^{\beta\hbar\omega}}{(e^{\beta\hbar\omega} - 1)^2}, \qquad (3.145)$$

mostrado na figura 3.3. Como discutido na Seção 3.1.3 o modelo de Einstein descreve, de forma qualitativa, o comportamento do calor específico dos sólidos com a temperatura. No entanto, a correta dependência a temperaturas baixas somente foi obtida com um modelo aprimorado devido a P. Debye.

Na aproximação de Debye, é levado em conta o espectro de baixas frequências. As três relações de dispersão originais são substituídas por três relações acústicas idênticas da forma:

$$\omega_s(\vec{k}) = c_s |\vec{k}|, \qquad (3.146)$$

onde c_s é uma velocidade do som média, como ilustrado na Figura 3.7. Para simplificar o cálculo, a integral no cubo da primeira zona de Brillouin é substituída pela integral em uma esfera de raio k_D, escolhido de forma a produzir exatamente N estados na esfera do espaço recíproco. Considerando que cada modo ocupa um volume igual à $(2\pi/aL)^3$, resulta em:

$$N = \frac{(4/3)\pi k_D^3}{(8\pi^3/a^3 N)} \qquad (3.147)$$

de onde obtemos que $k_D = 6\pi^2/a^3$.

O calor específico resulta:

$$\begin{aligned} c &= \frac{3a^3\hbar^2 c_s^2}{2k_B T^2 \pi^2} \int_0^{k_D} \frac{k^4 \, e^{\beta\hbar c_s k}}{(e^{\beta\hbar c_s k} - 1)^2} dk \\ &= \frac{9k_B}{(\beta\hbar\omega_D)^3} \int_0^{\Theta_D/T} \frac{x^4 \, e^x}{(e^x - 1)^2} dx \end{aligned} \qquad (3.148)$$

onde $\omega_D = c_s k_D$ é a *frequência de Debye*, e $\Theta_D = \hbar\omega_D/k_B$ é a *temperatura de Debye*.

Para temperaturas altas, $\Theta_D/T \ll 1$, pode-se fazer uma expansão do integrando em série de potências de x, o que resulta no termo dominante x^2. O cálculo da integral neste limite leva ao resultado $c \to 3k_B$, ou seja, recupera-se a lei de Dulong-Petit. No outro extremo de temperaturas baixas, $\Theta_D/T \gg 1$, pode-se substituir o limite superior da integral por $+\infty$ com um erro exponencialmente

CAPÍTULO 3. ENSEMBLES ESTATÍSTICOS

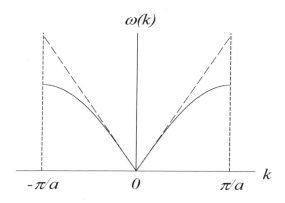

Figura 3.7: Relação de dispersão da cadeia linear harmônica, eq. (3.136), junto com a aproximação de Debye para pequenos vetores de onda (baixas frequências), eq. (3.146).

pequeno em x:

$$\int_0^\infty \frac{x^4 e^x}{(e^x - 1)^2} dx = \frac{4\pi^4}{15} \qquad (3.149)$$

que resulta em:

$$c \approx \frac{12\pi^4}{5} k_B \left(\frac{T}{\Theta_D}\right)^3, \qquad (3.150)$$

que reproduz o comportamento com o cubo da temperatura para T baixas, como observado experimentalmente.

3.2.10 Problemas de aplicação

1. *Ensemble canônico: conexão com a termodinâmica*: A função de partição pode ser escrita na forma:

$$Z_N(T) = \sum_i e^{-\beta E_i},$$

onde $\beta = 1/k_B T$, e $\sum_i$ é uma soma sobre todos os microestados do sistema, com energias E_i.

(a) Partindo desta definição, obtenha uma expressão para a energia interna $U(T)$ em termos de derivadas de $Z_N(T)$ em relação a β.

(b) Obtenha uma expressão para o calor específico por partícula a volume constante $c_V(T)$ em termos de derivadas de $Z_N(T)$.

2. *Flutuações da energia*: Mostre que a variância da energia no ensemble canônico é dada por:

$$\left\langle (H - \langle H \rangle)^2 \right\rangle = k_B T^2 N\, c_V,$$

onde c_V é o calor específico por partícula a volume constante.

3. *Paramagneto ideal de spins binários I*: Um sistema de N spins de dois estados $\{\sigma_i = \pm 1\}$ na presença de uma campo magnético externo h tem uma energia de interação dada por:

$$H = -h \sum_{i=1}^{N} \sigma_i.$$

(a) Determine a função de partição canônica do sistema em equilíbrio na temperatura T.

(b) Obtenha o potencial termodinâmico por partícula $g(T, h)$, em função dos dois parâmetros intensivos T e h.

(c) Determine a magnetização por partícula:

$$m = \frac{1}{N} \left\langle \sum_{i=1}^{N} \sigma_i \right\rangle = -\left(\frac{\partial g}{\partial h} \right)_T,$$

CAPÍTULO 3. ENSEMBLES ESTATÍSTICOS

e a susceptibilidade:

$$\chi(T,h) = \left(\frac{\partial m}{\partial h}\right)_T = -\left(\frac{\partial^2 g}{\partial h^2}\right)_T.$$

Compare com os resultados obtidos para as mesmas grandezas no ensemble microcanônico.

(d) Faça um gráfico da magnetização e da susceptibilidade, a valor de campo fixo, em função da temperatura. Descreva o comportamento de ambas quantidades nos limites de altas e baixas temperaturas e campos.

4. *Paramagneto ideal de spins binários II*: A função de partição pode ser escrita na forma:

$$Z_N(T,h) = \sum_{E_j} g(E_j)\, e^{-\beta E_j},$$

onde $g(E_j)$ é a degenerescência do nível de energia E_j. No problema anterior, se N_1 é o número de spins $\sigma_i = +1$ e $N_2 = N - N_1$ o número de spins $\sigma_i = -1$:

(a) Expresse o fator de degenerescência e a energia em termos de N e N_1 e some a função de partição. Verifique que o resultado obtido é o mesmo do problema anterior.

(b) Calcule o calor específico $c_V(T)$, faça um gráfico e descreva o *efeito Schottky*.

5. *Sistema de três níveis*: O Hamiltoniano de um sistema de N íons magnéticos de spin 1 localizados, na presença de um campo magnético externo h, pode ser escrito na forma:

$$H = D\sum_{i=1}^{N} S_i^2 - h\sum_{i=1}^{N} S_i,$$

onde os parâmetros D e h são positivos e S_i pode assumir os valores ± 1 ou 0.

(a) Determine a função de partição para o sistema em equilíbrio térmico à temperatura T.

(b) Obtenha expressões para a energia interna e a entropia do sistema em função de T e h. Faça gráficos de ambas as grandezas em função de T para h constante e analise os limites de altas e baixas temperaturas.

CAPÍTULO 3. ENSEMBLES ESTATÍSTICOS

6. *Gás ideal monatômico clássico*: O Hamiltoniano do gás ideal clássico de N partículas é dado por:

$$H = \sum_{i=1}^{3N} \frac{p_i^2}{2m},$$

onde o índice i conta os $3N$ graus de liberdade de momento das partículas do gás.

(a) Determine a energia livre de Helmholtz, $F(T, V, N)$, a entropia e a energia interna por partícula do gás ideal em equilíbrio térmico à temperatura T.

(b) Verifique se os potenciais termodinâmicos são funções homogêneas dos graus de liberdade e discuta a questão da extensividade dos mesmos.

7. *Gás de Boltzmann*: Considere um gás de partículas clássicas que podem estar em um conjunto discreto de estados de energia $\{\epsilon_j, j = 1, 2, \ldots\}$. Definem-se os "números de ocupação" $\{n_j, j = 1, 2, \ldots\}$, onde n_i é o número de partículas que se encontram no estado de energia ϵ_i. Se o sistema está formado por N partículas, então a energia do sistema é dada por:

$$E = \sum_j \epsilon_j \, n_j,$$

e os números de ocupação devem satisfazer o vínculo:

$$N = \sum_j n_j.$$

(a) Calcule o número de microestados acessíveis ao sistema com n_1 partículas no estado 1, n_2 partículas no estado 2 e assim por diante, sujeito ao vínculo do número total de partículas.

(b) Escreva a função de partição do sistema. Com auxílio da expansão multinomial, fatore a soma nos microestados e determine a função de partição de uma partícula, $Z_1(T, N)$.

8. *Teorema de equipartição da energia:* Calcule a função de partição canônica de um Hamiltoniano clássico quadrático da forma:

$$H(p, q) = \sum_i \left[A_i \, p_i^2 + B_i \, q_i^2 \right],$$

CAPÍTULO 3. ENSEMBLES ESTATÍSTICOS

e mostre que a energia interna por partícula é dada por:

$$U = f\,\frac{1}{2}k_B T,$$

onde f é o número de coeficientes não nulos na expressão do Hamiltoniano. Desta forma *cada grau de liberdade quadrático* no Hamiltoniano contribui com um fator $\frac{1}{2}k_B T$ para a energia interna. Este resultado é conhecido como o *Teorema de equipartição da energia*.

Este resultado continua válido para osciladores quânticos? (Sugestão: leia a discussão sobre o assunto nas *Feynmann Lectures on Physics*, volume 1, capítulo 41, na seção "Equipartição e o oscilador quântico").

9. *Paramagnetismo de dipolos clássicos*: Considere um sistema de N dipolos magnéticos clássicos, espacialmente localizados e independentes entre si. Na presença de um campo magnético uniforme B o sistema possui uma energia potencial dada por:

$$E = -\sum_{i=1}^{N}\vec{\mu}_i\cdot\vec{B} = -\mu B\sum_{i=1}^{N}\cos\theta_i$$

onde μ é o momento de dipolo magnético e θ o ângulo relativo entre o vetor momento de dipolo e o campo magnético.

(a) Identifique os graus de liberdade do sistema e descreva qualitativamente o espaço de fase do mesmo.

(b) A partir da análise anterior, calcule a função de partição canônica do sistema, $Z_N(T, B)$.

3.3 O ensemble grande canônico

Consideremos agora um sistema que pode trocar calor e partículas com o meio no qual se encontra. Neste caso, o número de partículas N não será mais constante, podendo flutuar, assim como a energia. No equilíbrio, o valor médio $\langle N \rangle$ estará bem definido. No caso de um sistema quântico, se pode definir um operador número de partículas $\hat{N}$, cujos autovalores correspondem aos possíveis resultados de uma medida particular. Os estados acessíveis do sistema correspondem aos autoestados da energia para uma partícula, duas partículas, etc. O espaço de Hilbert é formado pela soma direta dos subespaços de uma, duas, três, etc. partículas. Vamos assumir que o operador $\hat{H}$ não mistura estados de subespaços com diferentes números de partículas, ou seja, que $\hat{H}$ comuta com $\hat{N}$. Desta forma, a matriz que representa $\hat{H}$ terá uma estrutura diagonal em blocos $\hat{H}_0$, $\hat{H}_1$, etc. na qual $\hat{H}_N$ é o operador Hamiltoniano de N partículas. Os autoestados do Hamiltoniano de um sistema de N partículas são indexados com um número quântico adicional:

$$\begin{aligned} \hat{H}|N, E_l^N\rangle &= E_l^N|N, E_l^N\rangle \\ \hat{N}|N, E_l^N\rangle &= N|N, E_l^N\rangle, \end{aligned} \quad (3.151)$$

onde l é o número quântico da energia e N o número quântico do número de partículas. Como já visto para os ensembles microcanônico e canônico, para obter a matriz densidade, ou a densidade de probabilidades do sistema, procedemos a maximizar a entropia de Gibbs:

$$S = -k_B \operatorname{Tr}(\hat{\rho} \ln \hat{\rho}) = -k_B \sum_{N=0}^{\infty} \sum_l \rho_l^N \ln \rho_l^N, \quad (3.152)$$

onde ρ_l^N é o elemento de matriz (diagonal) do operador densidade $\hat{\rho}$, correspondente aos números quânticos l, N. Os vínculos a serem satisfeitos, neste caso, são três:

$$U = \langle \hat{H} \rangle = \operatorname{Tr}(\hat{\rho}\hat{H}) = \sum_{N=0}^{\infty} \sum_l \rho_l^N E_l^N \quad (3.153)$$

$$\langle N \rangle = \langle \hat{N} \rangle = \operatorname{Tr}(\hat{\rho}\hat{N}) = \sum_{N=0}^{\infty} \sum_l \rho_l^N N \quad (3.154)$$

$$\operatorname{Tr}\hat{\rho} = \sum_{N=0}^{\infty} \sum_l \rho_l^N = 1, \quad (3.155)$$

CAPÍTULO 3. ENSEMBLES ESTATÍSTICOS

que são incorporados ao processo de variação via multiplicadores de Lagrange. A variação é escrita na forma:

$$\delta \left[\sum_N \sum_l \{\alpha_0 \rho_l^N + \alpha_1 E_l^N \rho_l^N + \alpha_2 N \rho_l^N - k_B \rho_l^N \ln \rho_l^N \} \right] = 0,$$

$$\sum_N \sum_l \left[(\alpha_0 - k_B) + \alpha_1 E_l^N + \alpha_2 N - k_B \ln \rho_l^N \right] \delta \rho_l^N = 0. \quad (3.156)$$

Como a identidade vale para variações arbitrárias, a expressão dentro do colchete deve se anular para cada conjunto de números quânticos. Portanto, a identidade entre os operadores correspondentes resulta em:

$$k_B \ln \hat{\rho} = (\alpha_0 - k_B) + \alpha_1 \hat{H} + \alpha_2 \hat{N}, \quad (3.157)$$

ou

$$\hat{\rho} = e^{\left(\frac{\alpha_0}{k_B} - 1\right)} e^{\frac{\alpha_1}{k_B}\hat{H} + \frac{\alpha_2}{k_B}\hat{N}}. \quad (3.158)$$

Usando a normalização da matriz densidade, define-se a função:

$$\mathcal{Z} \equiv e^{\left(1 - \frac{\alpha_0}{k_B}\right)} = \text{Tr} \exp\left[\frac{\alpha_1}{k_B}\hat{H} + \frac{\alpha_2}{k_B}\hat{N}\right], \quad (3.159)$$

conhecida como **grande função de partição**. Multiplicando (3.157) por $\hat{\rho}$, identificando grandezas termodinâmicas, e tomando o traço, obtemos:

$$(\alpha_0 - k_B) + \alpha_1 U + \alpha_2 \langle N \rangle + S = 0, \quad (3.160)$$

ou, multiplicando pela temperatura:

$$-k_B T \ln \mathcal{Z} + \alpha_1 T U + \alpha_2 T \langle N \rangle + T S = 0. \quad (3.161)$$

Para determinar os valores das constantes α_1 e α_2 vamos exigir consistência com a termodinâmica. Identificando $\alpha_1 = -1/T$, $\alpha_2 = \mu/T$, onde μ é o **potencial químico** e da definição termodinâmica da **função grande potencial**:

$$\Omega(T, V, \mu) = U - TS - \mu \langle N \rangle \quad (3.162)$$

obtemos:

$$\Omega(T, V, \mu) = -k_B T \ln \mathcal{Z} \quad (3.163)$$

CAPÍTULO 3. ENSEMBLES ESTATÍSTICOS

Então, de (3.158) e (3.159), no ensemble grande canônico:

$$\mathcal{Z}(T,V,\mu) = e^{-\beta\Omega(T,V,\mu)} = \text{Tr}\, e^{-\beta(\hat{H}-\mu\hat{N})} \qquad (3.164)$$

e

$$\hat{\rho} = \frac{1}{\mathcal{Z}} \exp\left[-\beta(\hat{H}-\mu\hat{N})\right] \qquad (3.165)$$

Das relações anteriores podemos obter, por exemplo, as expressões termodinâmicas para a entropia e o número médio de partículas em termos de derivadas da função grande potencial:

$$S = -\left(\frac{\partial \Omega}{\partial T}\right)_{V,\mu} \qquad \langle N \rangle = -\left(\frac{\partial \Omega}{\partial \mu}\right)_{T,V} \qquad (3.166)$$

Utilizando a relação de Euler:

$$U = TS - PV + \mu\langle N \rangle \qquad (3.167)$$

obtém-se a identidade:

$$\Omega = -PV \qquad (3.168)$$

Finalmente, podemos obter uma relação entre a grande função de partição e a função de partição canônica:

$$\begin{aligned}\mathcal{Z} = \text{Tr}\, e^{-\beta(\hat{H}-\mu\hat{N})} &= \sum_N e^{\beta\mu N} \sum_l e^{-\beta E_l^N} \\ &= \sum_N z^N Z_N(T,V)\end{aligned} \qquad (3.169)$$

onde $z = e^{\beta\mu}$ é a **fugacidade**.

Mais uma vez, como no caso do ensemble canônico, a distribuição que maximiza a entropia de Gibbs é dada pelo exponencial de Boltzmann, levando em conta os vínculos macroscópicos, neste caso, a temperatura e potencial químico são fixos. Este procedimento pode ser generalizado facilmente para outras situações com diferentes vínculos. Por exemplo, um sistema, onde o volume pode flutuar, é descrito no chamado "ensemble das pressões", pois nesse caso o parâmetro intensivo fixo é a pressão.

CAPÍTULO 3. ENSEMBLES ESTATÍSTICOS

3.3.1 Flutuações no número de partículas

No ensemble grande canônico, a temperatura e o potencial químico são fixos, mas os valores da energia e do número de partículas podem flutuar. Já vimos como estimar as flutuações da energia para um sistema em contato com um reservatório térmico. Vamos agora fazer uma análise semelhante e ver como se comportam as flutuações no número de partículas para um sistema em contato com um reservatório de partículas.

Começamos escrevendo a condição de normalização das probabilidades da seguinte forma:

$$\text{Tr}\,\rho = \text{Tr}\,e^{\beta(\Omega(T,\mu)-H+\mu N)} = 1, \qquad (3.170)$$

onde a notação é válida tanto para sistemas quânticos, nos quais $\rho \equiv \hat{\rho}$, $H \equiv \hat{H}$, etc. são operadores, quanto para sistemas clássicos, onde Tr corresponde a uma integral no espaço de fase e ρ, H, N, etc. são as funções densidade de probabilidade, Hamiltoniano, número de partículas, etc.

Derivando em relação ao potencial químico obtemos:

$$\text{Tr}\left[\left(\beta\frac{\partial\Omega}{\partial\mu} + \beta N\right)e^{\beta(\Omega(T,\mu)-H+\mu N)}\right] = 0, \qquad (3.171)$$

ou

$$\beta\frac{\partial\Omega}{\partial\mu} + \beta\,\text{Tr}\left[Ne^{\beta(\Omega(T,\mu)-H+\mu N)}\right] = 0. \qquad (3.172)$$

Derivando mais uma vez:

$$\beta\frac{\partial^2\Omega}{\partial\mu^2} + \beta\,\text{Tr}\left[N\beta\left(\frac{\partial\Omega}{\partial\mu} + N\right)e^{\beta(\Omega(T,\mu)-H+\mu N)}\right] = 0, \qquad (3.173)$$

ou

$$\beta\frac{\partial^2\Omega}{\partial\mu^2} + \beta^2\frac{\partial\Omega}{\partial\mu}\text{Tr}\,[N\rho] + \beta^2\text{Tr}\,[N^2\rho] = 0. \qquad (3.174)$$

Usando a relação (3.166) obtemos uma expressão para o desvio quadrático médio do número de partículas:

$$\langle N^2\rangle - \langle N\rangle^2 = -k_B T\frac{\partial^2\Omega}{\partial\mu^2} = k_B T\frac{\partial\langle N\rangle}{\partial\mu}. \qquad (3.175)$$

É possível mostrar (ver, por exemplo, o livro de Salinas (Salinas 2005)) que a derivada do número médio de partículas em relação ao potencial químico está relacionada com a *compressibilidade isotérmica* do sistema κ_T:

$$\frac{\partial \langle N \rangle}{\partial \mu} = \frac{\langle N \rangle^2}{V} \kappa_T \qquad (3.176)$$

Portanto, o desvio relativo ao valor médio no número de partículas é da ordem:

$$\frac{\sqrt{\langle N^2 \rangle - \langle N \rangle^2}}{\langle N \rangle} \sim V^{-1/2}. \qquad (3.177)$$

Então vemos que, a medida que o volume do sistema aumenta, o número de partículas se afasta muito pouco do seu valor médio que, por sua vez, coincide com o valor mais provável da distribuição de equilíbrio de Boltzmann. Concluímos que, no limite termodinâmico, quando $\langle N \rangle$ e V são muito grandes (comparados com o tamanho das partículas) as flutuações da energia e do número de partículas são desprezíveis e, portanto, nestas condições os três ensembles, microcanônico, canônico e grande canônico, são equivalentes do ponto de vista termodinâmico. Uma exceção a este comportamento ocorre na vizinhança de um ponto crítico, quando as flutuações na densidade do sistema podem ser muito grandes e a compressibilidade cresce sem limites. As flutuações da densidade perto de um ponto crítico levam ao fenômeno da *opalescência crítica*, que representa uma evidência experimental direta da presença de um ponto crítico (Stanley 1971).

Para concluir esta análise, notemos a semelhança entre os operadores densidade nos ensembles canônico e grande canônico em relação ao princípio variacional de Gibbs. Em ambos os ensembles, os operadores são dados pela exponencial de uma combinação linear de observáveis: um por cada vínculo macroscópico imposto via um multiplicador de Lagrange. Os valores médios de tais observáveis são todos variáveis termodinâmicas *extensivas*. Os coeficientes da combinação linear dos mesmos estão associados a multiplicadores de Lagrange respectivos e são iguais ao parâmetro *intensivo*, correspondente ao observável na representação de entropia: $1/T$, no caso da energia, e $-\mu/T$, no caso do número de partículas. Generalizando este mecanismo é possível obter diferentes tipos de ensembles, apropriados para situações particulares, sendo que todos são equivalentes no limite termodinâmico.

Um exemplo importante é o *ensemble das pressões*, que corresponde à situação de um sistema em contato com um reservatório térmico e de pressão. Nesta situação, o número de partículas é fixo, mas a energia e o volume podem flutuar.

CAPÍTULO 3. ENSEMBLES ESTATÍSTICOS

Dessa forma, os vínculos externos são a energia média e o volume médio (parede móvel ou flexível). Maximizando a entropia de Gibbs, como nos casos anteriores, é possível obter a função de partição grande canônica no ensemble das pressões:

$$\Upsilon(T, P, N) = \int_0^\infty \left(\text{Tr}\, e^{-\beta(H+PV)} \right) dV = \int_0^\infty e^{-\beta PV} Z_N(T, V)\, dV, \quad (3.178)$$

onde $Z_N(T, V)$ é a função de partição canônica para um sistema de N partículas, temperatura T e volume V. O potencial termodinâmico relevante para um sistema a pressão constante é a *energia livre de Gibbs*:

$$G(T, P, N) = -k_B T \ln \Upsilon(T, P, N). \quad (3.179)$$

3.3.2 Adsorção em superfícies

Consideremos a superfície de um material sólido, em equilíbrio termodinâmico com um fluido (líquido ou gás), a pressão e temperatura fixas. Os átomos da superfície do sólido apresentam suas interações desbalanceadas em relação aos átomos do interior do material, por causa da ausência de átomos do sólido do outro lado da superfície. Assim, estes átomos superficiais podem atrair átomos do fluido em torno, que poderão ligar-se à superfície sólida.

O processo pelo qual átomos (ou moléculas) de um fluido se ligam na superfície de um sólido se chama *adsorção*. Este fenômeno é fisicamente diferente da *absorção*, na qual os átomos do fluido podem entrar no interior do volume do outro material, por exemplo, em poros. O processo inverso da adsorção é a *desorção*, no qual um átomo ligado a uma superfície se desprende da mesma e volta para o fluido. Em equilíbrio termodinâmico, o número médio de partículas adsorvidas e desorvidas por unidade de tempo é igual e, consequentemente, a concentração do material adsorvido na superfície, o *adsorvato*, é constante. O processo de adsorção leva à formação de um filme do adsorvato sobre a superfície do *adsorvente*, e apresenta uma grande gama de aplicações industriais.

O processo real de adsorção é muito complexo, mas é possível entender alguns mecanismos básicos do mesmo através de um modelo simples introduzido em 1916 por Irving Langmuir (1881-1957), que representa um bom exemplo de aplicação do ensemble grande canônico clássico. Os ingredientes fundamentais do modelo consistem em supor que:

- as partículas do adsorvato se depositam em um número fixo de sítios da superfície adsorvente, chamados *sítios de adsorção*;

CAPÍTULO 3. ENSEMBLES ESTATÍSTICOS

- cada sítio de adsorção pode adsorver no máximo uma molécula;
- as moléculas adsorvidas não interagem entre si, são independentes;
- o fluido é considerado um gás ideal.

Já que a superfície do sólido se encontra em equilíbrio com o gás, este pode ser considerado como um reservatório de partículas para a superfície. Vamos, então, calcular a grande função de partição para os sítios de adsorção e depois impor as condições de equilíbrio termodinâmico com o gás. Suponhamos que existem M sítios de adsorção e que a energia de ligação das moléculas na superfície é $-\gamma$. Assim, γ será a energia necessária para desorver, ou evaporar, uma molécula da superfície. Podemos ainda supor que as moléculas do gás possuem graus internos de liberdade, rotações, vibrações, etc. além da translação. Se $\zeta(T)$ é a função de partição canônica dos graus internos de liberdade de uma molécula, a grande função de partição do conjunto de sítios de adsorção é dada por:

$$\mathcal{Z}_M = \sum_{N=0}^{M} z^N Z_N(T), \qquad (3.180)$$

onde $Z_N(T)$ é a função de partição canônica para um sistema de N moléculas adsorvidas. Neste problema não deve ser incluido o fator de contagem de Boltzmann, como é feito, por exemplo, no gás ideal, pois os sítios de adsorção são considerados distinguíveis. Como as moléculas adsorvidas são independentes:

$$Z_N(T) = g(N)\,(Z_1(T))^N = g(N)\,\left(e^{\beta\gamma}\zeta(T)\right)^N, \qquad (3.181)$$

onde $g(N)$ é o número de formas de distribuir N moléculas em M sítios. Então:

$$\mathcal{Z}_M = \sum_{N=0}^{M} \frac{M!}{N!(M-N)!}\left(z\,e^{\beta\gamma}\zeta(T)\right)^N = \left[1 + z\,e^{\beta\gamma}\zeta(T)\right]^M. \qquad (3.182)$$

Antes de analisar a termodinâmica do problema, vamos derivar o resultado anterior por um caminho alternativo. Os graus internos de liberdade das moléculas podem ser considerados redefinindo a fugacidade $z \to z' = z\,\zeta(T)$. Cada sítio de adsorção pode ser considerado como um sistema de dois estados: com molécula adsorvida ou sem, com energias $-\gamma$ e zero respectivamente. Assim, podemos associar a cada sítio de adsorção um *número de ocupação* $n_i = 0, 1$, de forma que os estados $n_i = 0, 1$ correspondem ao sítio i-ésimo estar desocupado ou ocupado por

CAPÍTULO 3. ENSEMBLES ESTATÍSTICOS

um adsorvato respectivamente. Desta forma, podemos escrever um Hamiltoniano para este sistema na forma $H = -\gamma \sum_{i=1}^{M} n_i$, com o vínculo $N = \sum_{i=1}^{M} n_i$. A grande função de partição pode ser escrita na forma:

$$\mathcal{Z}_M = \sum_{n_1=0,1} \cdots \sum_{n_M=0,1} e^{\sum_i n_i \beta(\gamma+\mu')} = \left[1 + e^{\beta(\gamma+\mu')}\right]^M, \qquad (3.183)$$

que resulta idêntica com a (3.182).

O número médio de partículas adsorvidas é dado por:

$$\langle N \rangle = z \frac{\partial \ln \mathcal{Z}_M}{\partial z} = M \frac{z\, e^{\beta\gamma} \zeta(T)}{1 + z\, e^{\beta\gamma} \zeta(T)}. \qquad (3.184)$$

Uma quantidade importante do estado de equilíbrio é o *recobrimento*, $\theta(T, P)$, que representa a fração de partículas adsorvidas na superfície:

$$\theta \equiv \frac{\langle N \rangle}{M} = \frac{z\, e^{\beta\gamma} \zeta(T)}{1 + z\, e^{\beta\gamma} \zeta(T)}. \qquad (3.185)$$

A condição de equilíbrio termodinâmico entre a superfície sólida e o gás corresponde à igualdade entre os seus potenciais químicos. O potencial químico do gás corresponde ao de um gás ideal, cujo valor é:

$$\mu = k_B T \ln\left(\frac{\langle N \rangle \lambda_T^3}{V}\right). \qquad (3.186)$$

Portanto, a fugacidade resulta em:

$$z\,\zeta(T) = \frac{\langle N \rangle \lambda_T^3}{V} = \frac{P\, \lambda_T^3}{k_B T}. \qquad (3.187)$$

Usando este resultado em (3.185) podemos escrever o recobrimento em termos da pressão:

$$\theta_T(P) = \frac{P}{P_0 + P}, \qquad (3.188)$$

onde

$$P_0 = \frac{k_B T}{\lambda_T^3} e^{-\beta\gamma}, \qquad (3.189)$$

depende da temperatura e das características do sistema.

A equação (3.188) é conhecida como *isoterma de Langmuir* e define o valor do recobrimento, em função da pressão do gás, para uma temperatura fixa. Notamos

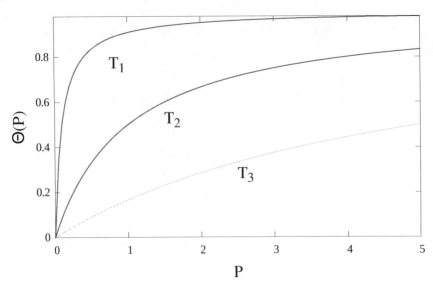

Figura 3.8: Isotermas de Langmuir para três temperaturas $T_1 < T_2 < T_3$.

que, para $P/P_0 \ll 1$, o recobrimento se comporta como $\theta \sim P/P_0$. No entanto, $\theta \to 1$ quando $P/P_0 \gg 1$.

O modelo de Langmuir, embora extremamente simplificado, resulta fisicamente muito natural e, portanto, serve como bom ponto de partida para incluir de forma sistemática condições mais realistas, como interações entre as partículas adsorvidas ou modelos mais sofisticados para o reservatório fluido.

CAPÍTULO 3. ENSEMBLES ESTATÍSTICOS   107

3.3.3 Problemas de aplicação

1. *Número médio e flutuações do número de partículas*:

   (a) Mostre que o número médio de partículas de um sistema em contato com um reservatório de partículas é dado por:

   $$\langle N \rangle = z \frac{\partial \ln \mathcal{Z}}{\partial z},$$

   onde $\mathcal{Z}$ é a grande função de partição e z a fugacidade..

   (b) Mostre que o desvio quadrático médio do número de partículas é dado por:

   $$\langle N^2 \rangle - \langle N \rangle^2 = z \frac{\partial}{\partial z} \left[z \frac{\partial}{\partial z} \ln \mathcal{Z} \right].$$

2. *Flutuações no número de partículas no gás monoatômico clássico*:

   (a) Obtenha uma expressão para o desvio relativo

   $$\frac{\sqrt{\langle (\Delta N)^2 \rangle}}{\langle N \rangle}$$

   no caso de um gás ideal monoatômico clássico.

   (b) Determine a compressibilidade isotérmica do sistema:

   $$\kappa_T = -\frac{1}{V} \left(\frac{\partial V}{\partial P} \right)_T = \frac{V}{\langle N \rangle^2} \frac{\partial \langle N \rangle}{\partial \mu}$$

   e analise o comportamento em função das grandezas termodinâmicas.

3. *Flutuações no número de partículas adsorvidas em uma superfície*:

   (a) Obtenha uma expressão para o desvio relativo

   $$\frac{\sqrt{\langle (\Delta N)^2 \rangle}}{\langle N \rangle}$$

   para o problema de N partículas adsorvidas em uma superfície de M sítios, como descrito nas notas de aula.

CAPÍTULO 3. ENSEMBLES ESTATÍSTICOS

(b) Determine a compressibilidade isotérmica do sistema:

$$\kappa_T = \frac{V}{\langle N \rangle^2} \frac{\partial \langle N \rangle}{\partial \mu}$$

e analise o comportamento em função das grandezas termodinâmicas.

4. Considere um sistema clássico de partículas, dentro de uma região do volume V, definido pelo Hamiltoniano:

$$\mathcal{H} = \sum_{i=1}^{N} \left[\frac{p_i^2}{2m} + u(\vec{r}_i) \right],$$

onde $\vec{r}_i$ é a posição da partícula i-ésima.

(a) Obtenha uma expressão para a pressão deste sistema no formalismo do ensemble grande canônico.

(b) Mostre que, no caso de partículas livres, a pressão se reduz ao resultado para o gás ideal clássico.

5. *Gás ideal clássico ultra-relativístico I*: Considere um gás clássico ultra-relativístico, definido pelo Hamiltoniano:

$$\mathcal{H} = \sum_{i=1}^{N} c \, |\vec{p}_i|,$$

onde a constante c é positiva, dentro de uma região de volume V, em contato com um reservatório de calor e de partículas (definidos pela temperatura T e o potencial químico μ).

Determine a grande função de partição, o grande potencial termodinâmico e a energia interna por partícula associados a esse sistema. Este sistema satisfaz o princípio de equipartição da energia?

Capítulo 4

Estatísticas quânticas

4.1 Sistemas de partículas indistinguíveis

O Princípio de Incerteza de Heisenberg leva a concluir que duas partículas idênticas são indistiguíveis, a menos que exista uma condição particular que as localize espacialmente, como é caso dos átomos em um sólido.

Uma consequência desta situação é que operadores, como por exemplo o hamiltoniano de N partículas, sejam invariantes frente a permutações arbitrárias das variáveis dinâmicas associadas às partículas, ou seja, os operadores são invariantes frente a uma "renumeração" das partículas. A mecânica quântica nos diz que por cada operação de simetria existe um operador associado que comuta com o hamiltoniano do sistema, e pode ser diagonalizado simultaneamente com ele. Veremos que existem apenas dois autovalores possíveis associados aos operadores de permutação de partículas, e assim o espaço de Hilbert associado a um sistema de N partículas quânticas fica dividido em dois subespaços, com características muito diferentes e implicações fundamentais para o comportamento físico dos sistemas associados a cada um deles.

Consideremos um sistema de N partículas sem spin. Seja $\Psi(q_1,\ldots,q_N)$ a função de onda correspondente na representação de coordenadas, trocas na enumeração das partículas podem ser descritas pelos *operadores permutação de pares* $\hat{P}_{ik}$, os quais trocam as coordenadas q_i e q_k na função de onda:

$$\hat{P}_{ik}\Psi(q_1,\ldots,q_i,\ldots,q_k,\ldots,q_N) = \Psi(q_1,\ldots,q_k,\ldots,q_i,\ldots,q_N) \quad (4.1)$$

Se o hamiltoniano é invariante frente a trocas arbitrárias de pares de partículas é

CAPÍTULO 4. ESTATÍSTICAS QUÂNTICAS

possível verificar que:

$$\left[\hat{H},\hat{P}_{ik}\right] = 0 \qquad \forall i,k = 1,\ldots,N \text{ com } i \neq k, \qquad (4.2)$$

e ambos operadores podem ser diagonalizados simultaneamente, ou seja, possuem um mesmo conjunto de autofunções. As autofunções de $\hat{P}_{ik}$ satisfazem:

$$\begin{aligned}\hat{P}_{ik}\Psi(q_1,\ldots,q_i,\ldots,q_k,\ldots,q_N) &= \lambda\Psi(q_1,\ldots,q_i,\ldots,q_k,\ldots,q_N)\\ &= \Psi(q_1,\ldots,q_k,\ldots,q_i,\ldots,q_N) \quad (4.3)\end{aligned}$$

Aplicando novamente o operador $\hat{P}_{ik}$ obtemos:

$$\begin{aligned}\hat{P}_{ik}^2\Psi(q_1,\ldots,q_i,\ldots,q_k,\ldots,q_N) &= \lambda^2\Psi(q_1,\ldots,q_i,\ldots,q_k,\ldots,q_N)\\ &= \Psi(q_1,\ldots,q_i,\ldots,q_k,\ldots,q_N). \quad (4.4)\end{aligned}$$

Podemos concluir que os autovalores do operador de permutação de pares podem tomar apenas dois valores $\lambda = \pm 1$.

- As autofunções do operador $\hat{P}_{ik}$ de um sistema de N partículas são chamadas de **simétricas** se têm autovalor a $\lambda = 1$ e **antissimétricas** se correspondem a $\lambda = -1$.

Se o hamiltoniano comuta com todos os operadores de permutação, então suas autofunções podem ser construidas de forma a serem *totalmente simétricas*, ou seja, simétricas frente a uma permutação arbitrária das coordenadas, ou *totalmente antissimétricas*, ou seja, antissimétricas frente a qualquer permutação de coordenadas.

Uma permutação qualquer pode ser realizada pelo operador de permutação $\hat{P}$, tal que:

$$\hat{P}\Psi(q_1,q_2,\ldots,q_N) = \Psi(q_{P_1},q_{P_2},\ldots,q_{P_N}), \qquad (4.5)$$

onde $P_1,\ldots,P_N$ corresponde a uma permutação arbitrária dos números $1,\ldots,N$. É simples notar que qualquer operador $\hat{P}$ é equivalente a aplicar uma sequência de permutações de pares $\hat{P}_{ij}$. Portanto, as autofunções de $\hat{P}$ também serão funções simétricas ou antissimétricas:

$$\begin{aligned}\hat{P}\Psi^S(q_1,\ldots,q_N) &= \Psi^S(q_1,\ldots,q_N) & (4.6)\\ \hat{P}\Psi^A(q_1,\ldots,q_N) &= -\Psi^A(q_1,\ldots,q_N), & (4.7)\end{aligned}$$

Se uma autofunção qualquer do hamiltoniano $\Psi(q_1,\ldots,q_N)$ não tiver nenhuma paridade definida, ou seja, se ela não for simétrica e nem antissimétrica, é possível

CAPÍTULO 4. ESTATÍSTICAS QUÂNTICAS

construir autofunções totalmente simétricas ou totalmente antissimétricas a partir dela da seguinte forma:

$$\Psi^S(q_1,\ldots,q_N) = B_S \sum_P \hat{P}\Psi(q_1,\ldots,q_N) \qquad (4.8)$$

$$\Psi^A(q_1,\ldots,q_N) = B_A \sum_P (-1)^P \hat{P}\Psi(q_1,\ldots,q_N), \qquad (4.9)$$

onde B_S, B_A são constantes de normalização e as somas varrem todas as possíveis permutações dos $q_i's$. O sinal $(-1)^P$ é $+1$ se a permutação for par, e -1 se for ímpar. Uma permutação é par (ímpar) se o número de permutações de pares necessárias para obter a permutação geral $P_1,\ldots,P_N$ a partir da $1, 2, \ldots, N$ for par (ímpar).

Como exemplo, consideremos uma função de onda de três partículas $\Psi(q_1, q_2, q_3)$. Podemos construir funções totalmente simetrizadas com a receita anterior:

$$\begin{aligned}\Psi^S(q_1,q_2,q_3) &= B_S\left[\Psi(q_1,q_2,q_3) + \Psi(q_2,q_1,q_3) + \Psi(q_1,q_3,q_2)\right. \\ &\quad \left. +\Psi(q_2,q_3,q_1) + \Psi(q_3,q_1,q_2) + \Psi(q_3,q_2,q_1)\right] \\ \Psi^A(q_1,q_2,q_3) &= B_A\left[\Psi(q_1,q_2,q_3) - \Psi(q_2,q_1,q_3) - \Psi(q_1,q_3,q_2)\right. \\ &\quad \left. +\Psi(q_2,q_3,q_1) + \Psi(q_3,q_1,q_2) - \Psi(q_3,q_2,q_1)\right].\end{aligned}$$

- Funções de onda de sistemas de partículas de um mesmo tipo (elétrons, prótons, fótons) apresentam um tipo de simetria definido frente ao intercâmbio de partículas. Ou seja, as funções de onda de partículas elementares são simétricas ou antissimétricas.

- As partículas descritas por funções de onda simétricas são chamadas de **bósons**, em homenagem ao físico indiano Satyendra Nath Bose (1894-1974).

- Partículas descritas por funções de onda antissimétricas são chamadas de **férmions**, em homenagem ao físico italiano Enrico Fermi (1901-1954).

- O caráter de simetria das funções de onda está também relacionado com o spin das partículas elementares. Na natureza, observa-se que todos os férmions possuem spin semi-inteiro, enquanto que os bósons apresentam spin inteiro. Esta relação é conhecida como *teorema spin-estatística*.

As propriedades de simetria das partículas frente ao intercâmbio têm profundas consequências nas propriedades físicas dos sistemas. Do ponto de vista da

CAPÍTULO 4. ESTATÍSTICAS QUÂNTICAS

mecânica estatística, bósons e férmions se comportam de forma muito diferente, dando lugar as chamadas **estatística de Bose-Einstein** e **estatística de Fermi-Dirac**, cujas propriedades vamos analisar a seguir.

Para poder construir autofunções com simetria definida é necessário definir uma base inicial de autofunções do hamiltoniano. Consideremos o caso simples de um gás de partículas não interagentes, no qual o hamiltoniano do sistema de N partículas se reduz à soma de operadores de partícula única:

$$\hat{H}(\hat{q}_1, \ldots, \hat{q}_N, \hat{p}_1, \ldots, \hat{p}_N) = \sum_{i=1}^{N} \hat{h}(\hat{q}_i, \hat{p}_i) \qquad (4.10)$$

Resolvendo o problema de autovalores para uma partícula:

$$\hat{h}\phi_k(q) = \epsilon_k \phi_k(q), \qquad (4.11)$$

onde k representa um conjunto de números quânticos, pode-se construir um auto-estado de $\hat{H}$ na forma:

$$\Psi^E_{k_1,\ldots,k_N} = \Pi_{i=1}^{N} \phi_{k_i}(q_i), \qquad (4.12)$$

com autovalor:

$$E = \sum_{i=1}^{N} \epsilon_{k_i}. \qquad (4.13)$$

Assim, podemos escrever as autofunções do hamiltoniano totalmente simétricas e totalmente antissimétricas na forma:

$$\Psi^{E,S}_{k_1,\ldots,k_N}(q_1, \ldots, q_N) = B_S \sum_P \hat{P} \phi_{k_1}(q_1) \cdots \phi_{k_N}(q_N) \qquad (4.14)$$

$$\Psi^{E,A}_{k_1,\ldots,k_N}(q_1, \ldots, q_N) = B_A \sum_P (-1)^P \hat{P} \phi_{k_1}(q_1) \cdots \phi_{k_N}(q_N) \qquad (4.15)$$

A função de onda totalmente antissimétrica pode ser escrita em forma de determinante:

$$\Psi^{E,A}_{k_1,\ldots,k_N}(q_1, \ldots, q_N) = B_A \det \begin{pmatrix} \phi_{k_1}(q_1) & \cdots & \phi_{k_1}(q_N) \\ \vdots & & \vdots \\ \phi_{k_N}(q_1) & \cdots & \phi_{k_N}(q_N) \end{pmatrix}, \qquad (4.16)$$

conhecido como determinante de Slater, em homenagem a John Clarke Slater (1900-1976), responsável por utilizá-los para obter funções de onda antissimétricas para descrever sistemas de elétrons.

CAPÍTULO 4. ESTATÍSTICAS QUÂNTICAS

- A partir da forma geral da função de onda totalmente antissimétrica concluimos que, se duas ou mais partículas estiverem no mesmo estado quântico, então o determinante terá duas ou mais filas ou colunas iguais e, portanto, será identicamente nulo. Este resultado é conhecido como **princípio de exclusão de Pauli** (Wolfgang Pauli (1900-1958)), que indica que dois ou mais férmions não podem ocupar simultaneamente o mesmo estado quântico.

Também notamos que um estado quântico do sistema de N partículas é caracterizado completamente pelo conjunto de números quânticos $\{k_1, \ldots, k_N\}$. Uma permutação destes índices somente produz um câmbio de sinal no caso antissimétrico e deixa a função de onda inalterada no caso simétrico. A indistinguibilidade das partículas frente a permutações faz com que a quantidade relevante para caracterizar um estado, ou função de onda, de um sistema de N partículas seja *quantas partículas existem em cada estado*. Esta especificação pode ser feita definindo os **números de ocupação**: n_k. A especificação dos números de ocupação para cada um dos estados k, sujeitos ao vínculo $\sum_k n_k = N$ determina completamente um estado com simetria definida.

- No caso de férmions, o princípio de exclusão limita os possíveis valores dos números de ocupação a $n_k^F = 0, 1$.

- Para sistemas de bósons não existe restrição nos possíveis valores dos números de ocupação de cada estado, $n_k^B = 0, 1, 2, \ldots, \infty$.

Uma vez definidos os números de ocupação, a energia de um autoestado de N partículas é dada por:

$$E = \sum_k n_k \epsilon_k \qquad (4.17)$$

Se conhecermos o espectro de energias ϵ_k do sistema, podemos calcular a função de partição canônica do mesmo na forma:

$$Z_N(T, V) = \text{Tr}\, e^{-\beta \hat{H}} = \sum_{\{n_k\}} \exp\left(-\beta \sum_k n_k \epsilon_k\right), \qquad (4.18)$$

onde o conjunto de números de ocupação deve satisfazer o vínculo

$$\sum_k n_k = N. \qquad (4.19)$$

CAPÍTULO 4. ESTATÍSTICAS QUÂNTICAS 114

Este vínculo torna o cálculo da função de partição uma tarefa que, pelo geral, é complicada. A dificuldade se reduz se considerarmos o ensemble grande canônico. A grande função de partição é dada por:

$$\mathcal{Z}(T,V,\mu) = \text{Tr}\, e^{-\beta(\hat{H}-\mu\hat{N})} = \sum_{N=0}^{\infty} z^N Z_N(T,V) \quad (4.20)$$

$$= \sum_{N=0}^{\infty} e^{\beta\mu N} \sum_{\{n_k\}} \exp\left(-\beta n_1 \epsilon_1 - \beta n_2 \epsilon_2 - \cdots\right)$$

$$= \sum_{N=0}^{\infty} \sum_{\{n_k\}} \exp\left[-\beta(\epsilon_1-\mu)n_1 - \beta(\epsilon_2-\mu)n_2 - \cdots\right]$$

Como N está somado entre zero e infinito e os $n'_k s$ estão sujeitos ao vínculo já visto, a última linha é equivalente a somar os $n'_k s$ sem restrições:

$$\mathcal{Z}(T,V,\mu) = \sum_{n_1,n_2,\ldots} \exp\left[-\beta(\epsilon_1-\mu)n_1 - \beta(\epsilon_2-\mu)n_2 - \cdots\right]$$

$$= \sum_{n_1} e^{-\beta(\epsilon_1-\mu)n_1} \sum_{n_2} e^{-\beta(\epsilon_2-\mu)n_2} \cdots$$

$$= \prod_k \sum_{n_k} \exp\left[-\beta(\epsilon_k-\mu)n_k\right]. \quad (4.21)$$

A função grande potencial é dada por:

$$\Omega(T,V,\mu) = -k_B T \ln \mathcal{Z} = -k_B T \sum_k \ln\left\{\sum_{n_k} e^{-\beta(\epsilon_k-\mu)n_k}\right\}. \quad (4.22)$$

A função grande potencial possui toda a informação sobre a termodinâmica do sistema. Logo, a partir dela é possível calcular valores médios de observáveis, como o número de ocupação médio no estado k, que é dado por:

$$\langle n_k \rangle = \left.\frac{\partial \Omega}{\partial \epsilon_k}\right|_{T,V} = -\frac{1}{\beta}\left.\frac{\partial \ln \mathcal{Z}}{\partial \epsilon_k}\right|_{T,V}. \quad (4.23)$$

4.2 Gases ideais quânticos

Como vimos, para um gás de bósons não há restrição nos valores dos números de ocupação, dando lugar a estatística de Bose-Einstein:

$$\mathcal{Z}_{BE}(T,V,\mu) = \prod_k \sum_{n_k=0}^{\infty} \exp\{-\beta n_k(\epsilon_k - \mu)\}. \quad (4.24)$$

No caso de um sistema de férmions, o princípio de exclusão limita os números de ocupação, resultando na estatística de Fermi-Dirac:

$$\mathcal{Z}_{FD}(T,V,\mu) = \prod \sum_{n_k=0}^{1} \exp\{-\beta n_k(\epsilon_k - \mu)\}. \quad (4.25)$$

A diferença na contagem dos estados acessíveis se reflete em propriedades físicas muito diferentes entre sistemas formados por bósons daqueles formados por férmions.

4.2.1 Estatística de Bose-Einstein

Usando o resultado $\sum_{n=0}^{\infty} x^n = 1/(1-x)$ para $x < 1$, de (4.24) obtemos:

$$\sum_{n_k=0}^{\infty} \exp\{-\beta(\epsilon_k - \mu)n_k\} = \frac{1}{1 - \exp[-\beta(\epsilon_k - \mu)]} \quad (4.26)$$

Portanto:

$$\Omega_{BE} = -k_B T \ln \mathcal{Z}_{BE}(T,V,\mu) = k_B T \sum_k \ln\{1 - \exp[-\beta(\epsilon_k - \mu)]\}. \quad (4.27)$$

Da definição do número de ocupação médio, equação (4.23), obtemos para o gás de bósons:

$$\langle n_k \rangle = \frac{1}{e^{\beta(\epsilon_k - \mu)} - 1} \quad (4.28)$$

Como $\langle n_k \rangle \geq 0$ é possível concluir que um gás de bósons deve ter potencial químico negativo $\mu < 0$.

CAPÍTULO 4. ESTATÍSTICAS QUÂNTICAS

Por outro lado, para baixas temperaturas, $\beta \gg 1$, se verifica que

$$\langle n_k \rangle \approx 0 \tag{4.29}$$

para a maioria dos estados, exceto os de menor energia. No próximo capítulo vamos ver que este comportamento leva a um fenômeno físico particular do gases de bósons a temperaturas muito baixas, conhecido como *condensação de Bose-Einstein*.

4.2.2 Estatística de Fermi-Dirac

No caso de férmions $n_k \in \{0, 1\}$ e então:

$$\sum_{n_k=0}^{1} \exp\{-\beta(\epsilon_k - \mu)n_k\} = 1 + e^{-\beta(\epsilon_k-\mu)}, \tag{4.30}$$

com o que

$$\Omega_{FD} = -k_B T \ln \mathcal{Z}_{FD}(T, V, \mu) = -k_B T \sum_k \ln\{1 + \exp[-\beta(\epsilon_k - \mu)]\}. \tag{4.31}$$

Neste caso, o número de ocupação médio resulta em:

$$\langle n_k \rangle = \frac{1}{e^{\beta(\epsilon_k-\mu)} + 1} \tag{4.32}$$

Podemos notar que:

$$\langle n_k \rangle \approx \begin{cases} 1 \text{ se } \epsilon_k < \mu \\ 0 \text{ se } \epsilon_k > \mu \end{cases} \tag{4.33}$$

Sempre se verifica que $0 \leq \langle n_k \rangle \leq 1$, que está em acordo com o princípio de exclusão de Pauli para férmions.

Nos próximos capítulos vamos analisar em detalhe as consequências da forma das estatísticas de Bose-Einstein e Fermi-Dirac no comportamento termodinâmico de sistemas de bósons e férmions.

CAPÍTULO 4. ESTATÍSTICAS QUÂNTICAS

4.2.3 O gás de Maxwell-Boltzmann e o limite clássico

Antes de analisar em detalhe os comportamentos de sistemas de bósons e férmions, vamos considerar novamente um sistema de partículas *distinguíveis*, agora do ponto de vista das estatísticas quânticas. Se as partículas são distinguíveis, não teremos nenhuma restrição nos valores dos números de ocupação. No entanto, para um conjunto de números de ocupação fixos $\{n_k\}$ a troca de duas partículas em diferentes níveis k_i e k_j, com números de ocupação n_{k_i} e n_{k_j}, corresponde a um novo estado, diferente do anterior, mas que não modifica os números de ocupação e, por tanto, possui o mesmo fator exponencial. Desta forma, para um conjunto de valores $\{n_k\}$, devemos multiplicar o fator exponencial por um fator de degenerescência, que corresponde ao número de combinações das partículas (distinguíveis) entre estados diferentes (níveis). A grande função de partição resulta:

$$\mathcal{Z}_{dist}(T,V,\mu) = \sum_{n_1=0}^{\infty}\sum_{n_2=0}^{\infty}\cdots \frac{N!}{n_1!n_2!\cdots}\exp\left\{-\beta\sum_k n_k(\epsilon_k-\mu)\right\}. \quad (4.34)$$

A divisão pelos fatores $n_i!$ ocorre porque permutar duas ou mais partículas que estão no mesmo estado não leva a um estado diferente.

Como será mostrado no capítulo 5, para altas temperaturas o número médio de bósons em qualquer estado k é muito pequeno e, então, os estados que contribuem para a grande função de partição são, essencialmente, aqueles com números de ocupação $n_k = 0$ ou 1. Por isto, o comportamento de bósons e férmions em altas temperaturas é essencialmente o mesmo. Assim, no limite de altas temperaturas, a única diferença entre as estatísticas de Bose-Einstein, Fermi-Dirac e partículas distinguíveis é o fator $N!$ na expressão desta última (notar que, como $n_k = 0, 1$, os fatoriais no denominador de (4.34) são iguais a um). Com isto em mente, se quisermos considerar as partículas a altas temperaturas como indistinguíveis, basta dividir em $\mathcal{Z}_{dist}$ por $N!$, que é justamente o fator de contagem de Gibbs.

Um sistema de partículas descrito pela grande função de partição:

$$\mathcal{Z}_{MB}(T,V,\mu) = \sum_{n_1=0}^{\infty}\sum_{n_2=0}^{\infty}\cdots \frac{1}{n_1!n_2!\cdots}\exp\left\{-\beta\sum_k n_k(\epsilon_k-\mu)\right\} \quad (4.35)$$

é conhecido como *gás de Maxwell-Boltzmann* e descreve o comportamento, a altas temperaturas, de todos os gases ideais, *com o correto fator de contagem*. Em particular, a expressão anterior fornece o comportamento termodinâmico correto de um gás ideal clássico.

CAPÍTULO 4. ESTATÍSTICAS QUÂNTICAS

Vamos então re-derivar os resultados para o gás ideal clássico considerado como um gás que obedece a estatística de Maxwell-Boltzmann. É fácil somar a grande função de partição neste caso, pois os termos para diferentes números de ocupação se fatoram:

$$\begin{aligned}\mathcal{Z}_{MB}(T,V,\mu) &= \prod_k \left[\sum_{n_k=0}^{\infty} \frac{1}{n_k!} \exp\left\{-\beta n_k(\epsilon_k - \mu)\right\}\right] \\ &= \prod_k \exp\left[e^{-\beta(\epsilon_k-\mu)}\right], \end{aligned} \quad (4.36)$$

onde usamos o resultado da série infinita $e^x = \sum_{n=0}^{\infty} x^n/n!$. A função grande potencial resulta em:

$$\begin{aligned}\Omega_{MB}(T,V,\mu) &= -k_B T \ln \mathcal{Z}_{MB}(T,V,\mu) \\ &= -k_B T \sum_k e^{-\beta(\epsilon_k-\mu)} \\ &= -k_B T\, z \sum_k e^{-\beta\epsilon_k}, \end{aligned} \quad (4.37)$$

onde $z = e^{\beta\mu}$ é a fugacidade. O número médio de partículas é dado por:

$$\langle N \rangle = -\left(\frac{\partial \Omega_{MB}}{\partial \mu}\right)_{T,V} = z \sum_k e^{-\beta\epsilon_k}. \quad (4.38)$$

Como $\langle N \rangle = \sum_k \langle n_k \rangle$, obtemos para o número de ocupação médio do estado k:

$$\langle n_k \rangle = z\, e^{-\beta\epsilon_k}. \quad (4.39)$$

Os resultados anteriores são válidos para qualquer espectro de energias ϵ_k. No caso de partículas livres, os níveis de energia são dados pela solução da equação de Schrödinger independente do tempo:

$$\hat{h}\, \phi_k(q) = \epsilon_k\, \phi_k(q), \quad (4.40)$$

onde o hamiltoniano de partícula livre é

$$\hat{h} = \frac{\hat{p}^2}{2m} = -\frac{\hbar^2}{2m}\frac{d^2}{dq^2} \quad (4.41)$$

CAPÍTULO 4. ESTATÍSTICAS QUÂNTICAS

em uma dimensão espacial (a extensão para mais dimensões é imediata). Os autoestados são ondas planas:

$$\phi_k(q) = C\,e^{ikq} \quad \text{com autovalores} \quad \epsilon_k = \frac{\hbar^2 k^2}{2m}. \tag{4.42}$$

Suponhamos que as partículas estão em um recipiente de dimensão linear L e paredes impenetráveis, o que pode ser implementado considerando um potencial de barreira infinita em $q = -L/2$, $q = L/2$, e zero nos outros pontos. Como a probabilidade de encontrar a partícula fora da caixa é zero, a função de onda deve ser nula nos extremos da mesma. Isto leva a que a forma da função de onda seja:

$$\phi_k(q) = A \sin(kq). \tag{4.43}$$

A condição de contorno $\phi_k(\pm L/2) = 0$ determina os possíveis valores do vetor de onda:

$$k = \frac{2\pi}{L} n, \qquad n = 0, \pm 1, \pm 2, \ldots, \pm(L-1) \tag{4.44}$$

No limite termodinâmico $L \to \infty$ o espectro tenderá a ser contínuo, de forma que

$$\sum_k f(k) \to \int \frac{dk}{(2\pi/L)} f(k) \tag{4.45}$$

já que $2\pi/L$ é a distância entre valores consecutivos do vetor de onda k em uma caixa de comprimento L. Então, desconsiderando graus de liberdade internos das partículas, como o spin, e generalizando os resultados anteriores para $d = 3$, obtemos:

$$\begin{aligned}
\ln \mathcal{Z}_{MB}(T,V,\mu) &= \sum_{k_x=2\pi/L} \sum_{k_y=2\pi/L} \sum_{k_z=2\pi/L} \exp\left\{-\beta\left(\frac{\hbar^2 k^2}{2m} - \mu\right)\right\} \\
&\to V \int_{-\infty}^{\infty} \frac{d^3k}{(2\pi)^3} \exp\left\{-\beta\left(\frac{\hbar^2 k^2}{2m} - \mu\right)\right\} \\
&= \frac{V}{(2\pi)^3} e^{\beta\mu} \left(\frac{2\pi m}{\beta \hbar^2}\right)^{3/2},
\end{aligned} \tag{4.46}$$

onde $k^2 = k_x^2 + k_y^2 + k_z^2$ em três dimensões. A função grande potencial é dada por:

$$\begin{aligned}
\Omega_{MB}(T,V,\mu) &= -k_B T \ln \mathcal{Z}_{MB}(T,V,\mu) \\
&= -V\,e^{\beta\mu}(k_B T)^{5/2}\left(\frac{2\pi m}{h^2}\right)^{3/2},
\end{aligned} \tag{4.47}$$

CAPÍTULO 4. ESTATÍSTICAS QUÂNTICAS 120

que coincide com um cálculo puramente clássico, considerando um volume unitário no espaço de fase igual a h^3, e com o correto fator de contagem de Gibbs.

Finalmente, o número médio de partículas do sistema é dado pela (4.38), que é equivalente a

$$\langle N \rangle = z \frac{\partial}{\partial z} \ln \mathcal{Z}_{MB} = z V \left(\frac{2\pi m}{\beta h^2} \right)^{3/2}. \tag{4.48}$$

Assim, a fugacidade z resulta em uma função da densidade média $\langle N \rangle / V$ e da temperatura:

$$\begin{aligned} z &= \frac{\langle N \rangle}{V} \frac{h^3}{(2\pi m k_B T)^{3/2}} \\ &= \left(\frac{\lambda_T}{a} \right)^3 \end{aligned} \tag{4.49}$$

onde λ_T é o comprimento de onda térmico, e $(V/\langle N \rangle)^{1/3} = a$ representa uma distância interatômica típica. O limite clássico corresponde ao limite dos resultados quânticos para altas temperaturas ou baixas densidades. Nesse limite, $\lambda_T \ll a$, o que implica em uma fugacidade pequena, $z \ll 1$.

4.2.4 Equação de estado de partículas clássicas e quânticas

É possível escrever a função grande potencial de uma forma unificada para partículas quânticas e clássicas na forma:

$$q(T, V, z) \equiv -\frac{\Omega(T, V, z)}{k_B T} = \frac{PV}{k_B T} = \lim_{a \to 0, \pm 1} \frac{1}{a} \sum_{\vec{k}} \ln \left[1 + a z e^{-\beta \epsilon_{\vec{k}}} \right], \tag{4.50}$$

onde $a = -1, +1, 0$ corresponde às estatísticas de bósons, férmions ou partículas clássicas, respectivamente. Em termos da função $q(T, V, z)$ é possível obter expressões para os valores médios de observáveis. Por exemplo, para gases ideais:

$$\langle N \rangle = z \left(\frac{\partial q}{\partial z} \right)_{T,V} = \sum_k \frac{1}{z^{-1} e^{\beta \epsilon_k} + a}, \tag{4.51}$$

$$U = \left(\frac{\partial q}{\partial \beta} \right)_{V,z} = \sum_k \frac{\epsilon_k}{z^{-1} e^{\beta \epsilon_k} + a}. \tag{4.52}$$

CAPÍTULO 4. ESTATÍSTICAS QUÂNTICAS

O número de ocupação médio pode ser escrito de forma unificada na forma:

$$\langle n_k \rangle = -\frac{1}{\beta} \left(\frac{\partial q}{\partial \epsilon_k} \right)_{T,z,\epsilon_{j \neq k}} = \frac{1}{z^{-1} e^{\beta \epsilon_k} + a}. \tag{4.53}$$

No limite $V \to \infty$ podemos expressar a pressão do gás tomando o limite contínuo na (4.50):

$$P = \lim_{a \to 0, \pm 1} \frac{k_B T}{a} \int_0^\infty \frac{4\pi k^2 dk}{(2\pi)^3} \ln \left[1 + aze^{-\beta \epsilon_k} \right]. \tag{4.54}$$

Integrando por partes:

$$P = \lim_{a \to 0, \pm 1} \frac{4\pi k_B T}{a(2\pi)^3} \left[\frac{k^3}{a} \ln \left[1 + aze^{-\beta \epsilon_k} \right] \Big|_0^\infty + \int_0^\infty \frac{k^3}{3} \frac{aze^{-\beta \epsilon_k}}{1 + aze^{-\beta \epsilon_k}} \beta \frac{\partial \epsilon}{\partial k} dk \right]. \tag{4.55}$$

O primeiro termo da integração por partes se anula nos extremos. Simplificando a expressão restante obtemos:

$$P = \lim_{a \to 0, \pm 1} \frac{4\pi}{3(2\pi)^3} \int_0^\infty \frac{1}{z^{-1} e^{\beta \epsilon_k} + a} \left(k \frac{\partial \epsilon}{\partial k} \right) k^2 dk. \tag{4.56}$$

O número médio de partículas resulta:

$$\langle N \rangle = \frac{4\pi V}{(2\pi)^3} \int_0^\infty \frac{1}{z^{-1} e^{\beta \epsilon_k} + a} k^2 dk. \tag{4.57}$$

Dividindo as expressões para P e $\langle N \rangle$ obtemos:

$$P = \frac{1}{3} \frac{\langle N \rangle}{V} \left\langle k \frac{\partial \epsilon}{\partial k} \right\rangle, \tag{4.58}$$

onde $\langle \ldots \rangle$ representa o valor médio em relação à estatística que corresponda para cada tipo de sistema. Notamos que a forma da equação de estado é independente da estatística das partículas. Para partículas livres não relativísticas, onde $\epsilon = \hbar^2 k^2 / 2m$ ou $\epsilon = p^2/2m$, obtemos:

$$P = \frac{1}{3} \frac{\langle N \rangle}{V} \left\langle \frac{\hbar^2 k^2}{m} \right\rangle = \frac{1}{3} \frac{\langle N \rangle}{V} \left\langle \frac{p^2}{m} \right\rangle = \frac{2}{3} \frac{U}{V}. \tag{4.59}$$

4.3 Problemas de aplicação

1. *Funções de onda de partículas indistinguíveis*:

   (a) Obtenha de forma explícita o estado fundamental e o primeiro estado excitado de um sistema de dois bósons independentes, de spin nulo, em uma dimensão, dentro de uma região de comprimento L.

   (b) Repita o problema agora para dois férmions de spin 1/2.

2. *Entropia de gases ideais quânticos e clássicos*: Mostre que a entropia de um gás ideal quântico pode ser escrita na forma

$$S = -k_B \sum_j \left[f_j \ln f_j \pm (1 \mp f_j) \ln(1 \mp f_j) \right],$$

   onde o sinal superior (inferior) se refere a férmions (bósons) e

$$f_j = \langle n_j \rangle = \frac{1}{\exp[\beta(\epsilon_j - \mu)] \pm 1}$$

   é a distribuição de Fermi-Dirac (Bose-Einstein). Mostre que este resultado também é válido no limite clássico.

3. *Distribuição de Maxwell-Boltzmann das velocidades moleculares*: Considerando que, no limite $V \to \infty$, os níveis de energia tendem a um espectro continuo, calcule a probabilidade de uma partícula livre com espectro de energias dado por $\epsilon_k = p_k^2/2m = \hbar^2 k^2/2m$, ter uma velocidade entre v e $v + dv$ no limite clássico:

$$\frac{\langle n_j \rangle}{N} \to p(v)\, dv.$$

   Mostre que:

$$p(v) = 4\pi \left(\frac{2\pi k_B T}{m} \right)^{-3/2} v^2 \exp\left(-\frac{mv^2}{2k_B T} \right)$$

   corresponde à distribuição de Maxwell-Boltzmann de velocidades moleculares em um gás ideal clássico.

Capítulo 5
Gás ideal de bósons

Vamos descrever neste capítulo o comportamento estatístico e a termodinâmica de um gás de bósons independentes. A análise nos levará ao estudo do fenômeno da **condensação de Bose-Einstein** (BEC), uma transição de fases exótica em um sistema quântico de partículas livres. A condensação de Bose-Einstein é uma consequência do comportamento quântico de bósons indistinguíveis, e foi descrita inicialmente na década de 1920 pelo físico indiano Satyendranath Bose (1894-1974) e por Albert Einstein (1879-1955). A primeira demonstração experimental da BEC veio muito mais tarde, em 1995, em trabalhos com átomos frios de rubídio ^{87}Rb, nos grupos liderados por Eric Cornell (1961-) e Carl Wieman (1951-) no JILA da Universidade de Boulder e, de forma independente, com átomos de sódio ^{23}Na pelo grupo de Wolfgang Ketterle (1957-) no MIT. As temperaturas onde a condensação é observada são da ordem dos nano-kelvins, portanto, perto do zero absoluto! O tamanho dos condensados foi de aproximadamente 2.000 átomos de rubídio e 200.000 átomos de sódio. Por esses trabalhos Cornell, Wieman e Ketterle ganharam o Prêmio Nobel de Física em 2001.

Estudaremos também a estatística de um **gás de fótons** e o problema relacionado da **radiação de corpo negro**, problema que foi um marco no surgimento da mecânica quântica no início do século XX.

5.1 A condensação de Bose-Einstein

Como vimos no capítulo anterior, a função grande potencial para um gás de Bose-Einstein é dada pela (4.27):

$$\Omega_{BE} = -k_B T \ln \mathcal{Z}_{BE}(T,V,\mu) = k_B T \sum_k \ln\left\{1 - \exp\left[-\beta(\epsilon_k - \mu)\right]\right\}, \quad (5.1)$$

a partir da qual podemos calcular o número médio de partículas na forma:

$$\langle N \rangle = -\left(\frac{\partial \Omega_{BE}}{\partial \mu}\right)_{T,V} = \sum_k \left(\frac{e^{-\beta(\epsilon_k-\mu)}}{1 - e^{-\beta(\epsilon_k-\mu)}}\right) = \sum_k \left(\frac{1}{e^{\beta(\epsilon_k-\mu)} - 1}\right). \quad (5.2)$$

Lembrando que

$$\langle N \rangle = \sum_k \langle n_k \rangle, \quad (5.3)$$

obtemos para o número médio de partículas no estado k:

$$\langle n_k \rangle = \frac{1}{e^{\beta(\epsilon_k-\mu)} - 1} = \frac{1}{z^{-1}e^{\beta\epsilon_k} - 1} \quad (5.4)$$

Para avançar na determinação das funções termodinâmicas devemos especificar o espectro de autovalores da energia ϵ_k, que define o sistema em estudo. Consideremos um sistema de bósons livres, cujo espectro de energias é dado por:

$$\epsilon_k = \frac{\hbar^2 k^2}{2m} \quad (5.5)$$

Consideremos ainda que o sistema se encontra em uma caixa de volume $V = L^3$ com condições de contorno periódicas. Então, como visto em 4.2.3, os vetores de onda podem tomar os valores $k_i = (2\pi/L)n_i$, onde $i = x, y, z$ e com $n_i = 0, \pm 1, \ldots \pm (L-1)$. Quando $L \to \infty$, o espectro de valores da energia ϵ_k se torna contínuo, e as somas se tornam integrais:

$$\sum_k \cdots \to \int \frac{d^3k}{(2\pi/L)^3} \cdots \quad (5.6)$$

CAPÍTULO 5. GÁS IDEAL DE BÓSONS

Assim, como o espectro de partícula livre depende de $\vec{k}$ somente através do módulo $k = |\vec{k}|$, podemos reescrever o número médio de partículas na forma:

$$\langle N \rangle = \frac{4\pi V}{(2\pi)^3} \int_0^\infty \frac{k^2 z}{e^{\beta \hbar^2 k^2/2m} - z} dk = \frac{4V}{\sqrt{\pi}} \left(\frac{2\pi m k_B T}{h^2}\right)^{3/2} \int_0^\infty x^2 \left(\frac{z}{e^{x^2} - z}\right) dx. \tag{5.7}$$

O resultado anterior fornece uma equação de estado que relaciona a fugacidade, a temperatura e a densidade média, e pode ser escrita na forma:

$$\lambda_T^3 \rho = g_{3/2}(z) \tag{5.8}$$

onde $\rho = \langle N \rangle / V$, $\lambda_T = h/\sqrt{2\pi m k_B T}$ é o comprimento de onda térmico, e definimos:

$$g_{3/2}(z) = \frac{4}{\sqrt{\pi}} \int_0^\infty x^2 \left(\frac{z}{e^{x^2} - z}\right) dx = \sum_{k=1}^\infty \frac{z^k}{k^{3/2}} \tag{5.9}$$

que é um caso particular da família de *funções de Bose-Einstein* (Pathria e Beale 2011):

$$g_n(z) = \frac{1}{\Gamma(n)} \int_0^\infty \frac{x^{n-1} dx}{z^{-1} e^x - 1} = \sum_{k=1}^\infty \frac{z^k}{k^n}. \tag{5.10}$$

As propriedades analíticas das funções $g_n(z)$ são determinantes para o comportamento do gás de bósons. Lembramos que no gás de bósons o potencial químico μ deve ser negativo. Portanto, $0 \leq z \leq 1$. A função $g_{3/2}(z)$ é limitada e bem comportada no intervalo $0 \leq z \leq 1$, com valores nos extremos dados por:

$$\begin{aligned} g_{3/2}(0) &= 0 \\ g_{3/2}(1) &= \sum_{k=1}^\infty \frac{1}{k^{3/2}} = \zeta(3/2) = 2.612\ldots \end{aligned} \tag{5.11}$$

onde $\zeta(x)$ é a função zeta de Riemann. A derivada da $g_{3/2}(z)$ diverge para $z \to 1$, e da expansão em série para $z \ll 1$ se obtém que $g_{3/2}(z) \sim z$ para valores pequenos de z, como é observado na figura 5.1.

A equação de estado (5.8) é uma equação implícita para a fugacidade z em função de ρ e T. Mas é fácil observar que o lado esquerdo pode tomar valores arbitrariamente grandes para T suficientemente pequena ou ρ suficientemente grande. Na figura 5.1 podemos notar que, se $\lambda_T^3 \rho > 2.612$, a equação não tem solução real, já que $z \leq 1$. Assim, concluimos que deve haver alguma inconsistência no nosso cálculo anterior. O problema pode ser resolvido analisando o

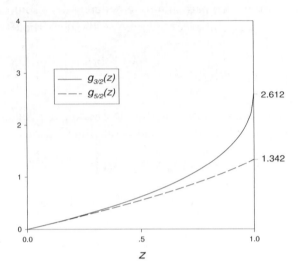

Figura 5.1: As funções $g_{3/2}(z)$ e $g_{5/2}(z)$.

comportamento do número médio de partículas no estado fundamental, ou seja, quando $\epsilon = 0$:

$$\langle n_0 \rangle = \frac{z}{1-z}. \tag{5.12}$$

Notamos que $\lim_{z \to 1} \langle n_0 \rangle = \infty$, ou seja, o número de partículas no estado fundamental diverge para $z \to 1$ no limite termodinâmico. Vamos então analisar com mais detalhe a forma como foi feito o limite termodinâmico no cálculo da equação de estado. Para isso começamos por separar a contribuição do estado fundamental no cálculo do $\langle N \rangle$:

$$\begin{aligned} \langle N \rangle &= \frac{z}{1-z} + \frac{4\pi V}{(2\pi)^3} \int_{2\pi/L}^{\infty} \frac{k^2 \, z}{e^{\beta \hbar^2 k^2/2m} - z} dk \\ &= \frac{z}{1-z} + \frac{4V}{\lambda_T^3 \sqrt{\pi}} \int_{\lambda_T \sqrt{\pi}/L}^{\infty} x^2 \left(\frac{z}{e^{x^2} - z} \right) dx. \end{aligned} \tag{5.13}$$

É possível mostrar que o limite inferior na última integral pode ser estendido a zero sem modificar o resultado no limite termodinâmico (Pathria e Beale 2011).

CAPÍTULO 5. GÁS IDEAL DE BÓSONS

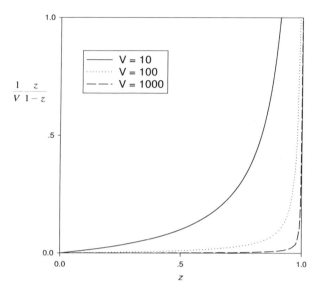

Figura 5.2: O comportamento do primeiro termo da eq. (5.14) para diferentes valores do volume a uma temperatura fixa.

Desta forma, a equação de estado pode ser reescrita na forma:

$$\lambda_T^3 \rho = \frac{\lambda_T^3}{V} \frac{z}{1-z} + g_{3/2}(z). \tag{5.14}$$

Na figura 5.2 vemos o comportamento do primeiro termo da equação (5.14) para diferentes valores de V e T fixa. Notamos que, sempre que V seja finito, o lado direito em (5.14) diverge e z nunca atinge o valor máximo, $z = 1$, para qualquer valor de T e ρ, por causa da divergência, como é apontado na figura 5.3(a). Somente quando $T \to 0$ ou $\rho \to \infty$ então $z \to 1$ e, consequentemente, $\langle n_0 \rangle \to \infty$. Esse desdobramento é esperado pois, nestas condições, todas as partículas devem estar no estado fundamental. A solução de z em função de $\lambda_T^3 \rho$ para um volume V *finito* se mostra na figura 5.3(b).

Consideremos agora que $V \gg 1$. As soluções da eq. (5.14) para $\lambda_T^3 \rho \geq 2.612$ são próximas de $z = 1$. Como $g_{3/2}(z)$ é bem comportada no entorno de $z = 1$, então podemos aproximar:

$$\lambda_T^3 \rho \approx \frac{\lambda_T^3}{V} \frac{z}{1-z} + g_{3/2}(1). \tag{5.15}$$

CAPÍTULO 5. GÁS IDEAL DE BÓSONS

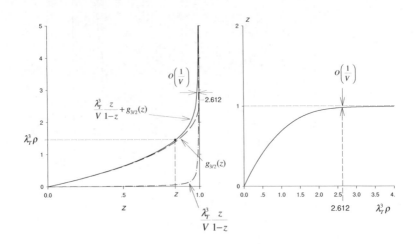

Figura 5.3: (a) Solução gráfica da eq. (5.14). (b) Fugacidade de um gás ideal de Bose-Einstein em um volume finito V.

Invertendo a equação e resolvendo para $z(V)$ obtemos:

$$z(V) \approx \frac{\rho_0 V}{1 + \rho_0 V} \sim 1 - \frac{1}{\rho_0 V}, \tag{5.16}$$

onde ρ_0 é uma quantidade que não depende de V. Vemos que as soluções para $\lambda_T^3 \rho \geq 2.612$ tendem para $z = 1$ quando $V \to \infty$. Portanto, a fugacidade de um gás de Bose-Einstein no limite termodinâmico é dada por:

$$z = \begin{cases} 1 & \text{se } \lambda_T^3 \rho \geq g_{3/2}(1) \\ \text{a raiz de } \lambda_T^3 \rho = g_{3/2}(z) & \text{se } \lambda_T^3 \rho < g_{3/2}(1), \end{cases} \tag{5.17}$$

como é mostrado na figura 5.4.

Vemos que, se $\lambda_T^3 \rho \geq g_{3/2}(1)$, um número macroscópico de partículas passam a ocupar o estado fundamental (ver eq. (5.12)). Este fenômeno se conhece como **condensação de Bose-Einstein**, e ocorre quando $z \to 1$. A condição $z = 1$ permite definir uma temperatura de transição, solução da identidade $\lambda_{T_c}^3 \rho = g_{3/2}(1)$, o que resulta na temperatura crítica:

$$T_c = \left(\frac{h^2}{2\pi m k_B} \right) \left(\frac{\rho}{g_{3/2}(1)} \right)^{2/3} \tag{5.18}$$

CAPÍTULO 5. GÁS IDEAL DE BÓSONS

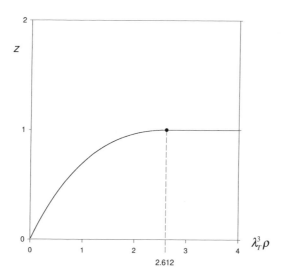

Figura 5.4: Fugacidade de um gás ideal de Bose-Einstein no limite termodinâmico.

Invertendo a mesma equação podemos obter o volume específico crítico em função da temperatura:

$$v_c = \frac{1}{\rho_c} = \left(\frac{h^2}{2\pi m k_B}\right)^{3/2} \frac{g_{3/2}(1)}{T^{3/2}} \qquad (5.19)$$

Escrevendo a equação de estado na região de condensação na forma:

$$\rho = \rho_0 + \frac{1}{\lambda_T^3} g_{3/2}(1), \qquad (5.20)$$

podemos calcular a fração de bósons no estado fundamental quando $T \to T_c^-$:

$$\frac{\langle n_0 \rangle}{\langle N \rangle} = \frac{\rho_0}{\rho} = 1 - \frac{1}{\rho \lambda_T^3} g_{3/2}(1) \qquad (5.21)$$

$$= 1 - \frac{\lambda_{T_c}^3}{\lambda_T^3} = 1 - \left(\frac{T}{T_c}\right)^{3/2}. \qquad (5.22)$$

Vemos que a fração de partículas no estado fundamental, no limite termodinâmico, se comporta como um parâmetro de ordem:

$$\eta \equiv \frac{\langle n_0 \rangle}{\langle N \rangle} = \begin{cases} 1 - \left(\frac{T}{T_c}\right)^{3/2} & \text{se } T \leq T_c \\ 0 & \text{se } T > T_c, \end{cases} \quad (5.23)$$

como é mostrado na figura 5.5.

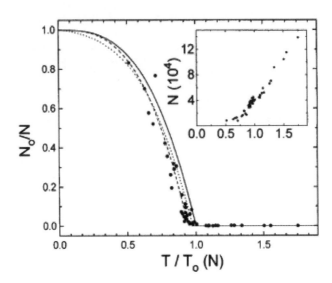

Figura 5.5: Parâmetro de ordem $\eta = \langle n_0 \rangle / \langle N \rangle$ vs. temperatura reduzida para um sistema de bósons em um potencial harmônico confinante. Os pontos pretos são resultados experimentais e a linha cheia representa a predição teórica para um sistema de bósons não interagentes. As linhas pontilhadas são o resultado de correções levando em conta o tamanho finito do sistema real. O quadro menor mostra o número total de átomos na gaiola após o resfriamento do sistema. Figura reproduzida de (Ensher et al. 1996), com autorização da American Physical Society.

Para determinar o comportamento da pressão no condensado de Bose-Einstein rescrevemos a função grande potencial (5.1), no limite contínuo, separando a contribuição do estado fundamental:

$$\begin{aligned}\Omega_{BE} &= k_B T \ln(1-z) + \frac{4\pi k_B T V}{(2\pi)^3} \int_{2\pi/L}^{\infty} k^2 \ln\left(1 - ze^{-\beta\hbar^2 k^2/2m}\right) dk \\ &= k_B T \ln(1-z) + \frac{4k_B T V}{\lambda_T^3 \sqrt{\pi}} \int_{\lambda_T \sqrt{\pi}/L}^{\infty} x^2 \ln\left(1 - ze^{-x^2}\right) dx. \quad (5.24)\end{aligned}$$

CAPÍTULO 5. GÁS IDEAL DE BÓSONS

A pressão é dada por:

$$P \equiv -\frac{\Omega_{BE}}{V} = -\frac{k_B T}{V}\ln(1-z) + \frac{k_B T}{\lambda_T^3}g_{5/2}(z), \qquad (5.25)$$

onde

$$g_{5/2}(z) = \frac{4}{\sqrt{\pi}}\int_0^\infty x^2 \ln(1-ze^{-x^2})dx = \sum_{k=1}^\infty \frac{z^k}{k^{5/2}} \qquad (5.26)$$

A função $g_{5/2}(z)$ também é monótona crescente valendo $g_{5/2}(0) = 0$ e $g_{5/2}(1) = \zeta(5/2) = 1.342\ldots$ como é possível observar na figura 5.1. Vejamos o comportamento do primeiro termo da (5.25): Se $z < 1$, é evidente que $\lim_{V\to\infty}(1/V)\ln(1-z) = 0$. Por outro lado, para $z \to 1$:

$$\lim_{V\to\infty}\left(\frac{1}{V}\ln(1-z(V))\right) = 0. \qquad (5.27)$$

Assim, a pressão é dada por:

$$P = \begin{cases} \frac{k_B T}{\lambda_T^3}g_{5/2}(1) & \text{se } \lambda_T^3\rho \geq g_{3/2}(1), \\ \frac{k_B T}{\lambda_T^3}g_{5/2}(z) & \text{se } \lambda_T^3\rho < g_{3/2}(1). \end{cases} \qquad (5.28)$$

Notamos que na região do condensado a pressão é independente da densidade. A partir deste resultado, podemos analisar o comportamento das isotermas no plano (P,v). Para uma temperatura constante há um ponto de transição $P = P_c(v_c)$ que é obtido aplicando $z = 1$ na solução para a pressão. Utilizando a relação (5.19), podemos escrever a temperatura em função de v_c, obtendo:

$$P_c(v_c) = \frac{h^2 g_{5/2}(1)}{2\pi m(g_{3/2}(1))^{5/3}}\frac{1}{v_c^{5/3}}. \qquad (5.29)$$

Para cada temperatura, a relação anterior define uma linha crítica no plano (P,v). A figura 5.6 mostra o comportamento de algumas isotermas do gás de Bose-Einstein. Vemos que, para $v < v_c(T)$, entramos na região do condensado e a pressão se torna independente do volume específico. A forma das isotermas do gás de Bose-Einstein lembra a forma das isotermas da transição líquido-gás em um líquido clássico na região de coexistência. Neste caso, a coexistência corresponderia entre o condensado de partículas no estado fundamental e o resto das partículas nos estados excitados, que formam a fase normal ou gasosa.

Continuando com a analogia da transição líquido-gás, podemos nos perguntar quais são os volumes específicos das fases condensada e gasosa na coexistência.

CAPÍTULO 5. GÁS IDEAL DE BÓSONS

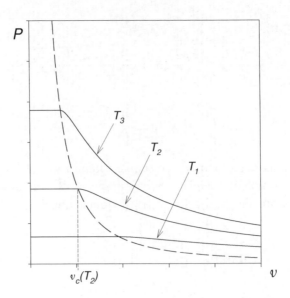

Figura 5.6: Isotermas do gás ideal de Bose-Einstein para três temperaturas $T_1 < T_2 < T_3$. A linha tracejada corresponde à curva $P_c(v_c)$.

Da figura 5.6 podemos concluir que o volume específico do gás corresponde ao ponto $v_c(T)$. Assim sendo, nesta interpretação, o volume específico do condensado deveria ser zero, o que implica uma densidade do condensado infinita. Este resultado é inconsistente do ponto de vista físico. Provém do fato de estarmos considerando partículas livres, não interagentes, que podem se aproximar indefinidamente entre si.

Outra característica marcante do condensado de Bose-Einstein é a forma do calor específico em função da temperatura. Para isso calculemos inicialmente a entropia por unidade de volume. Esta é dada por:

$$s = \lim_{V \to \infty} -\frac{1}{V}\left(\frac{\partial \Omega_{BE}}{\partial T}\right)_{V,\mu} = \lim_{V \to \infty}\left(\frac{\partial P}{\partial T}\right)_{V,\mu}. \tag{5.30}$$

Derivando em (5.28) e fazendo uso da identidade (Pathria e Beale 2011):

$$\frac{dg_n(z)}{dz} = \frac{1}{z}g_{n-1}(z) \tag{5.31}$$

CAPÍTULO 5. GÁS IDEAL DE BÓSONS

obtemos

$$s = \begin{cases} \frac{5}{2}\frac{k_B}{\lambda_T^3} g_{5/2}(1) & \text{se } \lambda_T^3 \rho \geq g_{3/2}(1) \\ \frac{5}{2}\frac{k_B}{\lambda_T^3} g_{5/2}(z) - k_B \rho \ln z & \text{se } \lambda_T^3 \rho < g_{3/2}(1). \end{cases} \quad (5.32)$$

Pode-se facilmente verificar que $s = 0$ quando $T = 0$, em acordo com a terceira lei da termodinâmica. Agora estamos em condições de calcular o calor específico a densidade constante, dado por:

$$c_\rho = T \left(\frac{\partial s}{\partial T} \right)_\rho. \quad (5.33)$$

Derivando em (5.32), mantendo ρ constante, encontramos:

$$c_\rho = \begin{cases} \frac{15}{4}\frac{k_B}{\lambda_T^3} g_{5/2}(1) & \text{se } \lambda_T^3 \rho \geq g_{3/2}(1), \\ \frac{15}{4}\frac{k_B}{\lambda_T^3} g_{5/2}(z) - k_B \rho \frac{9}{4}\frac{g_{3/2}(z)}{g_{1/2}(z)} & \text{se } \lambda_T^3 \rho < g_{3/2}(1). \end{cases} \quad (5.34)$$

O calor específico em função de T é mostrado na figura 5.7.

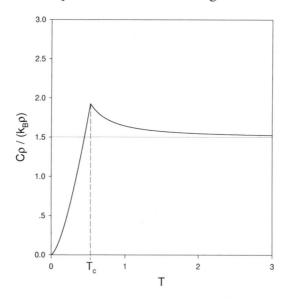

Figura 5.7: Calor específico à densidade constante do gás ideal de Bose-Einstein em função da temperatura.

O comportamento $g_{1/2}(z) \to \infty$ quando $z \to 1$ tem como resultado um c_ρ contínuo no ponto crítico, apresentando uma derivada descontínua. Para altas temperaturas c_ρ tende ao valor constante correspondente ao gás ideal clássico $c_\rho \to \frac{3}{2}\rho k_B$. Para temperaturas baixas, $c_\rho \sim T^{3/2}$, da mesma forma que a entropia, e tende a zero para temperatura zero.

Como vimos, o gás de Bose-Einstein apresenta uma série de comportamentos que não são compatíveis com o comportamento termodinâmico esperado: isotermas planas, calor específico contínuo na transição de fase, etc. A origem básica destes comportamentos anômalos é o fato de termos desprezado completamente as interações entre os bósons. Neste sentido, é interessante notar que o fenômeno da condensação aparece quando

$$\rho \lambda_T^3 = g_{3/2}(1), \tag{5.35}$$

ou seja, quando

$$\frac{\lambda_T}{v^{1/3}} = \left(g_{3/2}(1)\right)^{1/3} \approx 1,377. \tag{5.36}$$

Nestas condições, o comprimento de onda de De Broglie é da ordem da distância típica entre as partículas, sendo que, nesta situação as interações entre as partículas não podem ser desprezadas. Modelos mais realistas levam em conta interações repulsivas de curto alcance entre os bósons, importantes a temperaturas muito baixas. Incluindo efeitos das interações repulsivas, os comportamentos não físicos vistos antes desaparecem sem, no entanto, desaparecer o fenômeno da condensação (Pathria e Beale 2011).

Talvez, a predição mais importante do gás de Bose-Einstein seja a possibilidade de haver uma *transição de fases exclusivamente como consequência da estatística, independente das interações entre as partículas*.

Finalmente, se considerarmos o limite de altas temperaturas ou baixas densidades, ou seja, quando

$$\frac{\lambda_T}{v^{1/3}} \ll \left(g_{3/2}(1)\right)^{1/3}, \tag{5.37}$$

obtemos que $z \to 0$ e $g_{5/2}(z) \approx g_{3/2}(z) \approx g_{1/2}(z) \sim z$. Assim, neste regime:

$$\rho \approx \frac{z}{\lambda_T^3}, \tag{5.38}$$

enquanto que para a pressão obtemos:

$$P \approx \frac{k_B T z}{\lambda_T^3} = \rho k_B T = \frac{\langle N \rangle k_B T}{V} \tag{5.39}$$

CAPÍTULO 5. GÁS IDEAL DE BÓSONS 135

A equação para o calor específico se reduz a:

$$c_\rho \approx \frac{15}{4}\frac{k_B z}{\lambda_T^3} - \frac{9}{4}k_B \rho = \frac{3}{2}\rho k_B \qquad (5.40)$$

Vemos então que a altas temperaturas, ou baixas densidades, o gás de Bose-Einstein se comporta como um gás ideal clássico, ou seja, os efeitos quânticos na estatística se tornam desprezíveis.

5.2 Radiação de corpo negro

No final do século XIX um problema relevante era a determinação das propriedades do espectro de radiação de materiais, em particular de corpos astronômicos, como as estrelas. Observou-se que, sob condições gerais, o espectro não dependia das propriedades do material específico, como composição química ou forma, e sim das suas variáveis termodinâmicas, como temperatura. A partir das leis de Maxwell do campo eletromagnético, foi possível determinar a densidade de energia emitida por uma cavidade de volume V em um material qualquer, em equilíbrio à temperatura T. Esta situação na qual toda a energia produzida é aborvida pelo sistema dá origem ao termo "radiação de corpo negro". Nestas condições, as paredes da cavidade emitem e absorvem continuamente radiação eletromagnética, cuja distribuição de frequências, e por conseguinte sua energia, devem estar relacionadas ao estado termodinâmico dos átomos que as formam. Embora o modelo seja idealizado, a distribuição de frequências emitidas pela radiação de corpo negro em equilíbrio termodinâmico, ou "radiação térmica", representa uma boa aproximação ao espectro de radiação de corpos celestes, como estrelas, e muitos outros materiais que emitem radiação eletromagnética.

5.2.1 Energia do campo eletromagnético

Neste ponto podemos nos perguntar como aplicar o formalismo da mecânica estatística de partículas para um problema determinado pelo campo eletromagnético. Por exemplo, como definir microestados do campo eletromagnético? Os modos do campo na cavidade são ondas estacionárias. Neste sentido, o problema é semelhante ao das ondas sonoras, que foram estudadas em conexão com as vibrações da rede cristalina nos sólidos no capítulo 3. Vamos ver que ambos os problemas são análogos. No entanto, é importante notar que para poder aplicar o formalismo da mecânica estatística neste caso, é necessário poder expressar as soluções das

CAPÍTULO 5. GÁS IDEAL DE BÓSONS

equações de Maxwell para o campo eletromagnético na cavidade em termos de variáveis canônicas, isto é, devemos expressar as equações do campo em termos de coordenadas e momentos generalizados, que satisfaçam as equações de Hamilton.

Comecemos considerando a energia do campo eletromagnético no interior da cavidade:

$$U = \frac{1}{8\pi} \int_V \left(\vec{E}^2 + \vec{H}^2 \right) dV, \tag{5.41}$$

onde os campos $\vec{E}$ e $\vec{H}$ são funções da posição e do tempo. Os mesmos obedecem as equações de Maxwell na ausência de fontes:

$$\nabla \times \vec{E} = -\frac{1}{c}\frac{\partial \vec{H}}{\partial t} \tag{5.42}$$

$$\nabla \cdot \vec{E} = 0 \tag{5.43}$$

$$\nabla \times \vec{H} = \frac{1}{c}\frac{\partial \vec{E}}{\partial t} \tag{5.44}$$

$$\nabla \cdot \vec{H} = 0 \tag{5.45}$$

Expressando os campos em termos do potencial vetor $\vec{A}$ e do potencial escalar ϕ:

$$\vec{H} = \nabla \times \vec{A} \tag{5.46}$$

$$\vec{E} = -\frac{1}{c}\frac{\partial \vec{A}}{\partial t} - \nabla \phi \tag{5.47}$$

as equações (5.42) e (5.45) são satisfeitas automaticamente. Para resolver as duas equações restantes notamos que os potenciais estão definidos a menos de uma transformação de calibre ("gauge"), isto é, introduzindo novos potenciais na forma:

$$\vec{A} \rightarrow \vec{A} - \nabla \psi, \qquad \phi \rightarrow \phi + \frac{1}{c}\frac{\partial \psi}{\partial t}, \tag{5.48}$$

onde ψ é uma função arbitrária, obtemos exatamente os mesmos campos $\vec{E}$ e $\vec{H}$. A liberdade que implica a simetria de calibre nos permite escolher o potencial vetor $\vec{A}$ tal que $\nabla \cdot \vec{A} = 0$, conhecido como "calibre de Coulomb". Como não há cargas na cavidade, podemos escolher $\phi = 0$. Desta forma, a equação (5.43) se satisfaz automaticamente e a (5.44) leva à equação de ondas para o potencial vetor:

$$\nabla^2 \vec{A} - \frac{1}{c^2}\frac{\partial^2 \vec{A}}{\partial t^2} = 0. \tag{5.49}$$

CAPÍTULO 5. GÁS IDEAL DE BÓSONS

Para obter as soluções da equação (5.49) devemos especificar as condições de contorno. A termodinâmica nos diz que, para uma cavidade suficientemente grande, as propriedades da radiação no interior são independentes da natureza da mesma, como forma, composição química, etc. A solução geral em uma caixa, com condições de contorno periódicas, se pode representar como uma expansão de Fourier:

$$\vec{A}(\vec{r},t) = \sum_{\vec{k}} \left[\vec{a}_{\vec{k}} \exp\left(i\omega(\vec{k})t + i\vec{k}\cdot\vec{r}\right) + c.c. \right], \quad (5.50)$$

onde as componentes do vetor de onda são dadas por $k_i = 2\pi l_i/L$, com $i = x, y, z$, e $l_i = 0, \pm 1, \pm 2, \ldots$ A frequência satisfaz a relação de dispersão:

$$\omega(\vec{k}) = c|\vec{k}| \quad (5.51)$$

e c.c. indica complexo conjugado. Os coeficientes da expansão de Fourier, $\vec{a}_{\vec{k}}$, são determinados pelas condições iniciais. A condição de transversalidade definida pelo calibre de Coulomb implica que $\vec{k} \cdot \vec{a}_{\vec{k}} = 0$. Assim, os campos resultam em:

$$\vec{E} = -\frac{1}{c}\frac{\partial \vec{A}}{\partial t} = \sum_{\vec{k}} \left[-ik\vec{a}_{\vec{k}} \exp\left(i\omega(\vec{k})t + i\vec{k}\cdot\vec{r}\right) + c.c. \right] \quad (5.52)$$

$$\vec{H} = \nabla \times A = \sum_{\vec{k}} \left[i(\vec{k} \times \vec{a}_{\vec{k}}) \exp\left(i\omega(\vec{k})t + i\vec{k}\cdot\vec{r}\right) + c.c. \right], \quad (5.53)$$

que são expansões em ondas planas. Usando a propriedade:

$$\int_V \exp\left[i(\vec{k}-\vec{k}')\cdot\vec{r}\right] dV = V\delta_{\vec{k},\vec{k}'} \quad (5.54)$$

pode-se mostrar que:

$$\int_V E^2 \, dV = \sum_{\vec{k}} \left[-Vk^2 \vec{a}_{\vec{k}}\vec{a}_{-\vec{k}} \exp\left(2i\omega(\vec{k})t\right) - Vk^2 \vec{a}^*_{\vec{k}}\vec{a}^*_{-\vec{k}} \exp\left(-2i\omega(\vec{k})t\right) + 2Vk^2 \vec{a}_{\vec{k}}\vec{a}^*_{\vec{k}} \right]$$
$$(5.55)$$

Da mesma forma, usando as propriedades do produto vetorial misto e a transversalidade dos campos, é possível mostrar que:

$$\int_V H^2 \, dV = \sum_{\vec{k}} \left[Vk^2 \vec{a}_{\vec{k}}\vec{a}_{-\vec{k}} \exp\left(2i\omega(\vec{k})t\right) + Vk^2 \vec{a}^*_{\vec{k}}\vec{a}^*_{-\vec{k}} \exp\left(-2i\omega(\vec{k})t\right) + 2Vk^2 \vec{a}_{\vec{k}}\vec{a}^*_{\vec{k}} \right]$$
$$(5.56)$$

CAPÍTULO 5. GÁS IDEAL DE BÓSONS

Somando as contribuições, obtemos, finalmente, a energia do campo eletromagnético na cavidade:

$$U = \frac{1}{8\pi} \int_V \left(\vec{E}^2 + \vec{H}^2 \right) dV = \frac{V}{2\pi} \sum_{\vec{k}} k^2 \vec{a}_{\vec{k}} \vec{a}_{\vec{k}}^* \tag{5.57}$$

5.2.2 Solução clássica

Como comentamos no início da seção anterior, a expressão (5.57), para a energia do campo eletromagnético, não é um hamiltoniano, já que não está expressa em termos de coordenadas e momentos canônicos conjugados que satisfaçam as equações de Hamilton. É possível definir coordenadas generalizadas na forma:

$$\vec{Q}_{\vec{k}}(t) = \alpha \left[\vec{a}_{\vec{k}} \exp\left(i\omega(\vec{k})t \right) + \vec{a}_{\vec{k}}^* \exp\left(-i\omega(\vec{k})t \right) \right], \tag{5.58}$$

onde α é uma constante real a determinar. Os momentos generalizados são definidos na forma:

$$\vec{P}_{\vec{k}}(t) = \frac{d}{dt}\vec{Q}_{\vec{k}}(t) = \alpha i \omega(\vec{k}) \left[\vec{a}_{\vec{k}} \exp\left(i\omega(\vec{k})t \right) - \vec{a}_{\vec{k}}^* \exp\left(-i\omega(\vec{k})t \right) \right]. \tag{5.59}$$

Das equações (5.58) e (5.59) obtemos que:

$$\vec{a}_{\vec{k}} = \frac{1}{2\alpha} e^{-i\omega(\vec{k})t} \left(\vec{Q}_{\vec{k}} - \frac{i}{\omega(\vec{k})} \vec{P}_{\vec{k}} \right) \tag{5.60}$$

Substituindo (5.60) em (5.57) obtemos:

$$\mathcal{H} = \frac{V}{8\pi\alpha^2 c^2} \sum_{\vec{k}} \left[\vec{P}_{\vec{k}}^2 + \omega^2(\vec{k}) \vec{Q}_{\vec{k}}^2 \right]. \tag{5.61}$$

Escolhendo $\alpha = \sqrt{V/(4\pi c^2)}$ as coordenadas e momentos generalizados (5.58) e (5.59) satisfazem as equações de Hamilton:

$$\frac{d}{dt}\vec{Q}_{\vec{k}} = \frac{\partial \mathcal{H}}{\partial \vec{P}_{\vec{k}}} \qquad \frac{d}{dt}\vec{P}_{\vec{k}} = -\frac{\partial \mathcal{H}}{\partial \vec{Q}_{\vec{k}}} \tag{5.62}$$

Agora é possível aplicar o formalismo da mecânica estatística. Notando que pela condição de transversalidade dos campos $\vec{Q}_{\vec{k}} \cdot \vec{k} = \vec{P}_{\vec{k}} \cdot \vec{k} = 0$, isto é, os vetores $\vec{Q}_{\vec{k}}$

CAPÍTULO 5. GÁS IDEAL DE BÓSONS

e $\vec{P}_{\vec{k}}$ são perpendiculares à direção de propagação da onda, o hamiltoniano (5.61) pode ser escrito na forma:

$$\mathcal{H} = \frac{1}{2}\sum_{\vec{k},j}\left[P_{\vec{k},j}^2 + \omega^2(\vec{k})Q_{\vec{k},j}^2\right] = \sum_{\vec{k},j}\mathcal{H}_{\vec{k},j}, \quad (5.63)$$

onde o índice $j = 1, 2$ corresponde às duas direções de polarização linear da onda e $\mathcal{H}_{\vec{k},j}$ é o hamiltoniano de um oscilador harmônico unidimensional de frequência $\omega(\vec{k}) = c|\vec{k}| \equiv ck$. Neste ponto, fica evidente a analogia entre o problema estatístico da radiação de corpo negro e o problema de pequenas oscilações na rede cristalina. Em ambos os casos a estatística corresponde à de um sistema de osciladores harmônicos livres, os modos normais de oscilação. A função de partição para uma temperatura T e um volume V é escrita na forma:

$$Z(T,V) = \prod_{\vec{k},j}\int_\infty^\infty \int_\infty^\infty dQ_{\vec{k},j}dP_{\vec{k},j}e^{-\beta\mathcal{H}_{\vec{k},j}} \quad (5.64)$$

Resolvendo as integrais gaussianas:

$$\ln Z = \sum_{\vec{k},j}\ln\left(\frac{2\pi}{\beta kc}\right) \quad (5.65)$$

o que resulta na densidade de energia interna:

$$\frac{U}{V} = -\frac{1}{V}\frac{\partial}{\partial\beta}\ln Z = \frac{1}{V}\sum_{\vec{k},j}\frac{1}{\beta} \to 2\frac{1}{(2\pi)^3}\frac{1}{\beta}\int d^3k \to \infty. \quad (5.66)$$

Ou seja, de acordo com a mecânica estatística clássica, a densidade de energia da radiação no interior da cavidade é infinita, um resultado claramente errôneo. Para entender melhor a origem da divergência é útil considerar a densidade de energia da radiação com frequência entre ν e $\nu + d\nu$, lembrando que $\omega = 2\pi\nu = ck$. Portanto:

$$\frac{U}{V} = \int_0^\infty u(\nu)d\nu, \quad (5.67)$$

onde

$$u(\nu) = \frac{8\pi}{c^3}k_BT\nu^2 \quad (5.68)$$

é a densidade de energia na frequência ν, ou densidade espectral. O resultado (5.68) ficou conhecido como a *lei de Rayleigh-Jeans* (ver figura 5.8). Logo se reconheceu que este resultado não podia estar correto, pois implica uma densidade total de energia infinita:

$$\frac{U}{V} = \frac{8\pi}{c^3} k_B T \int_0^\infty \nu^2 d\nu \to \infty. \qquad (5.69)$$

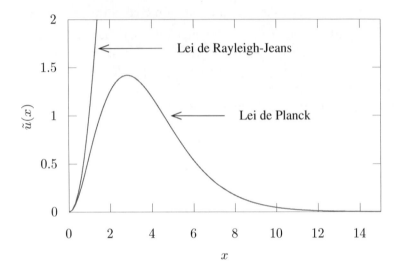

Figura 5.8: A densidade de energia da radiação de corpo negro, equação (5.77), expressa na variável adimensional $x = h\nu/k_B T$, em azul. Em vermelho, o resultado segundo a mecânica clássica de Rayleigh-Jeans. $\tilde{u}(x) = (c^3/8\pi h)(h/k_B T)^4 u(x)$, com $u(x)$ dada pela (5.79).

Este comportamento foi chamado de "catástrofe do ultravioleta", devido a que as altas frequências são as responsáveis pela divergência da densidade de energia.

A solução deste problema deu origem ao desenvolvimento da mecânica quântica, quando, em 1900, Max Planck (1858-1947) propôs que os osciladores que formam o campo eletromagnético somente poderiam se apresentar em um conjunto discreto de energias, múltiplos inteiros de uma quantidade fundamental proporcional à frequência, $h\nu$, o "quantum de energia", onde h é a constante de Planck, uma constante de proporcionalidade. Posteriormente, na década de 20 do século passado, Bose e Einstein obtiveram uma derivação alternativa e completamente equivalente dos resultados de Planck, levando em conta o caráter indistinguível das partículas quânticas. Neste último tratamento, em vez de considerar

CAPÍTULO 5. GÁS IDEAL DE BÓSONS

um gás de osciladores quânticos (distinguíveis), a formulação do problema leva naturalmente a considerar um gás de bósons não interagentes, os quanta do campo eletromagnético, chamados **fótons**. Vamos ver na sequência alguns resultados relevantes de ambas abordagens.

5.2.3 A lei de Planck

A solução de Planck é equivalente a considerar a radiação eletromagnética como formada por um gás de osciladores quânticos independentes, com energia dada por:

$$E = \sum_{\vec{k},j} \hbar\omega(\vec{k}) n_{\vec{k},j} \tag{5.70}$$

onde $\omega(\vec{k}) = ck$ é a relação de dispersão do campo electromagnético (c é a velocidade da luz no vácuo), $j = 1, 2$ corresponde às duas direções de polarização transversais do campo eletromagnético, e $n_{\vec{k},j} = 0, 1, \ldots$ são números inteiros. A função de partição canônica pode ser escrita na forma:

$$Z = \prod_{\vec{k},j} Z_{\vec{k},j} \tag{5.71}$$

É importante notar que, neste problema, os osciladores são distinguíveis, cada um tendo uma frequência característica própria. Além do mais, o número de osciladores é indefinido, podendo ser infinito mesmo em um volume finito. Obtemos:

$$Z_{\vec{k},j}(T,V) = \sum_{n=0}^{\infty} e^{-\beta\hbar\omega(\vec{k})n} = \frac{1}{1 - e^{-\beta\hbar\omega(\vec{k})}} \tag{5.72}$$

Portanto:

$$\ln Z = \sum_{\vec{k},j} \ln Z_{\vec{k},j} = -2 \sum_{\vec{k}} \ln\left[1 - e^{-\beta\hbar\omega(\vec{k})}\right] \tag{5.73}$$

e a energia interna resulta em:

$$U = -\frac{\partial}{\partial\beta} \ln Z = 2\hbar c \sum_{\vec{k}} \frac{k}{e^{\beta\hbar ck} - 1}. \tag{5.74}$$

No limite termodinâmico, substituindo $\sum_{\vec{k}} \to \frac{V}{(2\pi)^3} \int d^3k$, obtemos:

$$U(T,V) = \frac{V\hbar c}{\pi^2} \int_0^{\infty} \frac{k^3}{e^{\beta\hbar ck} - 1} dk. \tag{5.75}$$

Considerando que $\omega = 2\pi\nu = ck$, o resultado é:

$$\frac{U}{V} = \frac{8\pi h}{c^3} \int_0^\infty \frac{\nu^3}{e^{\beta h\nu} - 1} d\nu, \qquad (5.76)$$

de onde se extrai a **lei de radiação de Planck**:

$$u(\nu, T) = \frac{8\pi h}{c^3} \frac{\nu^3}{e^{\beta h\nu} - 1}. \qquad (5.77)$$

No limite de baixas frequências $\nu \to 0$ a Ec.(5.77) reproduz a lei de Rayleigh-Jeans (5.68):

$$u(\nu) \sim \frac{8\pi}{c^3} k_B T \nu^2. \qquad (5.78)$$

A lei de Planck, juntamente com o resultado clássico de Rayleigh-Jeans são mostrados na figura 5.8. Olhando a figura com ambos resultados fica evidente que a integral (5.76) é finita. De fato, fazendo o câmbio de variáveis $x = \beta h\nu$ obtemos:

$$\frac{U}{V} = \frac{8\pi}{(hc)^3} (k_B T)^4 \int_0^\infty \frac{x^3}{e^x - 1} dx = \frac{\pi^2}{15\hbar^3 c^3} (k_B T)^4, \qquad (5.79)$$

representando a densidade total de energia dentro da cavidade em função da temperatura. Se houver um pequeno orifício na cavidade, os fótons vão sair por ele. Nesta situação, o fluxo da radiação por unidade de área é dado por:

$$\frac{1}{4} \frac{U}{V} c = \frac{\pi^2}{60\hbar^3 c^2} (k_B T)^4 = \sigma T^4, \qquad (5.80)$$

onde $\sigma = 5,670 \times 10^{-8} \, Wm^{-2}K^{-4}$ é a constante de Stephan.

Esta "efusão", ou fluxo da radiação para fora de uma cavidade, foi descoberta de forma experimental inicialmente por Josef Stephan (1835-1893) em 1879 e, posteriormente, derivada de forma teórica por um aluno de Stephan, Ludwig Boltzmann. O resultado (5.80) é conhecido como **lei de Stefan-Boltzmann**.

5.2.4 O gás de fótons

Em 1928, Paul Dirac (1902-1984) propôs que o campo eletromagnético podia ser quantizado, promovendo as variáveis clássicas $Q_{\vec{k},j}$, $P_{\vec{k},j}$ à condição de operadores que obedecem as seguintes relações de comutação:

$$\left[Q_{\vec{k},j}, P_{\vec{k}',j'}\right] = i\hbar \delta_{\vec{k},\vec{k}'} \delta_{j,j'} \qquad (5.81)$$

CAPÍTULO 5. GÁS IDEAL DE BÓSONS

$$\left[Q_{\vec{k},j}, Q_{\vec{k}',j'}\right] = \left[P_{\vec{k},j}, P_{\vec{k}',j'}\right] = 0 \tag{5.82}$$

Dirac definiu os operadores:

$$a_{\vec{k},j} = \frac{\omega(\vec{k})}{2\hbar} Q_{\vec{k},j} + \frac{i}{\omega(\vec{k})} P_{\vec{k},j} \tag{5.83}$$

e seus hermitianos conjugados:

$$a_{\vec{k},j}^\dagger = \frac{\omega(\vec{k})}{2\hbar} Q_{\vec{k},j} - \frac{i}{\omega(\vec{k})} P_{\vec{k},j}, \tag{5.84}$$

que satisfazem as relações de comutação:

$$\left[a_{\vec{k},j}, a_{\vec{k}',j'}^\dagger\right] = \delta_{\vec{k},\vec{k}'} \delta_{j,j'} \tag{5.85}$$

$$\left[a_{\vec{k},j}, a_{\vec{k}',j'}\right] = \left[a_{\vec{k},j}^\dagger, a_{\vec{k}',j'}^\dagger\right] = 0. \tag{5.86}$$

Substituindo estas definições no hamiltoniano (5.63) obtemos a versão quantizada do mesmo:

$$H = \sum_{\vec{k},j} \hbar\omega(\vec{k}) \left(a_{\vec{k},j}^\dagger a_{\vec{k},j} + \frac{1}{2}\right) \tag{5.87}$$

que inclui um termo de energia do ponto zero, irrelevante para a mecânica estatística do sistema pois representa uma constante aditiva na energia. Das relações de comutação (5.85) e (5.86), se pode mostrar que os operadores hermitianos $a_{\vec{k},j}^\dagger a_{\vec{k},j}$ possuem autovalores inteiros $n_{\vec{k},j} = 0, 1, 2, \ldots$, e o conjunto de autoestados simultâneos dos mesmos correspondem a estados simétricos de N partículas independentes com energias $\hbar\omega(\vec{k})$ e $N = \sum_{\vec{k},j} n_{\vec{k},j}$ (Salinas 2005):

$$E = \sum_{\vec{k},j} \hbar\omega(\vec{k}) \left(n_{\vec{k},j} + \frac{1}{2}\right) \tag{5.88}$$

Dessa forma, os números quânticos $n_{\vec{k},j}$ podem ser interpretados como números de ocupação de estados de partículas com energias $\hbar\omega(\vec{k})$. Assim, o campo eletromagnético pode ser considerado como composto por partículas, chamadas **fótons**. Os fótons possuem spin $S = 1$ e, portanto, são bósons, obedecem a estatística de Bose-Einstein. Os fótons possuem momento linear $\vec{p} = \hbar\vec{k}$ e se movem na velocidade da luz c, com energia $\epsilon = cp$. Por conta disso, devem possuir massa

CAPÍTULO 5. GÁS IDEAL DE BÓSONS

em repouso nula, para sua energia ser consistente com a expressão relativística $\varepsilon = \sqrt{c^2p^2 + m^2c^4} = cp$.

Uma característica importante do gás de fótons é que o número deles na cavidade não se conserva, nem mesmo em valor médio, pois fótons são constantemente emitidos e aborvidos pelo corpo negro. Isto equivale ao sistema ter um potencial químico nulo $\mu = 0$. Desta forma, o potencial de um gás de fótons no ensemble grande canônico é dado por:

$$\Omega(T, V) = 2k_B T \sum_{\vec{k}} \ln\left(1 - e^{-\beta \hbar \omega(\vec{k})}\right), \tag{5.89}$$

onde o fator 2 representa a degenerescência nas direções de polarizão do campo eletromagnético. O número médio de fótons com momento $\hbar \vec{k}$, independentemente da direção de polarização é dado por:

$$\langle n_{\vec{k}} \rangle = \frac{2}{e^{\beta \hbar \omega(\vec{k})} - 1}. \tag{5.90}$$

A partir deste resultado, a energia interna pode ser calculada facilmente:

$$U(T, V) = \sum_{\vec{k}} \hbar \omega(\vec{k}) \langle n_{\vec{k}} \rangle. \tag{5.91}$$

Substituindo (5.90) na (5.91) obtemos a equação (5.74). Como estamos trabalhando no formalismo grande canônico, a pressão da radiação na cavidade no limite termodinâmico é dada por:

$$P = -\frac{\Omega}{V} = -\frac{k_B T}{\pi^2} \int_0^\infty \ln\left(1 - e^{-\beta \hbar c k}\right) k^2 dk. \tag{5.92}$$

Integrando por partes, e comparando com (5.75), obtemos a equação de estado para um gás de fótons:

$$P = \frac{1}{3} \frac{U}{V}. \tag{5.93}$$

Este resultado também poderia ter sido obtido diretamente a partir da expressão geral (4.58), considerando o espectro de energias para um gás ideal de partículas relativísticas, como é o caso dos fótons.

Finalmente, notamos que, nas funções termodinâmicas do gás de fótons, não aparece nenhuma singularidade, ou seja, os fótons não apresentam o fenômeno da condensação de Bose-Einstein. O motivo disto é que o número de fótons não se conserva e, portanto, eles aparecem e desaparecem em lugar de condensar.

CAPÍTULO 5. GÁS IDEAL DE BÓSONS

5.3 Fótons e fônons

Como comentado, ao comparar o hamiltoniano clássico (5.63) para o campo eletromagnético em uma cavidade com o hamiltoniano (3.138) para os modos de vibração da rede cristalina, ou suas correspondentes versões quantizadas (5.88) e (3.139) respectivamente, notamos que a situação é completamente análoga. A quantização do campo de vibrações da rede em um cristal leva à definição de um gás de bósons chamados **fônons**. Desta forma, o calor específico dos sólidos pode ser derivado no ensemble grande canônico, considerando um gás de bósons com potencial químico nulo, pois o número de fônons também não é conservado, com as relações de dispersão apropriadas para propagação de ondas sonoras na rede cristalina. Os fônons são um exemplo das chamadas *quase-partículas*, por representarem modos coletivos que se comportam de forma semelhante ao comportamento de uma partícula.

5.4 Problemas de aplicação

1. Para um sistema de bósons não interagentes, no limite contínuo, obtenha expressões para:

   (a) O número médio de partículas $\langle N \rangle$ e a energia interna U na região gasosa $z < 1$.

   (b) A energia interna e o número de partículas nos *estados excitados* na região de coexistência do gás-condensado ($z = 1$ e $T < T_c$).

2. Considere as definições para o número médio de partículas $\langle N \rangle$ e a pressão P. Sabendo que as funções $g_\nu(z)$ admitem expansões em série da forma:

$$g_\nu(z) = \sum_{l=1}^{\infty} \frac{z^l}{l^\nu} = z + \frac{z^2}{2^\nu} + \frac{z^3}{3^\nu} + \ldots,$$

mostre que a equação de estado para um gás ideal de bósons na fase gasosa ($z < 1$) pode ser escrita como uma série de potências de λ_T^3/v (expansão do virial):

$$\frac{Pv}{k_B T} = 1 - \frac{1}{4\sqrt{2}}\left(\frac{\lambda_T^3}{v}\right) + \left(\frac{1}{8} - \frac{2}{9\sqrt{3}}\right)\left(\frac{\lambda_T^3}{v}\right)^2 + \ldots$$

onde $v = V/\langle N \rangle$ é o volume específico.

3. Usando o resultado anterior e a equação de estado, $PV = 2U/3$, mostre que o calor específico a volume constante,

$$\frac{c_V}{k_B} \equiv \frac{1}{k_B \langle N \rangle}\left(\frac{\partial U}{\partial T}\right)_{N,V} = \frac{3}{2}\left[\frac{\partial}{\partial T}\left(\frac{PV}{k_B \langle N \rangle}\right)\right]_v,$$

na região gasosa também pode ser expresso em uma série de potências. Calcule os primeiros termos e verifique que c_V tende ao limite clássico correto para $T \to \infty$.

4. Determine o valor do calor específico a volume constante, c_V, no ponto crítico $T = T_c$, e compare com o valor clássico. É maior, menor ou igual? Esse valor corresponde ao máximo do calor específico em função da temperatura, que tem forma de cúspide.

CAPÍTULO 5. GÁS IDEAL DE BÓSONS

5. Considere um gás de fótons em equilíbrio na temperatura T, em um volume V. Determine o número de fótons, $n(E)dE$, com energias entre E e $E+dE$.

6. Como o potencial químico de um gás de fótons é nulo, o grande potencial termodinâmico é igual à energia livre de Helmholtz, $\Omega(T, V, \mu = 0) = F(T, V)$. A partir desta observação, e da equação de estado que relaciona PV com U, determine a entropia do gás de fótons em função da temperatura.

7. Um dos exemplos mais importantes de radiação de corpo negro é o fundo de radiação de microondas do universo, que tem uma temperatura de $2.7\,K$, um resíduo da origem do universo, o "Big Bang". Calcule a densidade média de fótons, a densidade de entropia e a densidade de energia do fundo de radiação cósmica.

Capítulo 6
Gás ideal de férmions

Os férmions são partículas de spin semi-inteiro. Já vimos que o princípio de exclusão de Pauli limita o número de férmions em cada estado quântico a ser zero ou um. A estatística que resulta deste vínculo leva o nome de estatística de Fermi-Dirac. Podemos escrever a grande função de partição na forma:

$$\mathcal{Z}_{FD}(T,V,\mu) = \prod_l \sum_{n_l=0}^{1} e^{-\beta n_l(\epsilon_l - \mu)}, \qquad (6.1)$$

onde o índice l indica um conjunto de números quânticos $l = (\vec{k}, \sigma)$, onde $\sigma = \pm(2s+1)/2$ é o *número quântico de spin*, correspondente aos autovalores do operador de spin $S_z = \pm(2s+1)\hbar/2$, com $s = 0, 1, 2 \ldots$. Por exemplo, os elétrons têm spin $\sigma = \pm\frac{1}{2}$, ou seja $s = 0$. Se considerarmos partículas de spin $1/2$ em ausência de campos eletromagnéticos, o espectro de energias é independente do spin e podemos escrever:

$$\begin{aligned}\mathcal{Z}_{FD}(T,V,\mu) &= \prod_{\vec{k}} \left(\sum_{n_{\vec{k},\sigma=1/2}=0}^{1} e^{-\beta n_{\vec{k},\sigma=1/2}(\epsilon_{\vec{k}}-\mu)} \sum_{n_{\vec{k},\sigma=-1/2}=0}^{1} e^{-\beta n_{\vec{k},\sigma=-1/2}(\epsilon_{\vec{k}}-\mu)} \right) \\ &= \prod_{\vec{k}} \left(1 + e^{-\beta(\epsilon_{\vec{k}}-\mu)} \right)^2 \end{aligned} \qquad (6.2)$$

Em geral, para férmions de spin $|\sigma|$ arbitrário há $g = 2|\sigma| + 1$ autovalores, e consequentemente a potência 2 na expressão (6.2) deve ser substituída pelo fator

CAPÍTULO 6. GÁS IDEAL DE FÉRMIONS

de degenerescência g. O potencial grande canônico é dado por:

$$\Omega_{FD} = -k_B T \ln \mathcal{Z}_{FD}(T, V, \mu) = -gk_B T \sum_{\vec{k}} \ln\left\{1 + \exp\left[-\beta(\epsilon_{\vec{k}} - \mu)\right]\right\}, \tag{6.3}$$

e o número médio de partículas resulta em:

$$\langle N \rangle = -\left(\frac{\partial \Omega}{\partial \mu}\right)_{T,V} = g \sum_{\vec{k}} \frac{1}{e^{\beta(\epsilon_{\vec{k}} - \mu)} + 1} = \sum_{\vec{k}} \langle n_{\vec{k}} \rangle. \tag{6.4}$$

Então, o número de ocupação médio do estado de energia $\epsilon_{\vec{k}}$ tem a forma:

$$\langle n_{\vec{k}} \rangle = \frac{g}{e^{\beta(\epsilon_{\vec{k}} - \mu)} + 1}, \tag{6.5}$$

ilustrado na figura 6.1.

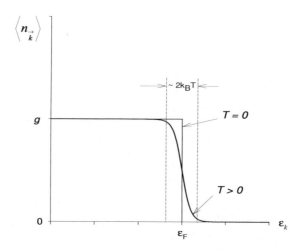

Figura 6.1: O número de ocupação médio de um gás de Fermi-Dirac, para um dado valor do momento $\vec{k}$.

A energia interna de um sistema de férmions é dada por:

$$U = \sum_{\vec{k}} \epsilon_{\vec{k}} \langle n_{\vec{k}} \rangle = g \sum_{\vec{k}} \frac{\epsilon_{\vec{k}}}{e^{\beta(\epsilon_{\vec{k}} - \mu)} + 1}, \tag{6.6}$$

CAPÍTULO 6. GÁS IDEAL DE FÉRMIONS 150

e a pressão resulta em:

$$P = -\frac{\Omega_{FD}}{V} = \frac{gk_BT}{V} \sum_{\vec{k}} \ln\left\{1 + e^{-\beta(\epsilon_{\vec{k}}-\mu)}\right\}. \tag{6.7}$$

Os resultados anteriores dependem do espectro de energias $\epsilon_{\vec{k}}$. No caso de um gás ideal de férmions, o espectro de energias é o de partícula livre:

$$\epsilon_{\vec{k}} = \frac{\hbar^2 k^2}{2m}. \tag{6.8}$$

Neste caso, fazendo o limite para o contínuo, cambiando variáveis e expressando as quantidades anteriores em termos da energia ϵ, podemos escrever:

$$\langle N \rangle = gV \int_0^\infty D(\epsilon) f(\epsilon)\, d\epsilon, \tag{6.9}$$

$$U = gV \int_0^\infty \epsilon D(\epsilon) f(\epsilon)\, d\epsilon, \tag{6.10}$$

$$\tag{6.11}$$

onde

$$D(\epsilon) = \frac{1}{4\pi^2}\left(\frac{2m}{\hbar^2}\right)^{3/2} \epsilon^{1/2}, \tag{6.12}$$

e

$$f(\epsilon) = \frac{1}{e^{\beta(\epsilon-\mu)} + 1} \tag{6.13}$$

é a *função de distribuição de Fermi-Dirac*. Seguindo o mesmo procedimento e integrando por partes na expressão para a pressão (6.7) obtemos a equação de estado do gás ideal de Fermi-Dirac:

$$P = \frac{2}{3}\frac{U}{V} = \frac{2}{3}g \int_0^\infty \epsilon D(\epsilon) f(\epsilon)\, d\epsilon. \tag{6.14}$$

6.1 Gás de Fermi completamente degenerado ($T = 0$)

À $T = 0$ a função de distribuição tem a forma de um degrau em $\epsilon = \mu$, como se mostra na figura 6.1. Os férmions então vão preenchendo os níveis de energia

CAPÍTULO 6. GÁS IDEAL DE FÉRMIONS

acessíveis, segundo o princípio de exclusão, até o chamado **nível de Fermi** ou **energia de Fermi** que é função da densidade do sistema. Para obter o valor da energia de Fermi ϵ_F notamos que, para $T = 0$:

$$\langle N \rangle = gV \int_0^{\epsilon_F} D(\epsilon)\, d\epsilon, \qquad (6.15)$$

onde podemos interpretar a quantidade $g\, D(\epsilon)\, d\epsilon$ como sendo o número médio de partículas [1] com energia entre ϵ e $\epsilon + d\epsilon$ por unidade de volume. Integrando obtemos:

$$\epsilon_F = \frac{\hbar^2}{2m} \left(\frac{6\pi^2}{g} \rho \right)^{2/3}, \qquad (6.16)$$

onde $\rho = \langle N \rangle / V$ é a densidade média do gás. Devido à forma do espectro de partícula livre (6.8), no espaço dos momentos os férmions ocupam uma esfera de raio $p_F = \sqrt{2m\epsilon_F}$, chamado momento de Fermi, cuja casca externa se conhece como **superfície de Fermi**. Com esta interpretação da ocupação dos estados podemos obter o valor da energia de Fermi com um argumento intuitivo. Sabemos que cada estado ocupa um volume no espaço dos momentos ($\vec{p} = \hbar \vec{k}$) igual a $(2\pi\hbar)^3/V$. Portanto, em uma esfera de raio p_F haverá:

$$\frac{V}{(2\pi\hbar)^3} \frac{4}{3}\pi p_F^3 = \frac{\langle N \rangle}{g} \qquad (6.17)$$

estados, de onde podemos recuperar diretamente o resultado (6.16).

A pressão a $T = 0$ é dada por:

$$\begin{aligned} P &= \frac{2}{3} g \int_0^{\epsilon_F} \epsilon\, D(\epsilon)\, d\epsilon \\ &= \frac{\hbar^2}{5m} \left(\frac{6\pi^2}{g} \right)^{2/3} \rho^{5/3} \\ &= \frac{2}{5} \epsilon_F \rho. \end{aligned} \qquad (6.18)$$

Notamos que, mesmo a $T = 0$, o gás de Fermi possui um pressão finita. Isto é consequência do princípio de exclusão, que impede uma ocupação arbitrária dos estados.

Pode-se definir uma **temperatura de Fermi** na forma:

$$T_F = \frac{\epsilon_F}{k_B} \qquad (6.19)$$

---
[1] Igual ao número de estados, pois cada férmion pode ocupar exatamente um estado

Esta temperatura determina uma escala abaixo da qual as propriedades do sistema são essencialmente quânticas. Por exemplo, em metais alcalinos como o Na e o Li, a temperatura de Fermi é da ordem $T_F \sim O(10^4\, K)$. Nestes metais os elétrons de condução podem ser considerados como um gás de férmions livres em primeira aproximação (modelo de Drude e Lorentz). Nas estrelas anãs brancas a $T_F \sim O(10^9\, K)$. Para comparação, a temperatura do Sol é $\sim 10^5\, K$. No interior do núcleo atômico, a matéria nuclear fermiônica possui uma temperatura de Fermi $T_F \sim O(10^{11}\, K)$.

6.2 Gás de Fermi degenerado ($T \ll T_F$)

Em temperaturas finitas, porém muito menores do que T_F, alguns férmions são excitados e passam a ocupar estados de energia acima do nível de Fermi. As grandezas termodinâmicas agora dependem da temperatura. Uma análise simples, qualitativa, permite estimar o número de férmions excitados e o excesso na energia interna do sistema. Por causa do termo exponencial na distribuição de Fermi, para poder excitar partículas acima do nível de Fermi é necessário que

$$\epsilon - \mu \sim k_B T, \qquad (6.20)$$

ou seja, que a energia de excitação seja da ordem $k_B T$ (ver figura 6.1). Assim, a área debaixo da curva no integrando em (6.9) acima do nível de Fermi é da ordem $D(\epsilon_F) k_B T$ (ver figura 6.2), e então o número médio de férmions nos estados excitados é, aproximadamente:

$$\Delta N \approx gV\, D(\epsilon_F) k_B T. \qquad (6.21)$$

Pelo mesmo raciocínio podemos obter, a partir de (6.10), uma aproximação para o excesso de energia devido aos férmions excitados:

$$\Delta U \approx gV\, D(\epsilon_F)(k_B T)^2. \qquad (6.22)$$

Uma consequência importante deste comportamento é que a contribuição dos graus de liberdade fermiônicos para o calor específico em baixas temperaturas é linear com T, $c_V \propto T$. Em geral, na temperatura ambiente, esta contribuição resulta desprezível perante a contribuição das vibrações da rede cristalina, os *fônons* (que são bósons), que é da ordem T^3:

$$c_V \sim a\, T + b\, T^3. \qquad (6.23)$$

CAPÍTULO 6. GÁS IDEAL DE FÉRMIONS

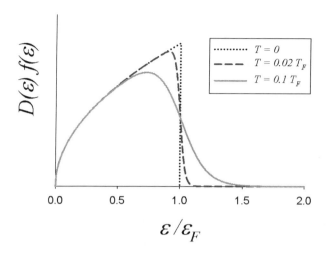

Figura 6.2: A função $D(\epsilon)f(\epsilon)$ para temperaturas baixas $T \ll T_F$.

Entretanto, para temperaturas muito baixas, a contribuição dos férmions se torna dominante.

Vamos então determinar as funções termodinâmicas do gás de Fermi à temperaturas finitas $T \ll T_F$. Temos que resolver as integrais em (6.9) e (6.10) para o número médio de partículas e a energia interna do gás, respectivamente. As integrais de interesse são da forma:

$$I = \int_0^\infty \phi(\epsilon)f(\epsilon)\, d\epsilon, \qquad (6.24)$$

onde $\phi(\epsilon) = C\epsilon^n$, onde C é uma constante e $n \geq 1/2$. Integrando por partes em I, chamando $u = f(\epsilon)$ e $dv = \phi(\epsilon)d\epsilon$, obtemos:

$$\begin{aligned} I &= f(\epsilon)v(\epsilon)\Big|_0^\infty - \int_0^\infty f'(\epsilon)v(\epsilon)d\epsilon \\ &= -\int_0^\infty f'(\epsilon)v(\epsilon)d\epsilon, \end{aligned} \qquad (6.25)$$

onde $v(\epsilon) = \int_0^\epsilon \phi(u)du$. Como $f'(\epsilon)$ é nula em quase todo o intervalo de integração exceto em uma região estreita no entorno de $\epsilon = \mu$, podemos expandir $v(\epsilon)$

CAPÍTULO 6. GÁS IDEAL DE FÉRMIONS 154

em série de Taylor no entorno de $\epsilon = \mu$:

$$v(\epsilon) = v(\mu) + \left.\frac{\partial v}{\partial \epsilon}\right|_{\epsilon=\mu} (\epsilon - \mu) + \ldots$$

$$= \sum_{k=0}^{\infty} \frac{1}{k!} \left.\frac{\partial^k v}{\partial \epsilon^k}\right|_{\epsilon=\mu} (\epsilon - \mu)^k. \tag{6.26}$$

Então, as integrais a calcular são do tipo:

$$I_k = -\int_0^{\infty} f'(\epsilon)(\epsilon - \mu)^k \, d\epsilon. \tag{6.27}$$

Mudando variáveis para $x = \beta(\epsilon - \mu)$, podemos reescrever:

$$I_k = \frac{1}{\beta^k} \int_{-\beta\mu}^{\infty} \frac{x^k e^x}{(e^x + 1)^2} \, dx. \tag{6.28}$$

Para $T \ll T_F$:

$$I_k = \frac{1}{\beta^k} \int_{-\infty}^{\infty} \frac{x^k e^x}{(e^x + 1)^2} dx + O(e^{-\beta\mu}). \tag{6.29}$$

Desprezando a correção exponencial e notando que as integrais para k ímpares se anulam, obtemos as duas primeiras contribuições:

$$I_0 = 1, \qquad I_2 = \frac{\pi^2}{3\beta^2}. \tag{6.30}$$

Portanto:

$$I = v(\mu) I_0 + \frac{1}{2} \left.\frac{\partial^2 v}{\partial \epsilon^2}\right|_{\epsilon=\mu} I_2 + \ldots$$

$$= \int_0^{\mu} \phi(s) \, ds + \frac{\pi^2}{6} \left.\frac{\partial^2 v}{\partial \epsilon^2}\right|_{\epsilon=\mu} (k_B T)^2 + O(T^4) \tag{6.31}$$

Com estes resultados é possível obtermos expressões para o número médio de partículas, a energia interna e a equação de estado do gás de Fermi a temperaturas baixas:

$$\langle N \rangle = = gV \int_0^{\infty} D(\epsilon) f(\epsilon) \, d\epsilon = gVC \int_0^{\infty} f(\epsilon) \epsilon^{1/2} d\epsilon$$

$$= gVC \left[\frac{2}{3} \mu^{3/2} + \frac{\pi^2}{12} (k_B T)^2 \mu^{-1/2} + \ldots \right] \tag{6.32}$$

CAPÍTULO 6. GÁS IDEAL DE FÉRMIONS   155

onde $C = \frac{1}{4\pi^2}\left(\frac{2m}{\hbar^2}\right)^{3/2}$. Da expressão anterior, se considerarmos uma densidade fixa, podemos obter o comportamento do potencial químico em função da temperatura e da densidade. Notando que a densidade e a energia de Fermi estão relacionadas pela equação (6.16), e reorganizando termos podemos escrever:

$$\epsilon_F^{3/2} = \mu^{3/2}\left[1 + \frac{\pi^2}{8}\left(\frac{k_B T}{\mu}\right)^2 + \ldots\right]. \tag{6.33}$$

Invertendo essa equação obtemos uma expansão para o potencial químico de um gás de férmions livres a baixas temperaturas:

$$\mu = \epsilon_F\left[1 - \frac{\pi^2}{12}\left(\frac{T}{T_F}\right)^2 + \ldots\right], \tag{6.34}$$

que mostra que $\mu < \epsilon_F$ para $T \ll T_F$ finita. A energia interna é dada por:

$$\begin{aligned} U &= gV\int_0^\infty \epsilon D(\epsilon) f(\epsilon)\, d\epsilon = gVC \int_0^\infty f(\epsilon)\, \epsilon^{3/2} d\epsilon \\ &= gVC\left[\frac{2}{5}\mu^{5/2} + \frac{\pi^2}{4}(k_B T)^2 \mu^{1/2} + \ldots\right]. \end{aligned} \tag{6.35}$$

Inserindo o resultado (6.34) na expressão anterior e reorganizando os termos resultantes obtemos:

$$U = \frac{3}{5}\langle N\rangle \epsilon_F\left[1 + \frac{5\pi^2}{12}\left(\frac{T}{T_F}\right)^2 + \ldots\right], \tag{6.36}$$

cujo segundo termo deve ser comparado com o resultado aproximado (6.22). O calor específico por partícula a volume constante do gás de Fermi vem dado por:

$$c_V = \frac{1}{\langle N\rangle}\left(\frac{\partial U}{\partial T}\right)_{V,\langle N\rangle} = \frac{\pi^2}{2} k_B \frac{T}{T_F}, \tag{6.37}$$

que mostra o comportamento linear da contribuição fermiônica ao calor específico do sistema, como foi descrito por argumentos qualitativos em (6.22) e (6.23).

6.3 Magnetismo em um gás ideal de férmions

As propriedades magnéticas dos materiais são determinadas quase exclusivamente pelos momentos magnéticos dos elétrons dos átomos do material. Os momentos magnéticos dos núcleos atômicos são da ordem de mil vezes mais fracos que os momentos dos elétrons e, portanto, podem ser desprezados para descrever as respostas magnéticas mais importantes. Assim, os diferentes comportamentos magnéticos observados nos materiais estão estreitamente relacionados com a estatística de Fermi-Dirac e o princípio de exclusão de Pauli. Em muitos materiais os momentos magnéticos apresentam uma forte interação mútua, o que origina uma rica diversidade de comportamentos e fases magnéticas, sendo os mais comuns o **ferromagnetismo** e o **antiferromagnetismo**.

Por outro lado, mesmo nos casos em que os momentos magnéticos interagem de forma fraca entre si, na presença de campos magnéticos externos os elétrons apresentam dois tipos característicos de comportamentos:

(a) Os spins dos elétrons tendem a se alinharem na direção do campo magnético externo. Isto produz o fenômeno do **paramagnetismo**. O paramagnetismo foi estudado em uma abordagem clássica por Paul Langevin (1872-1946) no início do século XX. Mais tarde, Wolfgang Pauli descreveu o comportamento dos spins de um gás ideal de elétrons na presença de um campo externo segundo a mecânica quântica, o que ficou conhecido como "paramagnetismo de Pauli".

(b) Movimento em órbitas quantizadas perpendiculares ao campo magnético aplicado, que origina um acoplamento entre os momentos angulares orbitais das partículas carregadas e o campo. Este efeito é responsável pelo **diamagnetismo** dos metais e pelo *efeito De Haas-van Alphen*.

6.3.1 Paramagnetismo de Pauli

A interação entre um campo magnético e o spin dos elétrons leva a um desdobramento dos orbitais, ou níveis de energia do sistema, conhecido como "efeito Zeeman". O Hamiltoniano do sistema é dado por:

$$H = \sum_{i=1}^{N} \left[\frac{\hat{p}_i^2}{2m} - g\mu_0 \hat{B} \cdot \hat{\sigma}_i \right], \qquad (6.38)$$

onde $\hat{B}$ é um campo magnético uniforme, $g = 2$ é o fator giromagnético, μ_0 é o magneton de Bohr, e $\hat{\sigma}$ é o operador de spin $1/2$. Notamos que, como a interação com o campo é local, o Hamiltoniano ainda corresponde à soma de contribuições de partícula única. Considerando que o campo externo aponta na direção z, o Hamiltoniano para um elétron em presença de um campo é dado por:

$$H_1 = \frac{\hat{p}^2}{2m} - g\mu_0 \hat{B} \hat{\sigma}_z. \qquad (6.39)$$

CAPÍTULO 6. GÁS IDEAL DE FÉRMIONS

Portanto, o espectro de energia de um elétron resulta em:

$$\epsilon(\vec{p}, s) = \frac{p^2}{2m} - \mu_0 B s, \qquad (6.40)$$

onde $s = \pm 1$. O potencial grande canônico é dado por:

$$\begin{aligned}\Omega &= -k_B T \sum_{\vec{p}} \sum_{s=\pm 1} \ln\left[1 + z e^{-\beta \epsilon(\vec{p},s)}\right] \\ &= -k_B T \sum_{\vec{p}} \sum_{s=\pm 1} \ln\left[1 + z \exp\left(-\frac{\beta p^2}{2m} + \beta \mu_0 B s\right)\right]. \end{aligned} \qquad (6.41)$$

No limite contínuo, com $\vec{p} = \hbar \vec{k}$, resulta:

$$\begin{aligned}\Omega &= -\frac{4\pi k_B T V}{(2\pi)^3} \int_0^\infty k^2 \sum_{s=\pm 1} \ln\left[1 + z \exp\left(-\frac{\beta \hbar^2 k^2}{2m} + \beta \mu_0 B s\right)\right] dk \\ &= -\frac{k_B T V}{4\pi^2} \left(\frac{2m}{\hbar^2}\right)^{3/2} \int_0^\infty \epsilon^{1/2} \sum_{s=\pm 1} \ln\left(1 + z e^{-\beta\epsilon+\beta\mu_0 B s}\right) d\epsilon, \end{aligned} \qquad (6.42)$$

onde na última linha foi feito a mudança de variáveis $\epsilon = \hbar^2 k^2/2m$. Como $s = \pm 1$, podemos escrever:

$$\Omega = \Omega_+ + \Omega_- \qquad (6.43)$$

onde

$$\Omega_{\pm} = -\frac{k_B T V}{4\pi^2} \left(\frac{2m}{\hbar^2}\right)^{3/2} \int_0^\infty \epsilon^{1/2} \ln\left(1 + z e^{-\beta\epsilon \pm \beta\mu_0 B}\right) d\epsilon. \qquad (6.44)$$

O número médio de elétrons é dado por:

$$\langle N \rangle = -\left(\frac{\partial \Omega}{\partial \mu}\right)_{T,V,B} = \langle N_+ \rangle + \langle N_- \rangle, \qquad (6.45)$$

onde

$$\langle N_{\pm} \rangle = \frac{V}{4\pi^2} \left(\frac{2m}{\hbar^2}\right)^{3/2} \int_0^\infty \epsilon^{1/2} \left(1 + z^{-1} e^{\beta\epsilon \mp \beta\mu_0 B}\right)^{-1} d\epsilon. \qquad (6.46)$$

$\langle N_+ \rangle$ é o número médio de elétrons com spin "up" ($s = +1$) e $\langle N_- \rangle$ é o número médio de elétrons com spin "down" ($s = -1$). Neste sistema, a o grande potencial termodinâmico é função do campo magnético:

$$\Omega(T, V, \mu, B) = U - TS - \mu N - BM, \qquad (6.47)$$

CAPÍTULO 6. GÁS IDEAL DE FÉRMIONS

onde M é o momento magnético médio do sistema, ou **magnetização**:

$$M \equiv \mu_0 \Big(\langle N_+ \rangle - \langle N_- \rangle \Big) = - \left(\frac{\partial \Omega}{\partial B} \right)_{T,V,\mu}. \qquad (6.48)$$

Magnetização no estado fundamental

Quando $\beta \to \infty$ resulta $\mu \to \epsilon_F$ e $z \to e^{\beta \epsilon_F}$. O integrando de $\langle N_+ \rangle$ se comporta na forma:

$$\frac{1}{1 + z^{-1} \exp{(\beta \epsilon - \beta \mu_0 B)}} \sim \frac{1}{1 + \exp{[\beta (\epsilon - \mu_0 B - \epsilon_F)]}}$$
$$\sim \begin{cases} 1 & \epsilon - \mu_0 B - \epsilon_F < 0 \\ 0 & \epsilon - \mu_0 B - \epsilon_F > 0 \end{cases} \qquad (6.49)$$

Portanto,

$$\begin{aligned} \langle N_+ \rangle &= \frac{V}{4\pi^2} \left(\frac{2m}{\hbar^2} \right)^{3/2} \int_0^{\epsilon_F + \mu_0 B} \epsilon^{1/2} d\epsilon \\ &= \frac{2}{3} \frac{V}{4\pi^2} \left(\frac{2m}{\hbar^2} \right)^{3/2} (\epsilon_F + \mu_0 B)^{3/2} \end{aligned} \qquad (6.50)$$

Da mesma forma obtemos:

$$\langle N_- \rangle = \frac{2}{3} \frac{V}{4\pi^2} \left(\frac{2m}{\hbar^2} \right)^{3/2} (\epsilon_F - \mu_0 B)^{3/2} \qquad (6.51)$$

Com estes resultados, o número médio de elétrons e a magnetização resultam em:

$$\langle N \rangle = \frac{1}{6} \frac{V}{\pi^2} \left(\frac{2m}{\hbar^2} \right)^{3/2} \left[(\epsilon_F + \mu_0 B)^{3/2} + (\epsilon_F - \mu_0 B)^{3/2} \right] \qquad (6.52)$$

$$M = \frac{1}{6} \frac{V}{\pi^2} \left(\frac{2m}{\hbar^2} \right)^{3/2} \mu_0 \left[(\epsilon_F + \mu_0 B)^{3/2} - (\epsilon_F - \mu_0 B)^{3/2} \right]. \qquad (6.53)$$

Escrevendo

$$\langle N \rangle = \frac{1}{6} \frac{V}{\pi^2} \left(\frac{2m}{\hbar^2} \right)^{3/2} \epsilon_F^{3/2} \left[(1 + \mu_0 B/\epsilon_F)^{3/2} + (1 - \mu_0 B/\epsilon_F)^{3/2} \right] \qquad (6.54)$$

CAPÍTULO 6. GÁS IDEAL DE FÉRMIONS

e

$$M = \frac{1}{6}\frac{V}{\pi^2}\left(\frac{2m}{\hbar^2}\right)^{3/2}\mu_0\epsilon_F^{3/2}\left[(1+\mu_0 B/\epsilon_F)^{3/2} - (1-\mu_0 B/\epsilon_F)^{3/2}\right], \quad (6.55)$$

e expandindo para campos fracos $\mu_0 B \ll \epsilon_F$, obtemos:

$$\langle N \rangle = \frac{1}{3}\frac{V}{\pi^2}\left(\frac{2m}{\hbar^2}\right)^{3/2}\epsilon_F^{3/2} + O\left[\left(\frac{\mu_0 B}{\epsilon_F}\right)^2\right] \quad (6.56)$$

$$M = \frac{V}{2\pi^2}\left(\frac{2m}{\hbar^2}\right)^{3/2}\mu_0\epsilon_F^{3/2}\left(\frac{\mu_0 B}{\epsilon_F}\right) + O\left[\left(\frac{\mu_0 B}{\epsilon_F}\right)^3\right]. \quad (6.57)$$

Juntando ambos resultados concluimos que, para campos fracos:

$$M \sim \frac{3}{2}\langle N \rangle \mu_0 \left(\frac{\mu_0 B}{\epsilon_F}\right), \quad (6.58)$$

isto é, a magnetização é diretamente proporcional ao campo magnético B e, portanto, a suscetibilidade magnética a campo nulo é constante e positiva:

$$\chi_0 = \frac{1}{V}\left(\frac{\partial M}{\partial B}\right)_{V,N}\bigg|_{T=0,B=0} = \frac{3\rho\mu_0^2}{2\epsilon_F}. \quad (6.59)$$

Este é um dos resultados característicos do paramagnetismo de Pauli.

Magnetização no limite degenerado $T \ll T_F$

A magnetização à temperatura finita é dada por:

$$\begin{aligned} M &= \mu_0\left(\langle N_+\rangle - \langle N_-\rangle\right) \\ &= \frac{V}{4\pi^2}\left(\frac{2m}{\hbar^2}\right)^{3/2}\mu_0\int_0^\infty \epsilon^{1/2}\Big[f(\epsilon-\mu_0 B) - f(\epsilon+\mu_0 B)\Big]d\epsilon. \end{aligned} \quad (6.60)$$

Para campos fracos, $\mu_0 B \ll \epsilon_F$, podemos expandir as expressões para a distribuição de Fermi, obtendo:

$$\begin{aligned} M &\sim -\frac{V}{2\pi^2}\left(\frac{2m}{\hbar^2}\right)^{3/2}\mu_0^2 B \int_0^\infty \epsilon^{1/2} f'(\epsilon)d\epsilon \\ &= \frac{V}{4\pi^2}\left(\frac{2m}{\hbar^2}\right)^{3/2}\mu_0^2 B \int_0^\infty \epsilon^{-1/2} f(\epsilon)d\epsilon, \end{aligned} \quad (6.61)$$

CAPÍTULO 6. GÁS IDEAL DE FÉRMIONS

onde se chega na segunda linha após uma integração por partes. Da mesma forma, para o número médio de férmions obtemos:

$$\begin{aligned}\langle N\rangle &= \frac{V}{4\pi^2}\left(\frac{2m}{\hbar^2}\right)^{3/2}\int_0^\infty \epsilon^{1/2}\Big[f(\epsilon-\mu_0 B)+f(\epsilon+\mu_0 B)\Big]d\epsilon\\ &\sim \frac{V}{2\pi^2}\left(\frac{2m}{\hbar^2}\right)^{3/2}\int_0^\infty \epsilon^{1/2}f(\epsilon)d\epsilon.\end{aligned} \quad (6.62)$$

As integrais são da forma geral analisada na seção sobre o gás de Fermi degenerado e, portanto, podemos usar os resultados anteriores para obter expansões em potências da temperatura para a magnetização e o número de partículas. Fazendo as substituições obtemos para a magnetização:

$$M = \frac{3}{2}\langle N\rangle\mu_0\left(\frac{\mu_0 B}{\epsilon_F}\right)\left[1-\frac{\pi^2}{12}\left(\frac{k_B T}{\epsilon_F}\right)^2+\cdots\right]. \quad (6.63)$$

A partir deste resultado podemos obter a primeira correção de temperatura finita para a suscetibilidade a campo nulo:

$$\begin{aligned}\chi_0 = \frac{1}{V}\left(\frac{\partial M}{\partial B}\right)_{T,V} &= \frac{3\rho\mu_0^2}{2\epsilon_F}\left[1-\frac{\pi^2}{12}\left(\frac{k_B T}{\epsilon_F}\right)^2+\cdots\right]\\ &= \frac{3\rho\mu_0^2}{2\epsilon_F}\left[1-\frac{\pi^2}{12}\left(\frac{T}{T_F}\right)^2+\cdots\right].\end{aligned} \quad (6.64)$$

Esse resultado, obtido originalmente por Pauli, permitiu explicar a fraca dependência com a temperatura na suscetibilidade dos metais em geral, nos quais a temperatura de Fermi é muito alta, da ordem $O(10^4 K)$.

Limite clássico

Para altas temperaturas $z \ll 1$ e então:

$$f(x) \sim ze^{-\beta x}, \quad (6.65)$$

isto é, a distribuição de Fermi tende para a distribuição de Maxwell-Boltzmann. Substituindo nas equações (6.60) e (6.62) obtemos:

CAPÍTULO 6. GÁS IDEAL DE FÉRMIONS

$$M = \mu_0 \frac{Vz}{2\pi^2} \left(\frac{2m}{\hbar^2}\right)^{3/2} \operatorname{senh}(\beta\mu_0 B) \int_0^\infty \epsilon^{1/2} e^{-\beta\epsilon} d\epsilon \qquad (6.66)$$

e

$$\langle N \rangle = \frac{Vz}{2\pi^2} \left(\frac{2m}{\hbar^2}\right)^{3/2} \cosh(\beta\mu_0 B) \int_0^\infty \epsilon^{1/2} e^{-\beta\epsilon} d\epsilon. \qquad (6.67)$$

Dividindo as equações anteriores chegamos a:

$$M = \mu_0 \langle N \rangle \tanh\left(\frac{\mu_0 B}{k_B T}\right), \qquad (6.68)$$

que é o resultado da teoria clássica do paramagnetismo de Langevin. A suscetibilidade a campo nulo resulta em:

$$\chi_0 = \frac{1}{V}\left(\frac{\partial M}{\partial B}\right)_{T,V} = \mu_0^2 \beta \frac{\langle N \rangle}{V} \operatorname{sech}^2(\beta\mu_0 B)$$

$$= \beta\mu_0^2 \rho \left[1 - (\beta\mu_0 B)^2 + \ldots\right]. \qquad (6.69)$$

Na ordem mais baixa em β:

$$\chi_0 = \frac{\mu_0^2 \rho}{k_B T}. \qquad (6.70)$$

Esta expressão se conhece como *lei de Curie*, sendo representativa do comportamento da maioria dos materiais paramagnéticos. É possível obter a mesma expressão considerando um sistema clássico de N momentos dipolares *distinguíveis*, resultado que então pode ser visto como o limite clássico de um sistema de partículas quânticas indistinguíveis.

6.3.2 Diamagnetismo de Landau

Classicamente, a trajetória de uma partícula carregada na presença de um campo magnético uniforme $\vec{B}$ apontando na direção do eixo z será uma hélice com eixo paralelo ao eixo z e cuja projeção no plano xy é uma circunferência. O movimento ao longo do eixo z acontece em velocidade constante v_z, enquanto que no plano xy o movimento é circular com velocidade angular constante dada por eB/mc (onde e e m são a carga e a massa da partícula, respectivamente, e c é a velocidade da luz) em virtude da força de Lorentz $\vec{F} = e(\vec{v} \times \vec{B})/c$ que age sobre a partícula. Acontece que, no nível quântico, a energia associada ao movimento circular é quantizada em unidades de $\hbar e B/mc$.

CAPÍTULO 6. GÁS IDEAL DE FÉRMIONS 162

Níveis de Landau

Lev Landau (1908-1968) foi o primeiro a descrever a quantização das órbitas de partículas carregadas na presença de um campo magnético uniforme. Como consequência, as partículas podem ocupar um conjunto discreto de níveis de energia, chamados de *níveis de Landau*. A quantização das órbitas eletrônicas é responsável pelo fenômeno do **diamagnetismo** nos metais.

O diamagnetismo surge da interação entre um campo magnético uniforme e os momentos angulares orbitais dos elétrons nos materiais e, como veremos, o efeito é puramente quântico. O hamiltoniano de uma partícula de carga $-e$ e massa m na presença de um campo magnético $\vec{B}$ é dado por:

$$H = \frac{1}{2m}\left(\vec{p} + \frac{e}{c}\vec{A}\right)^2, \tag{6.71}$$

onde $\vec{A}$ é o potencial vetor associado ao campo ($\vec{B} = \vec{\nabla} \times \vec{A}$) e c é a velocidade da luz. Se considerarmos o hamiltoniano clássico, o campo externo não tem nenhuma influência sobre a termodinâmica das partículas carregadas. A função de partição clássica é dada por:

$$Z_{cl} = \frac{1}{h^3}\int d^3r \int d^3p \, \exp\left[-\frac{\beta}{2m}\left(\vec{p} + \frac{e}{c}\vec{A}\right)^2\right]. \tag{6.72}$$

Aplicando a transformação de variáveis $\vec{p} \to \vec{p} - (e/c)\vec{A}$, que é canônica e, portanto, tem determinante um, vemos que a função de partição é equivalente à de um gás ideal clássico e, portanto, não há diamagnetismo. Fisicamente, isso é consequência do fato da força de Lorentz produzida pelo campo ser uma força centrípeta, que não produz trabalho mecânico. Portanto, a energia do elétron é independente da presença do campo magnético. O diamagnetismo é um efeito puramente quântico. Para conhecermos o espectro de energias é necessário resolver a equação de Schrödinger independente do tempo correspondente ao hamiltoniano quântico (6.71).

Consideremos um campo magnético uniforme $\vec{B}$ na direção do eixo z. Devido à invariância de "gauge" é possível escolher o potencial vetor de diferentes formas. Vamos escolher o "gauge de Landau":

$$A_x = -By, \qquad A_y = A_z = 0 \tag{6.73}$$

Neste caso, o hamiltoniano (6.71) fica na forma:

$$H = \frac{1}{2m}\left\{\left[p_x - (eB/c)y\right]^2 + p_y^2 + p_z^2\right\}. \tag{6.74}$$

CAPÍTULO 6. GÁS IDEAL DE FÉRMIONS

Para resolver a equação de Schrödinger vamos propor a seguinte forma para a função de onda:
$$\Psi(x, y, z) = e^{i(k_x x + k_z z)} f(y). \tag{6.75}$$
Obtemos:
$$H e^{i(k_x x + k_z z)} f(y) = \frac{1}{2m} \left\{ [p_x - (eB/c)y]^2 + p_y^2 + p_z^2 \right\} e^{i(k_x x + k_z z)} f(y), \tag{6.76}$$
e a equação de Schrödinger $H\Psi = \epsilon \Psi$ se reduz a:
$$\left[\frac{1}{2m} p_y^2 + \frac{1}{2} m \omega_0^2 (y - y_0)^2 \right] f(y) = \epsilon' f(y), \tag{6.77}$$
onde $\epsilon' = \epsilon - \hbar^2 k_z^2 / 2m$, $\omega_0 = eB/mc$ e $y_0 = (\hbar c / eB) k_x$. Notamos que $f(y)$ satisfaz a equação de um oscilador harmônico com frequência ω_0 igual à frequência de Larmor clássica, isto é, a frequência de rotação de uma partícula clássica carregada em um campo magnético uniforme.

Portanto, os autovalores da energia são dados por:
$$\epsilon(k_z, n) = \frac{\hbar^2 k_z^2}{2m} + \hbar \omega_0 \left(n + \frac{1}{2} \right), \tag{6.78}$$
onde $n = 0, 1, \ldots$ Estes autovalores são conhecidos como **níveis de Landau**. Se considerarmos que as partículas estão contidas em uma caixa de lado L com condições de contorno periódicas, então $k_{x,z} = 2\pi n_{x,z}/L$, $n_{x,z} = 0, \pm 1, \pm 2, \ldots$ Notamos que os níveis de Landau não dependem de k_x e, portanto, terão uma degenerescência igual ao número de valores permitidos para k_x. Dado que y_0 depende de k_x, e $0 < y_0 < L$, verifica-se que:
$$0 < n_x < \frac{eB}{hc} L^2 \tag{6.79}$$
Portanto, $g = \frac{eB}{hc} L^2$ é a degenerescência dos níveis de Landau. A dependência com L^2 indica que a degenerescência é grande, mesmo para campos fracos.

Então, podemos escrever a grande função de partição a partir do espectro (6.78) na forma:
$$\mathcal{Z} = \prod_l \left(1 + z e^{-\beta \epsilon_l} \right), \tag{6.80}$$
onde l representa o conjunto de número quânticos $l = (k_z, n, n_x)$. Dado que a energia não depende de n_x obtemos:
$$\mathcal{Z} = \prod_{k_z, n} \left(1 + z e^{-\beta \epsilon(k_z, n)} \right)^g. \tag{6.81}$$

CAPÍTULO 6. GÁS IDEAL DE FÉRMIONS

No limite $N \to \infty$:

$$\ln \mathcal{Z} = \frac{gL}{\pi} \sum_{n=0}^{\infty} \int_0^{\infty} \ln\left(1 + ze^{-\beta\epsilon(k_z,n)}\right) dk_z, \qquad (6.82)$$

onde

$$\epsilon(k_z, n) = \frac{\hbar^2 k_z^2}{2m} + \hbar\omega_0 \left(n + \frac{1}{2}\right). \qquad (6.83)$$

O grande potencial é dado por:

$$\Omega = -\frac{gLk_BT}{\pi} \sum_{n=0}^{\infty} \int_0^{\infty} \ln\left(1 + ze^{-\beta\epsilon(k_z,n)}\right) dk_z, \qquad (6.84)$$

e o número médio de partículas resulta em:

$$\langle N \rangle = -\left(\frac{\partial \Omega}{\partial \mu}\right)_{T,V,B} = \frac{gL}{\pi} \sum_{n=0}^{\infty} \int_0^{\infty} \frac{dk_z}{z^{-1}e^{\beta\epsilon(k_z,n)}+1}. \qquad (6.85)$$

Limite de altas temperaturas: diamagnetismo

Para $T \to 0$ a fugacidade $z \to 0$, já que $\langle N \rangle$ deve ser finito. Então, fazendo uma expansão em série de potências de z para o grande potencial (6.84), e considerando apenas o termo dominante, resulta em:

$$\begin{aligned}
\Omega(T,V,B) &= -\frac{gLk_BTz}{\pi} \sum_{n=0}^{\infty} e^{-\beta\hbar\omega_0(n+1/2)} \int_0^{\infty} e^{-\beta\hbar^2 k^2/2m} \, dk \\
&= -\frac{gLk_BTz}{\lambda_T} e^{-\beta\hbar\omega_0/2} \sum_{n=0}^{\infty} e^{-\beta\hbar\omega_0 n}
\end{aligned} \qquad (6.86)$$

onde λ_T é o comprimento de onda térmico. Somando a série obtemos:

$$\Omega(T,V,B) = -\frac{gLk_BTz}{\lambda_T} \frac{e^{-\beta\hbar\omega_0/2}}{1 - e^{-\beta\hbar\omega_0}} = -\frac{Vk_BTz}{2\lambda_Y} \frac{eB}{hc} \frac{1}{\operatorname{senh}(\beta\mu_0 B)} \qquad (6.87)$$

onde $\mu_0 = \hbar e/2mc$ é o magneton de Bohr. O número médio de partículas resulta em:

$$\langle N \rangle = \frac{Vz}{2\lambda_T} \frac{eB}{hc} \frac{1}{\operatorname{senh}(\beta\mu_0 B)} \qquad (6.88)$$

CAPÍTULO 6. GÁS IDEAL DE FÉRMIONS

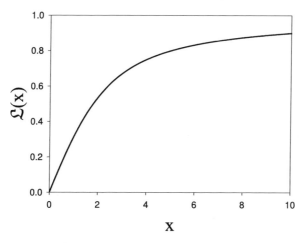

Figura 6.3: Função de Langevin.

Vejamos agora qual a magnetização do sistema:

$$\begin{aligned}
M &= -\left(\frac{\partial \Omega}{\partial B}\right)_{T,V,\mu} \\
&= \frac{Vk_BTz}{2\lambda_T}\frac{e}{hc}\left[\frac{1}{\text{senh}(\beta\mu_0 B)} - \beta\mu_0 B\frac{\cosh(\beta\mu_0 B)}{\text{senh}^2(\beta\mu_0 B)}\right] \\
&= k_BT\frac{\langle N \rangle}{B}\left[1 - \frac{\beta\mu_0 B}{\tanh(\beta\mu_0 B)}\right] \\
&= -\mu_0\langle N\rangle \mathcal{L}(\beta\mu_0 B), \quad (6.89)
\end{aligned}$$

onde

$$\mathcal{L}(x) \equiv \cotgh(x) - \frac{1}{x} \quad (6.90)$$

é conhecida como *função de Langevin*, cujo comportamento é mostrado na figura 6.3. O resultado (6.89) é semelhante à magnetização na teoria clássica do paramagnetismo de Langevin. A diferença é o sinal negativo, assinatura do diamagnetismo. Além do sinal, a natureza puramente quântica do efeito é evidente pois se a constante de Planck $h \to 0$ o diamagnetismo desaparece.

Para campos fracos, ou temperaturas altas, $cotgh(x) = 1/x + x/3 - x^3/45 + \ldots$ e, portanto, com $x \ll 1$, $\mathcal{L}(x) \sim x/3$. Neste limite:

$$M = -\frac{\langle N\rangle \mu_0^2 B}{3k_BT}, \quad (6.91)$$

e a suscetibilidade magnética resulta em:

$$\Xi_0 = -\frac{\rho\mu_0^2}{3k_B T}, \qquad (6.92)$$

onde $\rho = \langle N \rangle / V$ é a densidade. Esses resultados são curiosos. A magnetização tem de sinal oposto ao campo externo, e a suscetibilidade é negativa. Sendo esta última a derivada segunda de um potencial termodinâmico em relação a um parâmetro intensivo (nesse caso o campo externo), os critérios de estabilidade termodinâmica exigem que a suscetibilidade seja estritamente positiva (Callen 1985). Portanto, o diamagnetismo parece violar a estabilidade termodinâmica. Analisemos isso com cuidado. O trabalho diferencial realizado pelo campo externo é igual a BdM. Assim, a suscetibilidade negativa implica que ao aumentar o campo externo o sistema entrega energia à fonte, aumentando ainda mais o campo, o que leva claramente a uma situação de instabilidade. No entanto, o valor BdM representa o trabalho *adicional* realizado pela fonte para estabelecer o campo dentro do sistema, em relação ao trabalho necessário para estabelecer o campo no vácuo. Portanto, o campo necessita realizar *menos* trabalho na presença de um sistema material do que na sua ausência, mas o trabalho líquido é positivo. Incluindo essa contribuição à definição termodinâmica da energia do sistema não há violação da estabilidade.

Limite de baixas temperaturas: o efeito De Haas-Van Alphen

Para temperaturas muito baixas, $k_B T \ll \hbar\omega_0$, não aparece o fenômeno do diamagnetismo, no entanto a presença de um campo magnético externo ainda produz um efeito exótico no material na forma de oscilações na magnetização e suscetibilidade ao variar o campo. O efeito tinha sido previsto teoricamente por Lev Landau em 1930, mas ele achou que seria praticamente impossível observá-lo em laboratório. No mesmo ano, o efeito foi observado em cristais de bismuto por Wander J. des Haas e seu aluno Pieter M. van Alphen. A descrição correta do fenômeno envolve a solução da equação de Schrödinger para uma partícula carregada em um potencial periódico na presença de um campo magnético. Sem recorrer à solução exata, podemos obter uma descrição qualitativa considerando um gás de elétrons livres em duas dimensões interagindo com o campo externo. É o mesmo problema que leva à descrição do diamagnetismo mas agora sem considerar a terceira dimensão, z. Como as oscilações aparecem para temperaturas muito baixas, uma simplificação adicional consiste em assumir efetivamente $T = 0$, ou seja, o problema se reduz a considerar o estado fundamental. A ideia básica é a

CAPÍTULO 6. GÁS IDEAL DE FÉRMIONS

seguinte: a degenerescência dos níveis de Landau $g = \frac{eB}{hc}L^2$ não depende do nível de energia, mas depende da intensidade do campo. Para campos suficientemente grandes todas as partículas se econtrarão no estado de menor energia. Ao diminuir o campo vai chegar em um valor a partir do qual as partículas não poderão mais estar todas no nível de menor energia, algumas passarão a ocupar níveis excitados. Isso produzirá câmbios nas propriedades magnéticas do sistema.

Podemos escrever a energia dos níveis de Landau e a sua degenerescência na seguinte forma:

$$\epsilon(n) = 2\mu_0 B \left(n + \frac{1}{2}\right), \tag{6.93}$$

e

$$g = N\frac{B}{B_0} \qquad B_0 = \rho hc/e \tag{6.94}$$

onde $\rho = N/L^2$. O campo B_0 é o valor de B por cima do qual todas as partículas podem ocupar um único nível. Tipicamente, se $B/B_0 > 1$ todas as partículas se encontrarão no nível de Landau mais baixo, isto é $n = 0$, e a energia do estado fundamental resulta em:

$$E_0 = N\mu_0 B. \tag{6.95}$$

Se $B/B_0 < 1$ então algumas partículas vão ocupar níveis de maior energia. Por exemplo, se $1/2 < B/B_0 < 1$, o nível $n = 0$ vai estar completamente preenchido e o nível $n = 1$ será parcialmente ocupado. Para $B/B_0 = 1/2$, de (6.94) concluimos que a degenerescência de um nível qualquer será igual à metade do número de partículas. Desta forma, para $B/B_0 < 1/2$ os dois níveis inferiores vão estar completamente preenchidos, enquanto que o nível $n = 2$ estará parcialmente ocupado.

Vamos supor que B seja tal que todos os níveis até $n = k$ estão completamente preenchidos e, portanto, o nível $n = k + 1$ está parcialmente ocupado. Nesta situação, B deve satisfazer a condição:

$$(k+1)g < N < (k+2)g, \tag{6.96}$$

ou

$$\frac{1}{k+2} < \frac{B}{B_0} < \frac{1}{k+1}. \tag{6.97}$$

CAPÍTULO 6. GÁS IDEAL DE FÉRMIONS

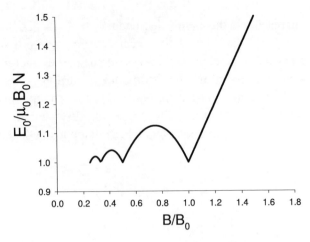

Figura 6.4: Energia do estado fundamental de um sistema de elétrons livres bidimensional na presença de um campo magnético externo.

Para B neste intervalo se satisfaz:

$$E_0 = g \sum_{i=0}^{k} \epsilon(i) + [N - (k+1)g]\,\epsilon(k+1). \tag{6.98}$$

Usando as relações (6.93) e (6.94) e somando a série finita chegamos ao resultado:

$$\frac{E_0}{N} = \mu_0 B \left[2k + 3 - (k+1)(k+2)\left(\frac{B}{B_0}\right)\right]. \tag{6.99}$$

Resumindo os resultados para os dois setores do campo externo, podemos escrever:

$$\frac{E_0}{N} = \begin{cases} \mu_0 B_0 x & \text{se} \quad x > 1 \\ \mu_0 B_0 x \left[2k + 3 - (k+1)(k+2)x\right], & \frac{1}{k+2} < x < \frac{1}{k+1}, \quad k = 0, 1, 2, \ldots \end{cases} \tag{6.100}$$

onde $x \equiv B/B_0$.

Como resultado aparecem dois efeitos que competem entre si: ao aumentar o campo externo a energia de cada nível aumenta, mas como por outro lado a degenerescência também aumenta os níveis de maior energia acabam se despopulando. Isso se reflete em um comportamento oscilatório da energia, ilustrado na

CAPÍTULO 6. GÁS IDEAL DE FÉRMIONS

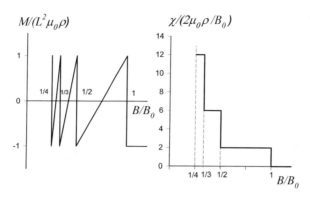

Figura 6.5: Efeito De Haas-van Alphen. Esquerda: magnetização em função do campo magnético externo. Direita: suscetibilidade magnética em função do campo.

figura 6.4. A magnetização por unidade de área resulta em:

$$\frac{M}{L^2} = -\rho \left(\frac{\partial (E_0/N)}{\partial B} \right)_{L,N} \tag{6.101}$$

$$= \begin{cases} -\mu_0 \rho & \text{se } x > 1 \\ \mu_0 \rho \left[2(k+1)(k+2)x - (2k+3) \right], & \text{se } \frac{1}{k+2} < x < \frac{1}{k+1}, \end{cases}$$

e a suscetibilidade:

$$\chi = \rho \left(\frac{\partial (M/L^2)}{\partial B} \right)_{L,N} \tag{6.102}$$

$$= \begin{cases} 0 & \text{se } x > 1 \\ 2\mu_0 \rho / B_0 (k+1)(k+2), & \text{se } \frac{1}{k+2} < x < \frac{1}{k+1}. \end{cases}$$

A dependência destas quantidades com o campo B são mostradas na figura 6.5.

O efeito De Haas-van Alphen é muito utilizado para reconstruir a forma da superfície de Fermi em metais.

6.4 Problemas de aplicação

1. Mostre que a equação de estado que relaciona densidade, temperatura e potencial químico em um gás de férmions livres é dada por:

$$\lambda_T^3 \rho = g f_{3/2}(z)$$

onde λ_T é o comprimento de onda térmico, $g = 2S + 1$ é a degenerescência dos estados de spin S e z é a fugacidade. A função $f_{3/2}(z)$ é definida por:

$$f_{3/2}(z) = \frac{4}{\sqrt{\pi}} \int_0^\infty x^2 \left(\frac{z}{e^{x^2} + z} \right) dx = \sum_{k=1}^\infty (-1)^{k+1} \frac{z^k}{k^{3/2}}$$

2. Mostre que a pressão de um gás de férmions livres é dada por:

$$P = \frac{k_B T g}{\lambda_T^3} f_{5/2}(z)$$

onde

$$f_{5/2}(z) = \frac{4}{\sqrt{\pi}} \int_0^\infty x^2 \ln\left[1 + z e^{-x^2}\right] dx = \sum_{k=1}^\infty (-1)^{k+1} \frac{z^k}{k^{5/2}}$$

3. Considere um gás ideal de férmions de massa m e energia de Fermi ϵ_F no zero absoluto de temperaturas. Encontre expressões para os valores médios $\langle v_x \rangle$ e $\langle v_x^2 \rangle$ em termos de ϵ_F, onde $\vec{v}$ é a velocidade de uma partícula.

4. Considere um gás de férmions com fugacidade $z < 1$.

    (a) Escreva os primeiros termos de uma expansão da função grande potencial do gás em potências de z.

    (b) Considere o limite clássico ($z \ll 1$) na expansão e mostre que o potencial químico de um gás ideal clássico é dado por:

    $$\mu = k_B T \ln\left(\frac{\lambda^3}{v}\right)$$

    (c) Calcule a primeira correção quântica ao resultado anterior.

5. Obtenha uma expressão para a compressibilidade de um gás de férmions livres a temperatura nula.

CAPÍTULO 6. GÁS IDEAL DE FÉRMIONS

6. Considere um gás denso de férmions (com ρ férmions por unidade de volume). À temperatura zero os férmions vão ocupando os níveis de energia mais baixos até chegar no nível de Fermi. Se o gás é extremamente denso (como, por exemplo, em estrelas de nêutrons) a energia do gás é tão grande que a maioria dos férmions são relativistas ($\epsilon \approx pc$). Mostre que nessas circunstâncias a energia de Fermi do sistema é dada por:

$$\epsilon_F = hc \left(\frac{3\rho}{8\pi}\right)^{1/3},$$

e que a energia interna por partícula do gás de férmions é:

$$u = \frac{3}{4}\epsilon_F$$

7. Calcule o comprimento de onda térmico de um elétron na temperatura ambiente $T \approx 300K$, sendo $m_e \approx 9 \times 10^{-28} g$ a massa do elétron e $\hbar \approx 10^{-27} erg \cdot s$ a constante de Planck. Supondo que em um metal como o cobre existe um elétron de condução por átomo, e que a distância interatômica é aproximadamente 5Å, considere se a natureza quântica do elétron é relevante para o comportamento dos condutores metálicos.

8. Em um gás de elétrons na presença de um campo magnético B o número médio de elétrons com spin $+$ e $-$ é dado por:

$$\langle N_\pm \rangle = \frac{V}{4\pi^2}\left(\frac{2m}{\hbar^2}\right)^{3/2} \int_0^\infty \epsilon^{1/2} f(\epsilon \mp \mu_0 B)\, d\epsilon\, ,$$

onde a função de Fermi $f(x)$ é definida na forma:

$$f(x) = \frac{1}{1 + z^{-1}e^{\beta x}}.$$

Mostre que, para temperaturas baixas ($T \ll T_F$) e campos magnéticos fracos ($\mu_0 B/\epsilon_F \ll 1$), a magnetização do sistema $M = \mu_0(\langle N_+\rangle - \langle N_-\rangle)$ é dada por:

$$M = \frac{3\mu_0^2 B \langle N\rangle}{2\epsilon_F}\left[1 - \frac{\pi^2}{12}\left(\frac{k_B T}{\epsilon_F}\right)^2 + \ldots\right].$$

Capítulo 7

Interações, simetrias e ordem na matéria condensada

7.1 Líquidos e gases

Os fluidos, líquidos e gases, são os sistemas que apresentam o maior número de simetrias possíveis, no sentido que suas propriedades físicas não mudam perante uma série de transformações, especialmente de coordenadas.

Quando dizemos que um fluido é homogêneo e isotrópico, queremos dizer que suas propriedades são invariantes perante translações espaciais, rotações arbitrárias e reflexões ou inversões respeito da origem de coordenadas. O conjunto de transformações que deixam um sistema invariante formam um *grupo de simetria*. O grupo de simetria que inclui translações, rotações e reflexões se chama *Grupo Euclidiano*. Tipicamente, os fluidos são invariantes diante a operações do grupo euclidiano. Fisicamente, isto quer dizer que o entorno ou a vizinhança de uma pequena região no interior de um fluido é a mesma independentemente que a região seja trasladada, rotada ou de que se faça uma reflexão em torno de uma origem de coordenadas. Vamos ver que, de forma geral, o mesmo não acontece com a matéria no estado sólido, os fluidos são os sistemas com a maior simetria possível.

A homogeneidade de um fluido implica invariância translacional. Por exemplo, a densidade local média satisfaz:

$$\langle \rho(\vec{x}) \rangle \equiv \left\langle \frac{1}{N} \sum_{i}^{N} \delta(\vec{x} - \vec{x}_i) \right\rangle = \langle \rho(\vec{x} + \vec{R}) \rangle, \qquad (7.1)$$

onde $\vec{R}$ é um deslocamento arbitrário. Em particular, se $\vec{R} = -\vec{x}$ obtemos que $\langle n(\vec{x})\rangle = \langle n(0)\rangle$, ou seja, a densidade em qualquer ponto é igual à densidade na origem. Logo a densidade em um fluido homogêneo não depende de $\vec{x}$.

Uma descrição da termodinâmica básica de fluidos clássicos foi feita na seção 3.2.7. Aqui vamos apenas mencionar algumas grandezas fundamentais além das já vistas. Uma grandeza muito importante para caracterizar o estado de um sistema é a *função de correlação de dois pontos*, definida como:

$$\begin{aligned} C(\vec{x}_1, \vec{x}_2) &= \langle \rho(\vec{x}_1)\rho(\vec{x}_2)\rangle \\ &= \left\langle \sum_{i,j=1}^{N} \delta(\vec{x}_1 - \vec{x}_i)\delta(\vec{x}_2 - \vec{x}_j) \right\rangle. \end{aligned} \quad (7.2)$$

Se o sistema possui invariância translacional então $C(\vec{x}_1, \vec{x}_2) = C(\vec{x}_1 - \vec{x}_2)$, e se ainda ele é isotrópico então $C(\vec{x}_1, \vec{x}_2) = C(|\vec{x}_1 - \vec{x}_2|)$.

A transformada de Fourier da função de correlação de dois pontos é o *fator de estrutura* (definido de forma equivalente em (3.115)):

$$\begin{aligned} I(\vec{k}) &= \int d^d\vec{x}\, e^{-i\vec{k}\cdot\vec{x}} C(\vec{x}) \\ &= \langle \rho(\vec{k})\rho(-\vec{k})\rangle, \end{aligned} \quad (7.3)$$

onde $\vec{x} = \vec{x}_1 - \vec{x}_2$ e

$$\rho(\vec{k}) = \int d^d x\, e^{-i\vec{k}\cdot\vec{x}}\, \rho(\vec{x}) = \sum_i e^{-i\vec{k}\cdot\vec{x}_i} \quad (7.4)$$

é a transformada de Fourier da densidade.

7.2 Sólidos: redes cristalinas

A baixas temperaturas ou altas pressões os materias normalmente cristalizam, isto é, os átomos se organizam espacialmente em estruturas periódicas chamadas redes cristalinas. O tipo de estrutura cristalina na qual um elemento específico irá cristalizar depende, essencialmente, do potencial interatômico.

Um conceito importante para o estudo das redes cristalinas é a definição de uma *rede de Bravais* (Ashcroft e Mermin 1976):

CAPÍTULO 7. INTERAÇÕES, SIMETRIAS E ORDEM NA MATÉRIA CONDENSADA174

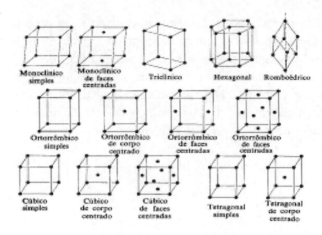

Figura 7.1: As 14 redes de Bravais em três dimensões

1. Uma rede de Bravais é um arranjo infinito de pontos discretos, com uma estrutura e orientação que aparece *a mesma* vista desde qualquer um dos pontos da rede.

2. Uma rede de Bravais (tridimensional) consiste de todos os pontos cujos vetores posição podem ser definidos como

$$\vec{R} = n_1 \vec{a}_1 + n_2 \vec{a}_2 + n_3 \vec{a}_3 \qquad (7.5)$$

onde $\vec{a}_1, \vec{a}_2$ e $\vec{a}_3$ são três vetores quaisquer não coplanares e n_1, n_2 e n_3 são inteiros.

Os vetores $\vec{a}_1, \vec{a}_2$ e $\vec{a}_3$ são chamados *vetores primitivos* e permitem "desenvolver" a rede completamente. As magnitudes dos vetores primitivos são conhecidas como *constantes de rede*. Uma célula da rede determinada por um conjunto qualquer de vetores primitivos é chamada *célula primitiva*. Uma célula primitiva também permite obter toda a rede por translações ao longo dos vetores primitivos.

A rede cristalina no espaço real se chama as vezes *rede direta*. É possível definir uma *rede recíproca* no espaço de momentos, da seguinte forma (Ashcroft e Mermin 1976): Considere um conjunto de pontos $\vec{R}$ formando uma rede de Bravais, e uma onda plana $e^{i\vec{k}\cdot\vec{r}}$. Esta onda plana tem uma periodicidade dada pelo comprimento de onda $\lambda = k/2\pi$. Para um $\vec{k}$ arbitrário essa onda não terá, em geral, a periodicidade da rede de Bravais, mas para alguns conjuntos de vetores $\vec{k}$

CAPÍTULO 7. INTERAÇÕES, SIMETRIAS E ORDEM NA MATÉRIA CONDENSADA175

a terá. *O conjunto de todos os vetores de onda $\vec{k}$ que produzem ondas planas com a periodicidade de uma rede de Bravais dada é conhecido como rede recíproca.*

A periodicidade da rede de Bravais implica:

$$e^{i\vec{k}\cdot(\vec{r}+\vec{R})} = e^{i\vec{k}\cdot\vec{r}} \tag{7.6}$$

para qualquer $\vec{r}$ e para qualquer $\vec{R}$ da rede de Bravais. Pela identidade anterior, podemos caracterizar a rede recíproca como o conjunto de vetores de onda $\vec{k}$ que satisfacem:

$$e^{i\vec{k}\cdot\vec{R}} = 1 \tag{7.7}$$

para todos os $\vec{R}$ da rede de Bravais.

É possível mostrar que a rede recíproca é ela mesma uma rede de Bravais. Podemos também definir a rede recíproca da rede recíproca, que não é mais do que a rede de Bravais original. A rede recíproca nem sempre possui a mesma simetria da rede direta. Por exemplo, a rede recíproca de um rede cúbica centrada na face (fcc) é uma rede cúbica centrada no corpo (bcc).

7.3 Sistemas magnéticos

Além das três fases básicas da matéria, os gases, líquidos e sólidos, cujas estruturas são caracterizadas em termos dos graus de liberdade de posição (as coordenadas das partículas), outros graus de liberdade, como o spin, são responsáveis por outras fases da matéria, presentes em materiais com comportamento magnético. Os spins em sistemas magnéticos podem apresentar uma grande variedade de estruturas ordenadas, tão diversas quanto as encontradas na ordem atômica cristalina.

Os spins associados aos elétrons atômicos interagem entre si através de diversas forças de interação. Uma das mais importantes, que se origina nas interações eletrostáticas dos elétrons, é a *interação de troca* que é uma interação de curto alcance entre momentos de spin. É possível escrever uma forma simplificada da mesma, para um par de spins $\vec{S}$, na forma:

$$-J\,\vec{S}_1 \cdot \vec{S}_2, \tag{7.8}$$

onde $\vec{S}$ representa o operador de spin em sistemas quânticos ou o vetor de momento dipolar magnético em sistemas clássicos e J é uma constante que mede a intensidade da interação spin-spin. Uma característica importante dessa interação é que ela não depende da orientação relativa dos spins em relação à rede cristalina, depende apenas da orientação relativa dos operadores ou vetores de spin. A interação de troca é responsável pelo fenômeno do *ferromagnetismo* em algumas substâncias como os metais de transição Fe, Ni e Co. Em um sistema com N spins em interação, o modelo mais bem sucedido para descrever uma série de propriedades dos materiais ferromagnéticos, como a transição entre as fases paramagnética e ferromagnética, correlações entre spins, suscetibilidades magnéticas, calor específico, etc. é o *modelo de Heisenberg*:

$$\mathcal{H} = -J \sum_{<i,j>} \vec{S}_i \cdot \vec{S}_j, \tag{7.9}$$

onde $\langle i,j \rangle$ corresponde a pares de vizinhos próximos, devido ao caráter de curto alcance da interação de troca. No modelo de Heisenberg a constante de troca J pode ser positiva ou negativa. Quando $J > 0$ a interação tende a alinhar spins vizinhos, o que leva ao *estado ferromagnético*. Quando $J < 0$ a energia de troca é minimizada quando um spin fica antiparalelo aos seus vizinhos próximos, isto leva ao *estado antiferromagnético*, como mostrado esquematicamente na figura 7.2.

Uma outra interação importante entre momentos magnéticos é a *interação dipolar*, de origem clássica, cuja forma é:

$$g \sum_{i<j} \frac{\vec{S}_i \cdot \vec{S}_j - 3(\vec{S}_i \cdot \hat{e}_{ij})(\hat{e}_{ij} \cdot \vec{S}_j)}{r_{ij}^3}, \tag{7.10}$$

onde $\hat{e}_{ij} = \vec{r}_{ij}/r_{ij}$ são vetores unitários na direção que une os sítios i e j. Notamos que esta interação é de longo alcance, decaindo com a inversa do cubo da distância entre pares de spins. Ela também é anisotrópica, dependendo da orientação relativa dos spins com os vetores da rede $\vec{r}_{ij}$. Em sistemas ferromagnéticos, a interação dipolar é entre 2 a 4 ordens de grandeza menor que a interação de troca e, portanto, não é o fator principal que leva ao alinhamento dos spins na fase ferromagnética. No entanto, seu caráter de longo alcance produz campos magnéticos locais fortes, sendo responsável pela origem dos *domínios magnéticos*. Uma substância ferromagnética em ausência de campo externo não apresenta, pelo geral, um alinhamento global dos spins, mas um mosaico de domínios onde a média dos spins apontam em diferentes direções, como mostra a figura 7.3. Estas configurações são escolhidas pelo sistema para minimizar a energia magnética global.

Em alguns cristais o efeito do potencial cristalino é forte o suficiente para ser sentido pelos elétrons, produzindo uma outra interação efetiva conhecida como

CAPÍTULO 7. INTERAÇÕES, SIMETRIAS E ORDEM NA MATÉRIA CONDENSADA177

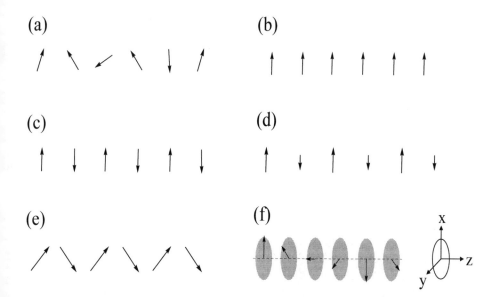

Figura 7.2: Ordenamentos dos spins em algumas fases magnéticas. (a) paramagnética, (b) ferromagnética, (c) antiferromagnética, (d) ferrimagnética, (e) inclinada (canted), (f) helicoidal.

interação spin-órbita. Uma manifestação desse tipo de interação é a presença de uma campo de anisotropia sobre os spins, chamada *anistropia magnetocristalina*. No caso de anisotropia uniaxial de eixo fácil z, a forma mais elementar de representar sua contribuição energética é:

$$-D\sum_i S_{iz}^2. \qquad (7.11)$$

Notamos que esta anisotropia depende quadraticamente da componente z do spin e, portanto, não distingue sentidos, apenas uma direção no espaço. Esta contribuição energética reforça o alinhamento dos spins na direção z.

Quando estas três formas de interação magnética estão presentes simultaneamente em um sistema podem dar lugar a uma variedade enorme de estruturas magnéticas no estado fundamental, dependendo das intensidades relativas de J, g e D. À temperatura finita, transições de fases entre diferentes tipos de ordem magnética podem acontecer. Por exemplo, em filmes magnéticos ultrafinos com anisotropia perpendicular, importantes por suas aplicações em memórias magnéticas e sensores, a competição entre essas interações produz transições de fase a

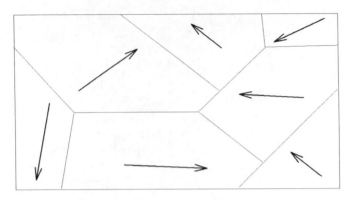

Figura 7.3: Domínios magnéticos.

temperaturas finitas e formação de padrões, como é possível ver na figura 7.4.

Existem diversas técnicas experimentais para medir a ordem magnética. Uma técnica clássica é difração de nêutrons, já que o nêutron possui spin que interage com o spin eletrônico do material. Outras técnicas muito comuns são a microscopia de força atômica (AFM), a microscopia de força magnética (MFM), a microscopia de varredura de elétrons (SEM), que permite obter diretamente imagens da estrutura magnética dos átomos, além de uma grande variedade de espectroscopias de espalhamento de elétrons.

7.4 Entre os líquidos e os cristais: os cristais líquidos

Os líquidos e os sólidos são dois casos extremos de ordem e simetria. Os líquidos apresentam a máxima simetria possível do grupo espacial: translações e rotações arbitrárias em R^3. Os líquidos são estruturalmente desordenados, apresentam apenas *ordem de curto alcance*. Já os sólidos cristalinos apresentam um grupo de simetria muito reduzido em relação aos líquidos: são invariantes diante um conjunto discreto de translações compatíveis com a periodicidade da rede, e possivelmente perante um conjunto discreto de rotações. Apresentam *ordem de longo alcance*, originado na estrutura cristalina periódica. Daqui em diante vamos chamar a ordem determinada pela invariância diante um conjunto discreto de translações espaciais, de *ordem posicional*, e a ordem por invariância diante rotações, de *ordem orientacional*.

CAPÍTULO 7. INTERAÇÕES, SIMETRIAS E ORDEM NA MATÉRIA CONDENSADA

Figura 7.4: Padrões em filmes ultrafinos de Fe/Cu(001) com magnetização perpendicular.

Entre estes dois extremos existem materiais que apresentam todo um espectro de simetrias e ordens intermediárias. O exemplo paradigmático são os *cristais líquidos*, substâncias formadas por moléculas anisométricas (sem simetria esférica). Moléculas típicas que formam cristais líquidos são de dois tipos básicos: alongadas *(moléculas calamíticas)* ou com forma de disco *(moléculas discóticas)*. Em geral, a parte interna destas moléculas é rígida e a parte externa, fluida. Este caráter duplo da estrutura das moléculas origina as interações chamadas *estéricas*, que levam a diversos tipos de ordem orientacional, juntamente com o caráter fluido das fases líquidas.

- A altas temperaturas, as moléculas em um cristal líquido (que podemos representar esquematicamente como elipsoides alongados, como na figura 7.5), estão desordenadas. A desordem diz respeito tanto aos seus centros de massa (desordem posicional) quanto as orientações dos eixos de sime-

CAPÍTULO 7. INTERAÇÕES, SIMETRIAS E ORDEM NA MATÉRIA CONDENSADA180

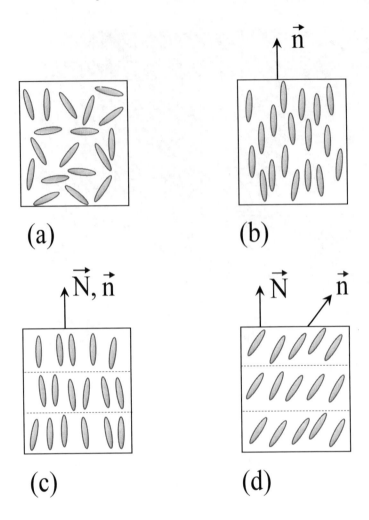

Figura 7.5: Ilustração do ordenamento das moléculas em diferentes fases dos cristais líquidos. (a) isotrópica, (b) nemática, (c) esmética-A, (d) esmética-C. A direção de alinhamento médio dos eixos principais das moléculas é dado pelo vetor unitário n. A direção perpendicular às camadas nas fases esméticas é indicada pelo vetor N. Notamos que, na fase esmética-A, os vetores n e N são paralelos, enquanto que na fase esmética-C, não.

tria das moléculas (desordem orientacional). Neste regime, o cristal líquido apresenta uma estrutura idêntica à de um fluido isotrópico. O fator de estrutura apresentará tipicamente duas cascas esféricas com raios correspondentes aos dois comprimentos característicos das moléculas: o comprimento l e o diâmetro a.

- Quando o líquido é resfriado abaixo de uma temperatura característica, aparece uma primeira fase ordenada conhecida como *fase nemática* (figura 7.5b). Nessa fase as moléculas apontam preferencialmente ao longo de uma direção, especificada por um vetor unitário $\vec{n}$ chamado *diretor*. Seus centros de massa permanecem desordenados. Portanto, a fase nemática quebra a simetria orientacional mas não a translacional. É um exemplo típico de ordem orientacional. O sistema ainda apresenta invariância rotacional em um plano perpendicular ao diretor. Mas em qualquer plano que contenha o diretor, a simetria é reduzida a rotações discretas por ângulos de π radianos. Na realidade, o diretor não é propriamente um vetor, mas um pseudo-vetor, já que os dois extremos são identificados ou equivalentes. De um ponto de vista matemático, isso implica que a ordem nemática, diferentemente da ordem magnética por exemplo, não é representada por um vetor (magnetização), mas por um tensor (diretor). Na fase nemática o fator de estrutura reflete a quebra de simetria orientacional: ele preserva a simetria diante de rotações arbitrárias em um plano perpendicular ao diretor, mas se assemelha a um elipsoide na direção do diretor $\vec{n}$ onde apresenta invariância de rotação somente por ângulos de π.

- Diminuindo mais a temperatura é possível passar de uma fase nemática para uma nova fase chamamda *fase esmética-A* (figura 7.5c). Nessa fase, as moléculas se organizam em camadas bem diferenciadas. Os planos das camadas são perpendiculares aos eixos maiores das moléculas, e a espessura das mesmas corresponde tipicamente ao comprimento l das moléculas. Em cada camada as moléculas se encontram desordenadas posicionalmente e podem fluir no plano. As camadas implicam a presença de uma onda de densidade na direção perpendicular as mesmas. Portanto existe ordem translacional na direção perpendicular as camadas. A onda de densidade pode ser definida como:

$$\rho(\vec{x}) = \rho_0 + 2A\cos(k_0 z), \qquad (7.12)$$

onde $k_0 = 2\pi/l$ é o vetor de onda característico da modulação e o eixo z é perpendicular aos planos. A onda de densidade corresponde a um fator de estrutura caracterizado por dois picos de Bragg simétricos em $\pm k_0$:

$$I(\vec{k}) = A^2 (2\pi)^3 \left[\delta(\vec{k} - k_0\,\hat{e}_z) + \delta(\vec{k} + k_0\,\hat{e}_z)\right]. \qquad (7.13)$$

- Em alguns cristais líquidos a fase esmética apresenta uma projeção finita do diretor sobre o plano das camadas, o diretor está inclinado em relação à normal às camadas. Ainda mais, a projeção pode apresentar uma direção definida, como mostra a figura 7.5d. É chamada *fase esmética-C*. A fase esmética-C possui menos simetria do que a fase esmética-A. A direção da projeção de $\vec{n}$ no plano das camadas define um eixo c ou *diretor-c*. Pode haver uma transição entre as fases esmética-A e esmética-C.

- Uma possibilidade mais complexa de fase nemática é produzida por moléculas *quirais* como o colesterol, que não apresentam simetria diante de reflexões. Estas moléculas produzem uma fase nemática quiral ou *fase colestérica*. Nessa fase, as moléculas na direção de alinhamento giram formando uma hélice, com um passo que é tipicamente de alguns milhares de angstroms. Portanto os cristais líquidos colestéricos espalham a luz visível. Eles têm aplicações tecnológicas importantes, são a matéria prima das telas de cristal líquido de aparelhos de TV, computadores e telefones celulares.

7.5 Simetrias e parâmetros de ordem

Como é possível concluir do que foi visto até aqui, considerações de simetria têm um papel central na matéria condensada. Os fenômenos mais dramáticos da matéria condensada, as *transições de fase*, muitas vezes podem ser analisadas e entendidas a partir de transformações das condições de simetria do sistema perante a variação de parâmetros externos, como temperatura, pressão ou campos elétricos e magnéticos.

Um sistema físico isolado é descrito analíticamente pelo hamiltoniano do mesmo. O hamiltoniano apresenta invariância diante de algumas operações de simetria, que permitem tirar conclusões sobre o comportamento e a estrutura do sistema sob diferentes condições (Lemos 2007). Em um gás ideal, por exemplo, o hamiltoniano é invariante perante o grupo espacial composto por translações, rotações e reflexões arbitrárias do espaço, além de translações e reversão temporal. O hamiltoniano de Heisenberg (7.9) é invariante diante translações e reversão temporal, além de rotações globais dos spins respeito de um eixo arbitrário. Tipicamente,

CAPÍTULO 7. INTERAÇÕES, SIMETRIAS E ORDEM NA MATÉRIA CONDENSADA183

a altas temperaturas ou em sistemas diluidos, o sistema se encontra em uma fase desordenada, a qual é invariante diante de operações do mesmo grupo $\mathcal{G}$ de invariância do hamiltoniano. Em muitas transições de fase alguma invariância é quebrada. Operadores que não permanecem invariantes através de uma transição de fases são chamados *parâmetros de ordem*. No modelo de Heisenberg, a magnetização:

$$\vec{M} = \frac{1}{N} \sum_i \vec{S}_i \qquad (7.14)$$

é o parâmetro de ordem. A invariância frente ao grupo de rotação simultânea de todos os spins em $\mathcal{R}^3$, existente no hamiltoniano do modelo de Heisenberg, é quebrada para $T < T_c$, onde T_c é a temperatura crítica do modelo, a temperatura de transição entre as fases paramagnética e ferromagnética. Acima de T_c, $\langle \vec{M} \rangle = 0$, e abaixo de T_c, $\langle \vec{M} \rangle \neq 0$. O grupo de simetria original é reduzido ao subgrupo de rotações respeito a eixos paralelos a $\vec{M}$. O sistema não é mais invariante perante rotações dos spins respeito de eixos perpendiculares a $\vec{M}$. A fase ordenada do modelo de Heisenberg é uma fase com *simetria quebrada*.

Para especificar completamente o comportamento de uma fase ordenada, temos que saber como o parâmetro de ordem se transforma diante de uma operação do grupo de simetria. No caso do modelo de Heisenberg, o grupo de simetria é o grupo das rotações em $\mathcal{R}^3$, chamado de grupo $O(3)$.

A quebra de simetria em uma transição de fases se reflete na estrutura termodinâmica do sistema: *o número de mínimos na energia livre é igual ao número de elementos do grupo de simetria associado ao parâmetro de ordem*. Para explorar esta interpretação é importante distinguir grupos de simetria *discretos* e *continuos*. Se o grupo de simetria for discreto então existirá um número discreto de fases termodinâmicas equivalentes, enquanto que no caso do grupo ser contínuo haverá uma variedade contínua onde cada ponto representa uma possível fase termodinâmica. O modelo de Ising é um exemplo do primeiro caso e o modelo de Heisenberg pertence ao último grupo.

Vamos concluir este capítulo descritivo elencando alguns modelos importantes da mecânica estatística e suas propriedades de simetria associadas:

- O modelo de Ising representa um material ferromagnético com um eixo de anisotropia que força os spins a apontar em um única direção. O hamiltoniano é:

$$\mathcal{H} = -J \sum_{\langle ij \rangle} \sigma_i \sigma_j \qquad (7.15)$$

onde $\sigma_i = \sigma^x, \sigma^y, \sigma^z$ são as matrizes de Pauli de spin 1/2 no caso quântico ou $\sigma_i = \pm 1$ no caso clássico. O grupo de simetria do parâmetro de ordem, a magnetização, é o grupo discreto Z_2.

- Uma generalização do modelo de Heisenberg onde o parâmetro de ordem tem n componentes é o modelo $O(n)$. Este modelo contém como casos particulares o modelo de Ising no caso $n = 1$, o modelo chamado XY para $n = 2$ e o modelo de Heisenberg para $n = 3$. No limite $n \to \infty$ é equivalente ao *modelo esférico*, que é exatamente solúvel (Binney et al. 1995).

- O modelo XY corresponde a um ferromagneto com um "plano fácil". O vetor de magnetização é forçado a estar sobre o plano. Esse modelo possui um grupo de simetria contínua, o grupo $O(2)$. Esta simetria também é importante na transição fluido normal-superfluido. Neste caso, o parâmetro de ordem é a função de onda do líquido quântico:

$$\Psi = |\Psi| \, e^{i\theta}, \qquad (7.16)$$

que é um número complexo e, portanto, pode ser representado como um vetor em duas dimensões, com módulo $|\Psi|$ e fase θ. Na representação complexa o grupo de simetria de rotações no plano é chamado de grupo $U(1)$.

- Quando um cristal líquido na fase esmética-A é resfriado, ele pode condensar em uma fase cristalina, com ordem posicional de longo alcance, ou então pode condensar na chamada *fase esmética-B*. Na fase esmética-B, o cristal líquido apresenta ordem orientacional no plano das camadas, com simetria rotacional de ordem 6. O grau de ordem em uma fase esmética-B pode ser representada através do parâmetro de ordem complexo:

$$\Psi_6 = e^{6i\theta}, \qquad (7.17)$$

onde θ representa o ângulo entre a linha que une dois átomos e o eixo x, por exemplo. Esta fase possui simetria por rotações de ângulo $\pi/6$. A rigor, na fase esmética-B, o sistema não apresenta ordem global, ou *ordem de longo alcance*, mas um nível de ordem reduzido caracterizado pelo decaimento das correlações espaciais a zero para distância grandes, na forma de lei de potências. A ordem não é de longo alcance, mas também não é apenas de curto alcance, como nos líquidos. É uma ordem intermediária chamada *ordem de quase-longo alcance* (Binney et al. 1995; Chaikin e Lubensky 1995).

Capítulo 8

Transições de fase e fenômenos críticos

8.1 Fases da matéria e transições de fase

A classificação do mundo material que nos rodeia em termos de **fases da matéria** é tão antiga quanto a humanidade. A experiência do dia a dia levou o homen antigo a identificar três formas básicas na qual a matéria pode se apresentar: gasosa, líquida e sólida. Cada um desses três estados é uma fase da matéria. Os três estados podem coexistir sob certas condições e podem se transformar uns nos outros. As transformações entre diferentes fases da matéria são chamadas de **transições de fase**. Com o avanço das tecnologias de transformação e da ciência, novos estados da matéria, novas fases, foram sendo identificados. Atualmente uma infinidade de diferentes fases são conhecidas, perfeitamente distinguíveis umas das outras, representando um conjunto de propriedades especiais dos materiais. O conceito original de fase da matéria foi ampliado e definido em termos matemáticos precisos. Assim, os metais, os ferromagnetos, os superfluidos e os supercondutores são exemplos de fases da matéria. Mudando os parâmetros termodinâmicos um sistema pode mudar de fase, por exemplo, um metal condutor da eletricidade pode se tornar isolante elétrico ao mudar a temperatura ou a pressão no material. Ou então pode se tornar um supercondutor, conduzindo eletricidade sem nenhuma perda ou dissipação de energia. A descrição do comportamento dos materiais ao sofrerem uma transição de fase é um dos problemas mais fascinantes da física. Embora o conceito de transição de fase fosse inicialmente estudado em relação as fases termodinâmicas da matéria, atualmente ele alcançou uma extensão além

CAPÍTULO 8. TRANSIÇÕES DE FASE E FENÔMENOS CRÍTICOS

das fronteiras da matéria condensada, representando um câmbio dramático nas propriedades gerais de sistemas formados por muitos corpos em interação, sejam eles materiais ou redes de neurônios ou redes sociais. As mesmas ferramentas da mecânica estatística desenvolvidas para estudar as propriedades de gases e líquidos têm, na realidade, uma abrangência muito maior, pois sua essência está na descrição do comportamento de corpos em interação, um conceito muito geral.

De forma geral, as transições de fase se apresentam em dois tipos, que dependem do comportamento do potencial termodinâmico relevante no ponto da transição e de suas derivadas no mesmo. Nas **transições contínuas**, grandezas derivadas das energias livres como a magnetização, a densidade, a entropia são contínuas na transição. Já nas **transições descontínuas** acontece o contrário, essas grandezas sofrem um salto, apresentam uma descontinuidade no ponto da transição. Por motivos históricos, as transições contínuas são comumente chamadas **transições de segunda ordem**, e as descontínuas são chamadas **transições de primeira ordem**, embora essa classificação não se sustente rigorosamente (Binney et al. 1995; Goldenfeld 1992).

Na segunda metade do século XX foi observado que, além do caráter geral dos métodos da mecânica estatística, os resultados da caracterização da fenomenologia de muitas transições de fase levou a conclusão de que existem muitos sistemas de natureza física diferente que, no entanto, comporta-se matematicamente da mesma forma ao sofrerem uma transição de fase. Esse fenômeno foi chamado de **universalidade**. Grupos ou famílias de sistemas cujo comportamento termodinâmico perto de uma transição de fase são idênticos se diz que pertencem à mesma **classe de universalidade**. Isso implica que conhecendo as propriedades de um membro qualquer de uma classe, automaticamente conhecemos o comportamento de todos os outros membros perto da transição. A universalidade acontece no contexto de uma classe importante de transições de fase, os **fenômenos críticos**, que são transições de fase contínuas nas quais, dentre outras característiscas distintivas, a derivada do parâmetro de ordem em relação ao campo conjugado diverge na transição, chamado **ponto crítico** [1]. A caracterização dos fenômenos críticos em classes de universalidade se baseia fortemente nas propriedades de simetria dos sistemas, como discutimos brevemente no Capítulo 7. Neste capítulo, vamos estudar alguns modelos e sistemas que ilustram esses conceitos. A descrição mais geral que existe até o presente dos fenômenos críticos se dá no contexto do

---

[1]Em geral, transições de fase contínuas e fenômenos críticos são considerados sinônimos. No entanto, um exemplo de transição contínua sem divergências nas funções resposta é a condensação de Bose-Einstein, estudada no Capítulo 5

CAPÍTULO 8. TRANSIÇÕES DE FASE E FENÔMENOS CRÍTICOS

Grupo de Renormalização, uma técnica importante em diferentes áreas da Física, que permite caracterizar as classes de universalidade (Binney et al. 1995; Chaikin e Lubensky 1995; Goldenfeld 1992; Stanley 1971). Um estudo aprofundado dos fenômenos críticos e do Grupo de Renormalização está além do escopo do presente livro.

8.2 O modelo de Ising em uma dimensão espacial: solução exata

O modelo de Ising foi introduzido originalmente como um modelo de material ferromagnético com forte anisotropia uniaxial, no qual os momentos magnéticos apontam preferencialmente em uma direção. Neste sentido, é um sistema mais simples, com menos graus de liberdade, do que o modelo de Heisenberg no qual os momentos de dipolo magnético podem apontar em qualquer direção no espaço. Ernst Ising (1990-1998) obteve a solução completa da termodinâmica do modelo clássico em uma dimensão espacial. O hamiltoniano do modelo de Ising clássico em um campo magnético externo B é dado por:

$$\mathcal{H} = -J \sum_{\langle ij \rangle} \sigma_i \sigma_j - B \sum_{i=1}^{N} \sigma_i \quad (8.1)$$

onde os "spins de Ising" $\sigma_i = \pm 1$, $i = 1, \ldots, N$ podem tomar apenas dois valores e $\langle ij \rangle$ indica uma soma a todos os pares de primeiros vizinhos (ver figura 8.1).

Para somar a função de partição do modelo em uma dimensão espacial é útil rescrever o hamiltoniano de forma simétrica:

$$\mathcal{H} = -J \sum_{i=1}^{N} \sigma_i \sigma_{i+1} - \frac{1}{2} B \sum_{i=1}^{N} (\sigma_i + \sigma_{i+1}), \quad (8.2)$$

e vamos considerar condições de contorno periódicas identificando $\sigma_{N+1} = \sigma_1$. Desta forma, a cadeia fica fechada formando um anel e os efeitos das bordas do sistema aberto são suprimidos. No limite $N \to \infty$ estas condições de contorno levam ao mesmo resultado da cadeia original aberta nos extremos. A função de partição canônica pode ser escrita na forma:

$$\begin{aligned} Z(T,B) &= \sum_{\sigma_1 = \pm 1} \cdots \sum_{\sigma_N = \pm 1} e^{\beta \sum_{i=1}^{N} \left\{ J \sigma_i \sigma_{i+1} + \frac{1}{2} B (\sigma_i + \sigma_{i+1}) \right\}} \quad (8.3) \\ &= \sum_{\sigma_1 = \pm 1} \cdots \sum_{\sigma_N = \pm 1} \langle \sigma_1 | P | \sigma_2 \rangle \langle \sigma_2 | P | \sigma_3 \rangle \cdots \langle \sigma_{N-1} | P | \sigma_N \rangle \langle \sigma_N | P | \sigma_1 \rangle. \end{aligned}$$

CAPÍTULO 8. TRANSIÇÕES DE FASE E FENÔMENOS CRÍTICOS   188

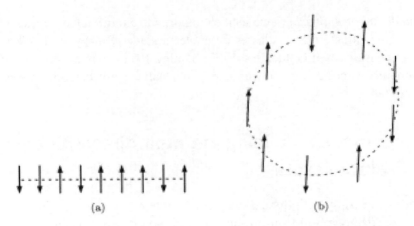

Figura 8.1: O modelo de Ising em $d = 1$. (a) Condições de contorno livres. (b) Condições de contorno periódicas.

Na expressão anterior introduzimos uma notação de "brakets", onde P é definido como o operador com elementos de matriz dados por:

$$\langle \sigma_i | P | \sigma_{i+1} \rangle = \exp\left[\beta \left\{ J\sigma_i \sigma_{i+1} + \frac{1}{2} B(\sigma_i + \sigma_{i+1}) \right\} \right]. \quad (8.4)$$

O operador P é chamado de *matriz de transferência*. Pela definição anterior P é a matriz 2×2:

$$P = \begin{pmatrix} \langle +1|P|+1\rangle & \langle +1|P|-1\rangle \\ \langle -1|P|+1\rangle & \langle -1|P|-1\rangle \end{pmatrix} = \begin{pmatrix} e^{\beta(J+B)} & e^{-\beta J} \\ e^{-\beta J} & e^{\beta(J-B)} \end{pmatrix}. \quad (8.5)$$

Como todos os termos têm a mesma estrutura, a função de partição se reduz a:

$$Z(T, B) = \sum_{\sigma_1 = \pm 1} \langle \sigma_1 | P^N | \sigma_1 \rangle = Tr\, P^N = \lambda_1^N + \lambda_2^N \quad (8.6)$$

onde Tr indica o traço e λ_1 e λ_2 são os autovalores da matriz de transferência P. Os autovalores são determinados pelo determinante secular

$$\begin{vmatrix} e^{\beta(J+B)} - \lambda & e^{-\beta J} \\ e^{-\beta J} & e^{\beta(J-B)} - \lambda \end{vmatrix} = 0, \quad (8.7)$$

cuja solução é:

$$\lambda_\pm = e^{\beta J} \cosh(\beta B) \pm \left\{ e^{-2\beta J} + e^{2\beta J} \sinh^2(\beta B) \right\}^{1/2}. \quad (8.8)$$

CAPÍTULO 8. TRANSIÇÕES DE FASE E FENÔMENOS CRÍTICOS

Pode-se mostrar que $\lambda_- < \lambda_+$, de forma que $(\lambda_-/\lambda_+)^N \to 0$ quando $N \to \infty$. Desta forma, o comportamento do sistema no limite termodinâmico fica determinado apenas pelo máximo autovalor. A energia livre (potencial termodinâmico dos parâmetros intensivos T e B) é dada por:

$$\begin{aligned} F(T,B) &= -k_B T \ln Z(T,B) \approx -N k_B T \ln \lambda_+ \\ &= -NJ - Nk_B T \ln\left(\cosh(\beta B) + \left[e^{-4\beta J} + \sinh^2(\beta B)\right]^{1/2}\right). \end{aligned} \quad (8.9)$$

A magnetização por sítio $m = M/N$ é dada por:

$$m(T,B) = -\frac{1}{N}\left(\frac{\partial F}{\partial B}\right)_T = \frac{\sinh(\beta B)}{\left[e^{-4\beta J} + \sinh^2(\beta B)\right]^{1/2}}. \quad (8.10)$$

Notamos que se o campo externo for nulo, a magnetização também será zero para qualquer temperatura finita, ou seja, o modelo em $d = 1$ não pode se magnetizar espontaneamente a temperatura finita. Entre outras consequências, isso implica na impossibilidade de sofrer uma transição de fase para um estado magnetizado. Por esse motivo, o própio E. Ising considerou que o modelo não apresentava maior interesse. Já em duas dimensões espaciais, o modelo apresenta uma transição de fase a uma temperatura característica T_c em ausência de campo externo. No entanto, no caso $d = 1$ é possível ver que para $T = 0$ a magnetização satura no valor $m = 1$ independentemente do valor de B, o que indica a presença de uma transição de fase a $T = 0$. Também, a partir do resultado anterior, podemos obter a magnetização de um sistema paramagnético, onde os spins praticamente não interagem entre si, fazendo $J = 0 \to m = \tanh(\beta B)$.

Para campos externos fracos $B \ll 1$ podemos aproximar os senos hiperbólicos pelo primeiro termo da série de Taylor, linear em βB, e derivando em relação ao campo obtemos a suscetibilidade da cadeia de Ising no regime de resposta linear:

$$\chi_0(T) = \left(\frac{\partial m}{\partial B}\right)_T = \frac{e^{2J/k_B T}}{k_B T}. \quad (8.11)$$

Notamos que a suscetibilidade diverge exponencialmente para $T \to 0$, diferentemente do que acontece em um ponto crítico usual onde a divergência é na forma de lei de potência $\chi \sim (T - T_c)^{-\gamma}$. A densidade de energia interna $u = U/N$ a campo nulo é dada por:

$$u_0(T) = -\frac{1}{N}\frac{\partial \ln Z(T, B=0)}{\partial \beta} = -J\tanh(\beta J), \quad (8.12)$$

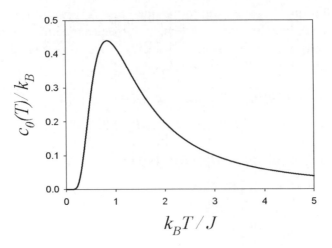

Figura 8.2: O calor específico da cadeia de Ising.

e o calor específico:

$$c_0(T) = \frac{\partial u_0}{\partial T} = k_B(\beta J)^2 \operatorname{sech}^2(\beta J). \tag{8.13}$$

O calor específico apresenta apenas um máximo arredondado, como é possível ver na figura 8.2, semelhante ao que acontece em qualquer sistema simples de dois estados, o efeito Schottky.

Como a cadeia de Ising é um sistema de spins em interação, é natural supor que os spins devam apresentar correlações. Vejamos como calcular funções de correlação spin-spin nesse sistema. Para simplificar o cálculo fixamos $B = 0$ e vamos permitir que a constante de interação $J = J_i$ seja agora função da posição, por motivos apenas técnicos que serão esclarecidos a seguir. Além disso, vamos considerar agora uma cadeia *aberta*, de forma que possui somente $N - 1$ pares de vizinhos próximos. Desta forma, a função de partição do sistema pode ser escrita na forma:

$$Z(T, J_1, \ldots, J_{N-1}) = \sum_{\sigma_1 = \pm 1} \cdots \sum_{\sigma_N = \pm 1} \prod_{i=1}^{N-1} e^{\beta J_i \sigma_i \sigma_{i+1}}. \tag{8.14}$$

A correlação entre um par de spins vizinhos próximos é definida como:

$$\langle \sigma_k \sigma_{k+1} \rangle = \frac{1}{Z} \left(\frac{1}{\beta} \frac{\partial}{\partial J_k} \right) Z = \left(\frac{1}{\beta} \frac{\partial}{\partial J_k} \right) \ln Z. \tag{8.15}$$

CAPÍTULO 8. TRANSIÇÕES DE FASE E FENÔMENOS CRÍTICOS

Notamos que os fatores em 8.14 com σ_1 e σ_N aparecem apenas uma vez. Somando o correspondente com σ_N obtemos:

$$\sum_{\sigma_N=\pm 1} e^{\beta J_{N-1}\sigma_{N-1}\sigma_N} = 2\cosh(\beta J_{N-1}\sigma_{N-1}) = 2\cosh(\beta J_{N-1}), \quad (8.16)$$

onde a última identidade se deve a que o cosh é função par e $\sigma_i = \pm 1$. Procedendo com as somas podemos escrever uma relação de recorrência para a função de partição:

$$Z(T, J_1, \ldots, J_{N-1}) = 2\cosh(\beta J_{N-1}) Z(T, J_1, \ldots, J_{N-2}). \quad (8.17)$$

Substituindo os valores do lado direito obtemos uma solução para a interação:

$$Z(T) = \sum_{\sigma_1=\pm 1} \prod_{i=1}^{N-1} [2\cosh(\beta J_i)] = 2^N \prod_{i=1}^{N-1} \cosh(\beta J_i), \quad (8.18)$$

e portanto:

$$\ln Z(T) = N\ln 2 + \sum_{i=1}^{N-1} \ln \cosh(\beta J_i). \quad (8.19)$$

Aplicando a definição (8.15) obtemos:

$$\langle \sigma_k \sigma_{k+1} \rangle = \tanh(\beta J_k). \quad (8.20)$$

Para obter a correlação entre um par de spins separados por uma distância arbitrária r, notamos que como $\sigma_i = \pm 1$:

$$\begin{aligned}
\langle \sigma_k \sigma_{k+r} \rangle &= \langle (\sigma_k \sigma_{k+1})(\sigma_{k+1}\sigma_{k+2}) \ldots (\sigma_{k+r-1}\sigma_{k+r}) \rangle \\
&= \frac{1}{Z} \left(\frac{1}{\beta}\frac{\partial}{\partial J_k}\right)\left(\frac{1}{\beta}\frac{\partial}{\partial J_{k+1}}\right) \ldots \left(\frac{1}{\beta}\frac{\partial}{\partial J_{k+r-1}}\right) Z \\
&= \prod_{i=k}^{k+r-1} \tanh(\beta J_i). \quad (8.21)
\end{aligned}$$

Nos casos em que as constantes de interação são iguais, $J_i = J\ \forall i$, obtemos:

$$\langle \sigma_k \sigma_{k+r} \rangle = \tanh^r(\beta J). \quad (8.22)$$

Notamos que, para $J > 0$ em $T = 0$ a correlação entre qualquer par de spins $\langle \sigma_k \sigma_{k+r} \rangle = 1$, o que corresponde ao sistema se encontrar em qualquer dos dois estados fundamentais equivalentes, com todos os spins positivos ou todos negativos. Já se $J < 0$ em $T = 0$, $\langle \sigma_k \sigma_{k+r} \rangle = -1$ se r ímpar, e $\langle \sigma_k \sigma_{k+r} \rangle = +1$ se r par. Esse caso corresponde à ordem anti-ferromagnética onde a orientação de spins sucessivos é alternada. Para $T > 0$ podemos escrever:

$$\langle \sigma_k \sigma_{k+r} \rangle = e^{-r/\xi}, \tag{8.23}$$

onde definimos o *comprimento de correlação* $\xi(T)$:

$$\xi(T) = [\ln \coth(\beta J)]^{-1}. \tag{8.24}$$

Para temperaturas baixas $\beta J \gg 1$:

$$\xi \approx \frac{1}{2} e^{2\beta J}, \tag{8.25}$$

que diverge exponencialmente para $T \to 0$. Então vemos que, para temperaturas finitas, os spins do sistema apresentam uma correlação que decai exponencialmente com a distância entre o par de spins considerados. Por sua vez, a correlação decai com uma distância típica ξ, o comprimento de correlação, que depende da temperatura, sendo muito grande a temperaturas baixas e divergindo quando $T \to 0$, como acontece em geral no ponto crítico de transições de fase contínuas, embora a divergência neste caso seja exponencial ao invés de algébrica, como nos pontos críticos comuns. Neste sentido, o modelo de Ising em $d = 1$ é um sistema anômalo, pois não apresenta magnetização espontânea a temperatura finita e apenas apresenta uma transição de fase a temperatura nula com um comportamento crítico peculiar.

8.3 Teoria de campo médio

Quando consideramos sistemas em duas, três ou mais dimensões as dificuldades técnicas para resolver a mecânica estatística dos modelos aumentam consideravelmente, e pouquíssimos sistemas podem ser resolvidos de forma exata. Assim, é importante desenvolver ferramentas para aproximar o cálculo. Existe um grande número de técnicas para obter soluções aproximadas de modelos estatísticos, como expansões em séries de altas e baixas temperaturas, simulações computacionais, aproximações perturbativas baseadas em teorias de campos, técnicas do grupo de renormalização, etc. A mais simples aproximação de aplicação geral a praticamente qualquer sistema é a **teoria de campo médio**.

CAPÍTULO 8. TRANSIÇÕES DE FASE E FENÔMENOS CRÍTICOS 193

A teoria de campo médio começou com a aproximação da equação de estado para um líquido clássico por Johannes Diderick van der Waals (1837-1923), na sua tese em 1873, trabalho que lhe valeu o Prêmio Nobel de Física de 1910. Em 1906, Pierre-Ernest Weiss (1865-1940) desenvolveu uma aproximação equivalente, a "aproximação do campo molecular", para estudar a transição de fase em materiais ferromagnéticos.

8.4 A transição ferromagnética-paramagnética no modelo de Ising

Vamos descrever uma aproximação de campo médio para a transição ferromagnética-paramagnética equivalente à de Weiss, apresentada em 1934 por W. L. Bragg e E. J. Williams, que pode ser generalizada facilmente para descrever as transições de fase em diversos tipos de sistemas magnéticos. Na aproximação de Bragg-Williams começamos calculando a entropia correspondente às configurações dos spins com magnetização fixa por spin igual a m. A magnetização por spin do modelo de Ising (8.1) de uma configuração com N_+ spins para cima e N_- spins para baixo é igual a $m = (N_+ - N_-)/N$, onde $N = N_+ + N_-$ é o número total de spins no sistema.

Para um dado valor de m existe um número grande de configurações possíveis de spins para cima ou para baixo. O logaritmo do número de microestados de magnetização m é a entropia microcanônica do sistema:

$$\frac{S(m)}{k_B} = \ln\left\{\binom{N}{N_+}\right\} = \ln\left\{\binom{N}{N(1+m)/2}\right\}$$
$$= \ln\left\{\frac{N!}{(N(1+m)/2)!(N(1-m)/2)!}\right\}. \qquad (8.26)$$

Usando a aproximação de Stirling para o logaritmo do fatorial de um número grande:

$$\ln N! = N \ln N - N + O(\ln N) \qquad (8.27)$$

obtemos:

$$\frac{S(m)}{k_B N} \equiv \frac{s(m)}{k_B} = \ln 2 - \frac{1}{2}(1+m)\ln(1+m) - \frac{1}{2}(1-m)\ln(1-m). \qquad (8.28)$$

Para obter o potencial termodinâmico de interesse, por exemplo $F(T, m) = U(m) -$

CAPÍTULO 8. TRANSIÇÕES DE FASE E FENÔMENOS CRÍTICOS

$TS(m)$, temos que calcular a energia interna $U = \langle H \rangle$:

$$U(m) = \frac{Tr_m \, H \, e^{-\beta H}}{Z_m}. \qquad (8.29)$$

Tr_m é um traço restrito a configurações com magnetização m, $Z_m = Tr_m e^{-\beta H}$ é a função de partição restrita, $\beta = 1/k_B T$ e k_B é a constante de Boltzmann. O cálculo de Z_m é, em geral, complexo e equivale a obter a solução exata para o modelo. Em seu lugar realizamos um cálculo aproximado, a *aproximação de campo médio*. Basicamente, a aproximação de campo médio equivale a desconsiderar as correlações:

$$\langle \sigma_i \sigma_j \rangle \to \langle \sigma_i \rangle \langle \sigma_j \rangle. \qquad (8.30)$$

Na aproximação de Bragg-Williams $\langle \sigma_i \rangle = m$ que, no caso de uma fase homogênea, é independente da posição. Então:

$$U(m) = -J \sum_{\langle ij \rangle} \langle \sigma_i \sigma_j \rangle \approx -J \sum_{\langle i,j \rangle} m^2 = -\frac{1}{2} J N z m^2, \qquad (8.31)$$

onde z é o número de vizinhos próximos dos sítios da rede. Em uma rede hipercúbica de dimensão d, $z = 2d$. Desta forma, a densidade de energia livre na aproximação de Bragg-Williams é dada por:

$$\begin{aligned} f(T,m) &= (U - TS)/N \\ &= -\frac{1}{2} J z m^2 + \frac{k_B T}{2} [(1+m)\ln(1+m) + (1-m)\ln(1-m)] \\ &\quad - k_B T \ln 2. \end{aligned} \qquad (8.32)$$

A função $f(T,m)$ está representada graficamente para diversas temperaturas na Figura 8.3, onde foi subtraído o último termo $k_B T \ln 2$, pois não modifica a forma qualitativa como função de m e nem o comportamento na transição de fase. No painel da esquerda, que corresponde à situação com campo externo nulo ($B = 0$), vemos que a altas temperaturas, a função apresenta um único mínimo em $m = 0$. Esta é a fase paramagnética. A uma temperatura bem definida T_c a função passa a ter dois mínimos simétricos $\pm m$. O valor absoluto destes mínimos cresce a medida que a temperatura baixa com $|m| \to 1$ quando $T \to 0$. No entorno de T_c o valor de m é muito pequeno, e por este motivo podemos expandir as funções termodinâmicas em séries de potências de m:

$$s(m) = \ln 2 - \frac{1}{2} m^2 - \frac{1}{12} m^4 + \ldots \qquad (8.33)$$

CAPÍTULO 8. TRANSIÇÕES DE FASE E FENÔMENOS CRÍTICOS

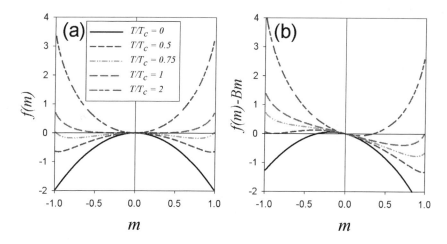

Figura 8.3: A energia livre do modelo de Ising na aproximação de campo médio.

e

$$f(T, m) = \frac{1}{2}(k_B T - zJ)m^2 + \frac{1}{12}k_B T\, m^4 - k_B T \ln 2 + \ldots \quad (8.34)$$

Para T fixa, a função f apresenta um mínimo único em $m = 0$ se $T \geq zJ/k_B$. Exatamente em $T_c = zJ/k_B$ a função desenvolve dois mínimos simétricos com $m \neq 0$. Essa temperatura indica a presença de uma *quebra espontânea da simetria de inversão* do modelo de Ising, assinatura de uma *transição de fase contínua ou de segunda ordem* na temperatura crítica:

$$T_c = \frac{zJ}{k_B}. \quad (8.35)$$

Na presença de um campo magnético externo B, a energia livre $f - Bm$ é assimétrica, como mostra a Figura 8.3(b). Para temperaturas altas, $T > T_c$, a energia livre apresenta um único mínimo $m > 0$. Em $T = T_c$ aparece um segundo mínimo local. O mínimo com $m > 0$ continua sendo o mínimo absoluto para $T < T_c$ se $B > 0$ e, portanto, neste caso o comportamento do parâmetro de ordem não muda em $T = T_c$. A equação de estado é obtida minimizando a energia livre em relação a m:

$$\begin{aligned}\frac{\partial (f - Bm)}{\partial m} &= -zJm + \frac{k_B T}{2} \ln\left[(1+m)/(1-m)\right] - B \\ &= -zJm + k_B T \tanh^{-1} m - B = 0,\end{aligned} \quad (8.36)$$

resultando em:
$$m = \tanh[\beta(B + zJm)]. \tag{8.37}$$

A quantidade $B + zJm$ é o campo local médio, o mesmo para todos os sítios do sistema no caso do modelo de Ising. Ele tem uma contribuição do campo externo B e uma contribuição proveniente do campo molecular produzido pelos vizinhos próximos de um sítio, $zJm = k_B T_c m$. O comportamento da equação de estado pode ser visualizado na Figura 8.4(a) no caso de campo nulo e 8.4(b) quando o campo externo é não nulo.

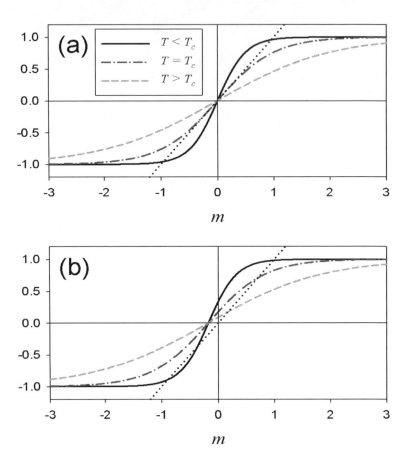

Figura 8.4: A equação de estado do modelo de Ising na aproximação de campo médio. (a) $B = 0$. (b) $B \neq 0$.

Expandindo a equação de estado para temperaturas baixas e campo nulo obte-

mos:
$$m = \tanh(\beta z J m) \approx 1 - 2\,e^{-2\beta z J}, \qquad (8.38)$$

e, portanto, $m \to 1$ exponencialmente rápido com T. Perto da temperatura de transição $m \ll 1$ e podemos expandir para m pequeno ($\tanh x \sim x - x^3/3 + \ldots$):

$$m \approx (T_c/T)m - \frac{1}{3}(T_c/T)^3\, m^3 \approx (T_c/T)\,m - \frac{1}{3}m^3, \qquad (8.39)$$

onde no último passo aproximamos $(T_c/T)^3 \sim 1$ já que o termo cúbico tende para um mais rápido que o termo linear quando $T \to T_c$. Notamos que $m = 0$ é sempre solução. Existem outras duas soluções com $m \neq 0$:

$$m = \pm[3(T_c - T)/T]^{1/2}. \qquad (8.40)$$

m tende para zero de forma contínua a medida que $T \to T_c$. Como antecipado ao comentar sobre o comportamento qualitativo da energia livre perto de T_c, a transição de fase ferromagnética-paramagnética no modelo de Ising é uma *transição contínua* na aproximação de campo médio. O expoente $1/2$ é um exemplo de *expoente crítico*, cujo significado iremos discutir mais adiante neste capítulo no contexto da teoria de Landau, e com mais detalhe no capítulo sobre o Grupo de Renormalização. O comportamento da magnetização do modelo de Ising, decaindo continuamente para zero com uma lei de potências ao se aproximar do ponto crítico, além do correspondente expoente crítico, representa uma manifestação genérica das transições de fase contínuas. Todos os sistemas cujo parâmetro de ordem apresenta o mesmo comportamento crítico, no sentido do parâmetro de ordem ir a zero seguindo uma lei de potências caracterizada por um mesmo expoente, pertencem a mesma *classe de universalidade*.

Na aproximação de Bragg-Williams como desenvolvida acima, assumimos que o parâmetro de ordem é espacialmente uniforme $\langle \sigma_i \rangle = m$. Esta condição pode ser relaxada para permitir um parâmetro espacialmente variável $\langle \sigma_i \rangle = m_i$. Neste caso, a energia livre pode ser escrita na forma:

$$F = -\frac{1}{2}\sum_{\langle i,j \rangle} J_{ij}\, m_i m_j - T \sum_i s(m_i) - B \sum_i m_i. \qquad (8.41)$$

Essa forma é preferível para tratar casos nos quais o parâmetro de ordem não é uniforme, como é o caso de fases moduladas em cristais líquidos, ou diferentes tipos de ordem antiferromagnética.

Existe uma variedade grande de formas para se obter aproximações de campo médio, neste capítulo vimos apenas uma delas. Embora a essência dos resultados seja equivalente, em particular todas elas levam aos mesmos expoentes críticos, outras abordagens podem ser úteis em situações específicas e resultar em melhoras importantes na determinação das linhas de transição nos diagramas de fases e na determinação de temperaturas críticas. Uma delas consiste em obter aproximações variacionais à energia livre do sistema, partindo de uma desigualdade atribuida a Peierls e Bogoliubov (ver, por exemplo, os livros de Salinas (Salinas 2005) e o de Chaikin-Lubensky (Chaikin e Lubensky 1995)). Uma outra abordagem interessante, que permite melhorar de forma sistemática os diagramas de fases, são as aproximações de "aglomerados", que consistem essencialmente em considerar de forma exata um aglomerado (cluster) de spins e o resto do sistema entra na forma de um campo médio. A aproximação de aglomerado de dois corpos, conhecida como aproximação de Bethe-Peierls, permite obter diagramas de fases mais precisos assim como aprimorar as aproximações das funções termodinâmicas no modelo de Ising e outros sistemas (ver, por exemplo, os livros de Salinas (Salinas 2005) e de Pathria (Pathria e Beale 2011)). No entanto, pela sua natureza, as aproximações de campo médio apresentam uma limitação fundamental na descrição dos fenômenos críticos, isto é, todas as aproximações de campo médio levam aos mesmos valores para os expoentes críticos, chamados na literatura de "expoentes clássicos", cujo valor numérico é, às vezes, muito diferente dos valores exatos para um dado modelo. Um grande avanço neste sentido, é dado por uma formulação devida originalmente a Lev Landau (1908-1968) (Landau e Lifshitz 2011), que permite melhorar sistematicamente os resultados de campo médio partindo de uma série de observações fundamentais sobre o comportamento dos sistemas físicos na vizinhança de um ponto crítico.

Para fechar esta seção sobre a aproximação de campo médio do modelo de Ising, notamos que o ponto de partida foi desenvolver uma aproximação para a energia livre do modelo como função do parâmetro de ordem M, uma variável extensiva, em lugar do seu campo conjugado, o campo magnético B, que é uma variável intensiva. Esta alternativa é fundamental no formalismo da teoria de Landau que vamos ver a continuação.

8.5 A transição líquido-gás

Quando entregamos calor a um recipiente com água a pressão constante, inicialmente a temperatura aumenta e a densidade do líquido diminui, como mostrado no diagrama pressão-densidade da figura 8.5. Em algum momento deste processo surgem as primeiras bolhas de gás, e o sistema entra em uma região onde as fases

CAPÍTULO 8. TRANSIÇÕES DE FASE E FENÔMENOS CRÍTICOS 199

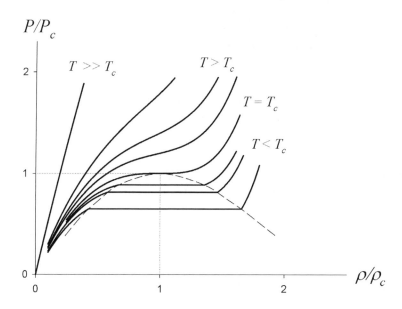

Figura 8.5: Diagrama esquemático pressão-densidade para um fluido clássico, mostrando isotermas e a curva de coexistência. Os valores dos eixos estão normalizados pelos correspondentes valores no ponto crítico.

líquida e gasos coexistem, região limitada pela linha pontilhada na figura. Na região de coexistência as densidades do líquido, ρ_l, e do gás, ρ_g, variam até que todo o líquido se evapora. Notamos que na região de coexistência, se mantemos o processo a pressão constante, a temperatura também permanece constante. Isto vale enquanto coexistem uma parte de líquido e uma parte de gás no sistema. A densidade diminui continuamente enquanto o líquido se evapora completamente. A partir desse ponto a temperatura do gás volta a aumentar. A diferença entre as densidades da fase líquida e da fase gasosa apresenta uma descontinuidade em função da temperatura, que caracteriza a **transição líquido-gás**. Definindo $\phi = \rho_l - \rho_g$ como sendo o parâmetro de ordem do sistema, o salto finito do mesmo na temperatura da transição para uma pressão fixa é a característica marcante de uma transição de fase descontínua.

Podemos passar pela mesma região de coexistência se em lugar de manter a pressão constante, mantemos a temperatura constante. Na figura 8.5 notamos que existe uma temperatura crítica, $T = T_c$, na qual a região de coexistência se reduz a um ponto, o **ponto crítico** (T_c, P_c, ρ_c). Para temperaturas acima de T_c podemos transformar o líquido continuamente em gás, sem passar por uma transição de fase.

Claramente, a transição de fase líquido-gás, para pressões $P < P_c$ é uma transição de primeira ordem, onde é necessário entregar uma certa quantidade de calor, chamado **calor latente de ebulição**, ou de vaporização, para transformar o líquido na temperatura da transição em gás na mesma temperatura.

Do ponto de vista da simetria, as fases líquida e gasosa possuem as mesmas simetrias de homogeneidade e isotropia espacial. Portanto, a transição líquido-gás mostra que não é necessária uma mudança de simetria para que uma transição de fase aconteça.

À temperaturas muito maiores que T_c a equação de estado na fase gasosa é dada pela equação dos gases ideais:

$$Pv = k_B T, \tag{8.42}$$

onde $v = V/N$ é o volume específico (volume por partícula) e k_B é a constante de Boltzmann. Em termos da densidade $\rho = 1/v$, a equação de estado, $P = \rho k_B T$, é representada por uma reta, ilustrada na figura 8.5, válida para temperaturas $T \gg T_c$.

8.5.1 A equação de estado de van der Waals

Em sua tese de doutorado em 1873, Johannes D. van der Waals propôs uma modificação da equação de estado dos gases ideais que leva em conta o tamanho finito dos átomos e a atração média entre eles. O tamanho é levado em conta de uma forma efetiva, reduzindo o volume acessível por partícula por uma constante b, que corresponde ao *volume excluído*, ou seja, ao tamanho efetivo da partícula. Já a atração entre as partículas a densidades moderadas é levada em conta considerando que a energia média por partícula é proporcional à densidade. Como a pressão $P = -\partial f / \partial v = \frac{1}{v^2} \partial f / \partial \rho$, a condição anterior se traduz em uma redução da pressão por um fator proporcional a v^{-2}. Desta forma, a equação de estado de van der Waals é:

$$P = \frac{k_B T}{v - b} - \frac{a}{v^2}, \tag{8.43}$$

onde b corresponde ao *volume de caroço duro* de uma partícula, e $a > 0$ é uma medida da força atrativa entre as mesmas. Como este último termo leva em conta o comportamento médio do sistema, a equação de estado de van der Waals tem o status de uma aproximação de campo médio. Estas modificações simples são suficientes para resultar em um comportamento complexo da equação de estado, muito diferente do comportamento trivial da equação dos gases ideais.

CAPÍTULO 8. TRANSIÇÕES DE FASE E FENÔMENOS CRÍTICOS   201

Vamos analisar o comportamento da equação de estado de van der Waals no diagrama pressão-volume específico mostrado na figura 8.6 (equivalente ao diagrama pressão-densidade da figura 8.5). Uma diferença notável entre as figuras

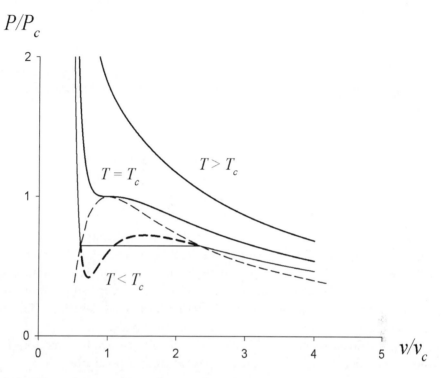

Figura 8.6: Diagrama pressão-volume específico obtido a partir da equação de estado de van der Waals (8.43) mostrando algumas isotermas. Notar o comportamento das isotermas no interior da região de coexistência, em desacordo com as expectativas para a estabilidade termodinâmica.

8.5 e 8.6 é o comportamento das isotermas na região de coexistência. As isotermas da equação de estado de van der Waals não apresentam o comportamento não analítico, esperado na transição entre as fases gasosa e líquida. Pelo contrário, elas são funções perfeitamente analíticas para qualquer volume. Isto é consequência da incapacidade do modelo de van der Waals de minimizar globalmente a energia livre no equilíbrio termodinâmico. Vejamos isso em detalhe. A energia interna do fluido satisfaz:

$$dU = TdS - PdV + \mu dN. \qquad (8.44)$$

CAPÍTULO 8. TRANSIÇÕES DE FASE E FENÔMENOS CRÍTICOS 202

A energia livre de Helmoltz correspondente, $F(T, V, N) = U - TS$:

$$dF = -SdT - PdV + \mu dN, \tag{8.45}$$

e a energia livre de Gibbs, $G(T, P, N) = F + PV = \mu N$:

$$dG = -SdT + VdP + \mu dN. \tag{8.46}$$

A coexistência entre o gás e o líquido na transição implica a igualdade dos potenciais químicos correspondentes: $\mu_g = \mu_l$. Da energia livre de Gibbs obtemos que:

$$d\mu = -\frac{S}{N}dT + \frac{V}{N}dP, \tag{8.47}$$

e, portanto, ao longo de uma isoterma, $dT = 0$, verifica-se que:

$$\int_{gás}^{líq.} d\mu = \mu_l - \mu_g = \int_{gás}^{líq.} \frac{V}{N}dP = 0 \tag{8.48}$$

Se, além de equilíbrio químico, exigimos equilíbrio mecânico, ou seja, que a pressão na fase gasosa seja a mesma que a pressão na fase líquida na coexistência, então a isoterma deve ser horizontal. Esta observação, mais o resultado anterior da integral na pressão ao longo da isoterma, implica que as áreas entre a isoterma de van der Waals na figura 8.6 e a isoterma horizontal devem ser iguais. Este resutado se conhece como *regra de Maxwell das áreas iguais*.

Integrando a equação de van der Waals (8.43) ao longo de uma isoterma obtemos a energia livre de Helmholtz por partícula correspondente:

$$f(T, v) = -k_B T \ln(v - b) - \frac{a}{v} + f_0(T), \tag{8.49}$$

onde $f_0(T)$ é uma função analítica da temperatura. Esta energia livre é mostrada na figura 8.7. Notamos que a função têm setores não convexos, em contradição com a termodinâmica. A restauração da convexidade, equivalente à regra de Mawxwell de áreas iguais, corresponde aqui a substituir o setor côncavo da função por um segmento de reta que tangencia a função nos valores do volume específico correspondentes à v_l e v_g. O segmento reto apresenta uma derivada constante que é justamente o negativo do valor da pressão do fluido na região de coexistência.

Para determinar o ponto crítico do fluido de van der Waals, notamos que em (T_c, P_c, v_c) a isoterma crítica apresenta um ponto de inflexão, e então:

$$\frac{\partial P}{\partial v} = \frac{\partial^2 P}{\partial v^2} = 0. \tag{8.50}$$

CAPÍTULO 8. TRANSIÇÕES DE FASE E FENÔMENOS CRÍTICOS 203

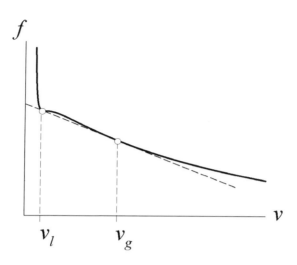

Figura 8.7: Energia livre de Helmoltz por partícula em função do volume específico, correspondente a uma isoterma de van der Waals. Notar a presença de uma região não convexa e a correção segundo a regra de Maxwell, em linha tracejada, que restaura a convexidade.

A terceira condição provém de observar que $P(v)$ é um polinômio cúbico. Então, para uma pressão fixa arbitrária, a equação terá de forma geral três soluções. Para $T > T_c$ uma solução é real e duas imaginárias. Para $T < T_c$ as três soluções são reais. Portanto, no ponto crítico as três soluções devem colapsar em uma. Escrevendo a equação de van der Waals na forma:

$$v^3 - \left(b + \frac{k_B T}{P}\right) v^2 + \frac{a}{P} v - \frac{ab}{P} = 0, \qquad (8.51)$$

e notando que, no ponto crítico, as três raízes devem ser iguais, a equação anterior deve ter a forma:

$$(v - v_c)^3 = 0. \qquad (8.52)$$

Igualando coeficientes e organizando o resultado obtemos:

$$v_c = 3b \qquad P_c = a/27b^2 \qquad k_B T_c = 8a/27b. \qquad (8.53)$$

Este resultado implica que fazendo um ajuste numérico dos parâmetros fenomenológicos a e b com dados experimentais de altas temperaturas, podemos predizer

CAPÍTULO 8. TRANSIÇÕES DE FASE E FENÔMENOS CRÍTICOS   204

os valores de P_c, v_c, T_c. De fato essa predição é razoavelmente boa para muitas substâncias.

A teoria de Van der Waals também prediz que a quantidade:

$$\frac{P_c v_c}{k_B T_c} = \frac{3}{8} = 0.375, \tag{8.54}$$

é uma *constante universal*, independente de a e b, ou seja, a mesma para todos os fluidos! Experimentalmente esta constante vale 0.292 para argônio, 0.23 para a água, e 0.31 para ^4He. O acordo é razoável levando em conta a simplicidade da teoria.

Derivando a equação de estado (8.43) em relação a v para T fixo, e fixando $v = v_c$, é fácil verificar que:

$$\left(\frac{\partial P}{\partial v}\right)_{T;v=v_c} = -\frac{k_B T}{4b^2} + \frac{2a}{27b^3} = -\frac{k_B}{4b^2}(T - T_c). \tag{8.55}$$

Este resultado implica que a compressibilidade isotérmica diverge no ponto crítico na forma:

$$\kappa_T = -\frac{1}{v}\left(\frac{\partial v}{\partial P}\right)_{T;v=v_c} \propto \left(\frac{T - T_c}{T_c}\right)^{-\gamma}, \tag{8.56}$$

onde $\gamma = 1$ é um expoente crítico. O valor 1 é característico das aproximações de campo médio e, em geral, difere dos resultados experimentais.

8.5.2 A lei dos estados correspondentes

Definindo as variáveis reescaladas:

$$\pi = P/P_c; \qquad \nu = v/v_c; \qquad \tau = T/T_c, \tag{8.57}$$

a equação de Van der Waals pode ser escrita de forma adimensional:

$$\pi = \frac{8\tau}{3\nu - 1} - \frac{3}{\nu^2}. \tag{8.58}$$

Este resultado notável implica que, reescalando as variáveis de estado pelos seus valores no ponto crítico, *todos os fluidos* têm a mesma equação de estado, sem parâmetros microscópicos adicionais! Esta é a **lei dos estados correspondentes**. Como a universalidade implicada por esta lei vale a nível da equação de estado, então todas as propriedades termodinâmicas dos fluidos clássicos devem ser igualmente universais.

É importante notar que a universalidade implicada pela lei dos estados correspondentes é diferente da universalidade do ponto crítico. A lei dos estados correspondentes é válida em todo o diagrama de fases, não só no ponto crítico. É possível mostrar que essa lei surge de uma análise dimensional e, portanto, sua aplicação vai além da equação de van der Waals. De fato, experimentalmente se observa que a lei dos estados correspondentes é respeitada mesmo no caso de fluidos que não obedecem a equação de estado de van der Waals. Na figura 8.8 é possível observar o bom colapso de dados experimentais em um diagrama de fases com as variáveis reescaladas P/P_c e T/T_c.

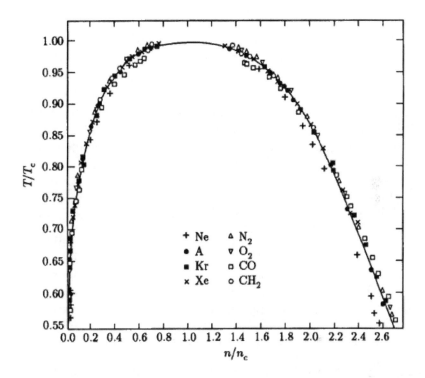

Figura 8.8: Curva de coexistência gás-líquido para diversos fluidos moleculares. $n = 1/v$ é a densidade do fluido. Figura reproduzida de (Guggenheim 1945), autorizada pela AIP Publishing.

8.6 A teoria de Landau para transições de fase

Até aqui vimos que o programa da mecânica estatística tem sido o cálculo da função de partição de um sistema, a partir da qual é possível fazer uma conexão rigorosa com a termodinâmica do mesmo. No entanto, o cálculo da função de partição é, em geral, uma tarefa complexa e, então, é desejável ter acesso aos potenciais termodinâmicos por caminhos alternativos, a partir de premissas gerais sobre o comportamento do sistema, mesmo sem contar com uma descrição detalhada a partir do hamiltoniano do mesmo.

Lev Landau propôs uma abordagem deste problema de caráter muito geral, fenomenológica, baseada nas propriedades de simetria de uma função do parâmetro de ordem, $F_L(T, V, \Phi)$, onde Φ é o parâmetro de ordem do sistema considerado, por exemplo, a magnetização em um sistema de spins. Às vezes, $F_L(T, V, \Phi)$ é chamado na literatura de "energia livre de Landau" ou "hamiltoniano efetivo", embora o potencial termodinâmico corresponde ao mínimo da função $F_L(T, V, \Phi)$ em relação a Φ. Como veremos, a teoria de Landau encontra aplicação principalmente na descrição de transições de fase contínuas, onde o parâmetro de ordem é pequeno na vizinhança da transição. Em casos especiais também pode ser aplicada no estudo de transições descontínuas, sempre que a descontinuidade seja pequena de forma a permitir uma expansão do potencial termodinâmico em potências do parâmetro de ordem.

8.6.1 Transições de fase contínuas

Como antecipado, o primeiro passo na formulação de Landau das transições de fase contínuas é abrir mão da generalidade representada pela função de partição e concentrar a descrição no comportamento esperado do potencial termodinâmico *na vizinhança da transição* $T \sim T_c$, em função do parâmetro de ordem Φ.

Podemos resumir a teoria de Landau em dois postulados básicos:

1. $F_L(T, V, \Phi)$ deve respeitar as simetrias do hamiltoniano do sistema.

2. Perto de uma transição de fase contínua o parâmetro de ordem é pequeno, e então podemos expandir a função F_L em série de Taylor:

$$f_L(T, \phi) \equiv \frac{F_L}{V} = \sum_{n=0}^{\infty} a_n([K], T)\, \phi^n, \qquad (8.59)$$

CAPÍTULO 8. TRANSIÇÕES DE FASE E FENÔMENOS CRÍTICOS

onde $\phi = \Phi/V$ e $[K]$ é um conjunto de constantes de interação. Vamos assumir, por enquanto, que o parâmetro de ordem seja espacialmente homogêneo, como em um fluido simples ou no ferromagneto de Ising. A suposição que f_L possa ser desenvolvida em uma série de Taylor implica que ela é uma função analítica de ϕ e de $[K]$ perto da transição.

Na prática, a expansão (8.59) é limitada a um número pequeno de termos pois $\phi \to 0$ quando $T \to T_c$. A quantidade de termos que será necessária para descrever corretamente a transição de fase dependerá essencialmente da dimensão espacial d e da dimensão do parâmetro de ordem n, como veremos nos exemplos adiante. No caso do modelo de Ising, a dimensão do parâmetro de ordem (a magnetização $\phi = m$) é $n = 1$, pois é necessário apenas um número, um escalar, para defini-lo. A transição de fase é contínua em qualquer dimensão espacial $d \geq 2$ quando $h = 0$. Como vimos, se trocarmos $m \to -m$ a energia livre não muda, o que representa a simetria básica do potencial termodinâmico. Portanto, o truncamento da expansão para o potencial até ordem ϕ^4 é suficiente, pois a função deve apresentar apenas um mínimo em $\phi = 0$ para $T \geq T_c$, e dois mínimos simétricos em torno de zero para $T < T_c$.

Para uma dada temperatura e campo externo, o valor de equilíbrio do parâmetro de ordem corresponde ao mínimo absoluto da função $\mathcal{L} = f_L(T, \phi) - h\phi$. Continuando com o exemplo do modelo de Ising, minimizando $\mathcal{L}$ em relação a ϕ obtemos a equação de estado:

$$\left.\frac{\partial \mathcal{L}}{\partial \phi}\right|_{\phi_0} = a_1 + 2a_2\, \phi_0 + 3a_3\, \phi_0^2 + 4a_4\, \phi_0^3 - h = 0. \qquad (8.60)$$

Os coeficientes da série de potências podem ser determinados analisando as simetrias esperadas do potencial. Quando $h = 0$, o parâmetro de ordem $\phi_0 = 0$ para $T \geq T_c$, o que fixa o primeiro coeficiente: $a_1 = 0$. No caso do modelo de Ising a campo externo nulo, o hamiltoniano é invariante pela inversão simultânea de todos os spins e, portanto, $\mathcal{L}$ deve ser uma função par do parâmetro de ordem $\mathcal{L}(\phi) = \mathcal{L}(-\phi)$. Como consequência, as potências ímpares devem ser nulas:

$$\mathcal{L}(T, \phi) = a_0 + a_2\, \phi^2 + a_4\, \phi^4. \qquad (8.61)$$

A estabilidade do estado de equilíbrio termodinâmico para $T < T_c$ exige que $a_4 > 0$. Caso contrário, as soluções $\phi_0 \to \pm\infty$ poderiam se tornar mínimos absolutos de $\mathcal{L}$. O coeficiente a_0 é o valor de $\mathcal{L}$ para $T > T_c$, quando $\phi_0 = 0$. Pode-se pensar nele como contendo as contribuições a $\mathcal{L}$ não provenientes do parâmetro de ordem de interesse. Nesse sentido, como o que queremos é descrever a transição de fase associada a ϕ_0, vamos considerar $a_0 = 0$, ou então redefinir $\mathcal{L} - a_0 \to \mathcal{L}$. Como os coeficientes podem depender, em geral, da temperatura, perto da transição podemos expandi-los na forma:

$$a_2 = a_2^0 + \frac{T - T_c}{T_c} a_2^1 + O((T - T_c)^2) \tag{8.62}$$

$$a_4 = a_4^0 + \frac{T - T_c}{T_c} a_4^1 + O((T - T_c)^2). \tag{8.63}$$

Após as considerações anteriores, da equação de estado (8.60) quando $h = 0$ obtemos:

$$\phi_0 = \begin{cases} 0 & \text{se } T \geq T_c, \\ \pm\sqrt{\frac{-a_2(T)}{2a_4}} & \text{se } T < T_c. \end{cases} \tag{8.64}$$

Olhando para a raiz quadrada, para que ϕ_0 possa ter uma solução real e finita para $T < T_c$ se deve satisfazer que $a_2^0 = 0$. Pode-se escolher a_4 como uma constante positiva, pois sua dependência com T não é dominante para determinar o comportamento termodinâmico na transição. Isso fica mais claro olhando para a dependência do parâmetro de ordem na temperatura perto da transição de fase, o que faremos adiante.

Finalmente, se acrescentarmos um termo proveniente de um campo externo h conjugado de ϕ, a função de Landau para um sistema com parâmetro de ordem escalar adota a seguinte forma:

$$\mathcal{L} \equiv f_L(T, \phi) - h\,\phi = \frac{1}{2} r\,\phi^2 + u\,\phi^4 - h\,\phi, \tag{8.65}$$

onde $r = a(T - T_c)$ e as constantes foram redefinidas para corresponder com a notação usual na literatura. O termo de campo externo $h\phi$ quebra a simetria de inversão do modelo e então, em princípio, um termo proporcional a ϕ^3 é permitido na expansão em potências. No entanto, pode-se mostrar que, neste caso, o termo cúbico não afeta as propriedades termodinâmicas na proximidade do ponto crítico. O comportamento da função $\mathcal{L}$ para diferentes temperaturas e campos externos está representado na figura 8.9. É importante notar que a teoria de Landau é uma teoria *fenomenológica*, ou seja, ela não está baseada em um modelo microscópico, tendo sido obtida apenas por argumentos de simetria. Ela fornece o comportamento qualitativo correto na proximidade de uma transição de fase contínua. Por exemplo, diferentemente da aproximação de campo médio de Bragg-Williams para o modelo de Ising, a teoria fenomenológica de Landau não prediz

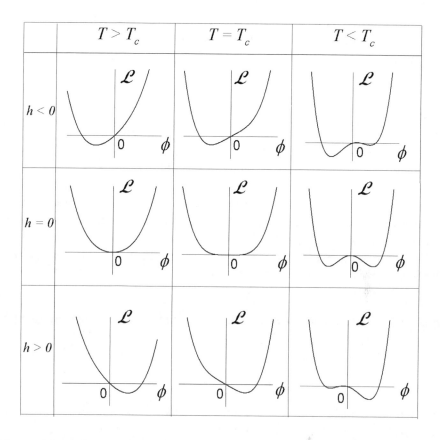

Figura 8.9: A função de Landau para um modelo com simetria tipo Ising.

um valor para a temperatura crítica em função de parâmetros microscópicos. No entanto, faz predições para grandezas *universais*, como os *expoentes críticos*. De (8.64) extraimos o comportamento do parâmetro de ordem nas proximidades da transição:

$$\phi_0 \sim (T_c - T)^\beta, \qquad T \leq T_c \qquad (8.66)$$

Vemos que $\phi_0 \to 0$ com uma lei de potência da diferença entre a temperatura e a temperatura crítica, com o expoente crítico $\beta = 1/2$. Este expoente é o mesmo que é obtido na aproximação de Bragg-Williams. Na realidade, todas as aproximações de campo médio para quaisquer sistemas cujos parâmetros de ordem apresentem as mesmas simetrias dão como resultado os mesmos expoentes críticos, chamados de *expoentes clássicos*. Tanto a aproximação de Bragg-Williams como a teoria de Landau consideram um parâmetro de ordem homogêneo, ou seja, desconsideram flutuações. Quando flutuações são incluidas no cálculo dos expoentes, em geral, eles tomam valores diferentes se a dimensão espacial for menor que a chamada "dimensão crítica superior d_u". Para dimensões $d \geq d_u$ os expoentes críticos exatos coincidem com os valores fornecidos pela aproximação de campo médio. Para o modelo de Ising, a dimensão crítica superior $d_u = 4$. Em $d = 3$ o valor de $\beta \sim 1/3$, e em $d = 2$, na qual se conhece a solução exata do modelo, $\beta = 1/8$.

Como já vimos, podemos obter a equação de estado minimizando a (8.65) em relação a ϕ:

$$r\,\phi_0 + 4u\,\phi_0^3 = h. \qquad (8.67)$$

Para campo externo nulo obtemos o resultado que já antecipamos em (8.64):

$$\phi_0 = \begin{cases} 0 & \text{se } T \geq T_c, \\ \pm\sqrt{\frac{-r}{4u}} & \text{se } T < T_c. \end{cases} \qquad (8.68)$$

Derivando a equação de estado em relação ao campo conjugado h, obtemos $[r + 12u\,\phi_0^2]\frac{\partial \phi_0}{\partial h} = 1$, que fornece a suscetibilidade do parâmetro de ordem:

$$\chi = \left(\frac{\partial \phi_0}{\partial h}\right)_T = \begin{cases} 1/r & \text{se } T \geq T_c \\ 1/2|r| & \text{se } T < T_c. \end{cases} \qquad (8.69)$$

A suscetibilidade do parâmetro de ordem definida acima é uma quantidade fundamental para entender o comportamento do sistema nas proximidades de uma transição de fase contínua. $\chi(T)$ mede a variação do parâmetro de ordem frente a uma pequena variação do seu campo conjugado. Ela é uma *função resposta* e,

CAPÍTULO 8. TRANSIÇÕES DE FASE E FENÔMENOS CRÍTICOS 211

como veremos a seguir, diverge na temperatura crítica. Substituindo a dependência de r na temperatura obtemos:

$$\chi \sim |T - T_c|^{-\gamma}. \tag{8.70}$$

γ é outro expoente crítico universal, que na teoria de Landau vale $\gamma = 1$ e corresponde ao valor de campo médio para sistemas com parâmetro de ordem tipo Ising. Portanto, em um ponto crítico a suscetibilidade do parâmetro de ordem diverge com uma lei de potências da distância até a temperatura crítica. Em $d = 3$, quando são consideradas flutuações na vizinhança do ponto crítico, o expoente $\gamma \sim 4/3$ para sistemas com parâmetro de ordem com simetria tipo Ising, e em $d = 2$ o valor exato é $\gamma = 7/4$.

O parâmetro de ordem em função do campo externo na temperatura crítica também apresenta comportamento universal. Novamente, a partir da equação de estado (8.67) obtemos em $T = T_c$ ($r = 0$):

$$\phi_0 \sim \left(\frac{h}{4u}\right)^{1/\delta}, \tag{8.71}$$

onde $\delta = 3$ é outro expoente crítico de campo médio, $\delta \sim 5.2$ em $d = 3$ e $\delta = 15$ em $d = 2$ (exato).

O potencial termodinâmico $f \equiv f_L(T, \phi_0)$ a campo nulo é zero para $T \geq T_c$ e negativo para $T < T_c$:

$$f = \begin{cases} 0 & \text{se } T \geq T_c \\ -r^2/(16u) & \text{se } T < T_c. \end{cases} \tag{8.72}$$

Deste resultado podemos obter o valor do calor específico:

$$c = -T\frac{\partial^2 f}{\partial T^2} = \begin{cases} 0 & \text{se } T \geq T_c \\ T a^2/(8u) & \text{se } T < T_c. \end{cases} \tag{8.73}$$

O calor específico apresenta uma descontinuidade finita na temperatura crítica, um resultado genérico para aproximações de campo médio, como acontece com os outros expoentes críticos. De forma geral, o calor específico apresenta comportamento universal perto do ponto crítico da forma $c \sim |T - T_c|^{-\alpha}$. Em alguns sistemas, como no modelo de Ising em dimensão $d = 2$, c diverge lentamente, de forma logaritmica, ao se aproximar o ponto crítico. O fato do calor específico na teoria de Landau apresentar uma descontinuidade finita implica que o expoente crítico $\alpha = 0$. Diferentes graus de liberdade, de spin, eletrônicos, vibracionais, etc. contribuem para o calor específico total de uma dada substância. O resultado anterior leva em conta apenas a contribuição dos graus de liberdade associados ao parâmetro de ordem, por exemplo, o spin em sistemas magnéticos. Na figura 8.10 é mostrado o comportamento típico com a temperatura de diversas grandezas termodinâmicas na aproximação de campo médio, em particular na teoria de Landau.

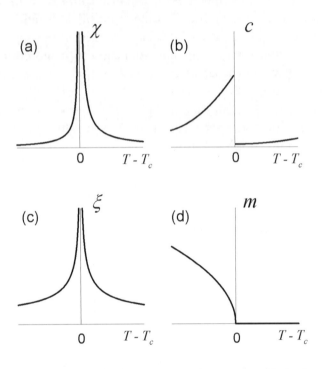

Figura 8.10: Comportamento de algumas grandezas termodinâmicas na teoria de Landau para um sistema com simetria Ising. (a) Suscetibilidade, (b) calor específico, (c) comprimento de correlação, (d) parâmetro de ordem (magnetização).

8.6.2 Transições descontínuas na teoria de Landau

Na expansão em série de Taylor (8.59), um termo linear em ϕ é proibido porque $\phi = 0$ (se $h = 0$) acima da temperatura crítica. Também no caso de campo externo nulo o termo cúbico em ϕ foi descartado com um argumento de simetria. No caso de um sistema com simetria de inversão $f_L(\phi) = f_L(-\phi)$, como no

CAPÍTULO 8. TRANSIÇÕES DE FASE E FENÔMENOS CRÍTICOS

modelo de Ising, a função de Landau (assim como a energia livre do sistema) não pode conter termos ímpares no parâmetro de ordem. No entanto, um termo cúbico pode existir em outros sistemas onde a simetria da fase ordenada o permita, como, por exemplo, no caso dos fluidos simples. Consideremos a expansão da função no caso geral:

$$\mathcal{L} = \frac{1}{2} a t \phi^2 + w \phi^3 + u \phi^4 - h \phi, \quad (8.74)$$

onde $t \equiv T - T_c$ é chamada "temperatura reduzida". Para $h = 0$ a equação de estado leva as soluções seguintes:

$$\phi_0 = 0, \qquad \phi_0 = -c \pm \sqrt{c^2 - a t/4u}, \quad (8.75)$$

onde $c = 3w/8u$. Para termos uma solução real $\phi_0 \neq 0$, como $a, u > 0$, $t \leq t^* \equiv 4uc^2/a$. Como $t^* > 0$, esta condição acontece para uma temperatura maior que a temperatura crítica, que agora corresponde apenas à temperatura na qual o termo de segunda ordem em ϕ no funcional se anula. A figura 8.11 mostra o comportamento do potencial com a temperatura no caso $w < 0$. Para $t < t^*$ um segundo mínimo aparece, embora o mínimo absoluto ainda corresponda a $\phi_0 = 0$. A uma certa temperatura reduzida $t = t_1$, o valor de $\mathcal{L}$ se torna igual para os dois mínimos e, abaixo desta temperatura, o segundo mínimo passa a ser o mínimo global. Exatamente em $t = t_1$, o parâmetro de ordem apresenta uma descontinuidade finita. Acontece uma *transição de primeira ordem*. É possível verificar que a descrição da transição líquido-gás do modelo de van der Walls, analisado na seção 8.5.1, é perfeitamente compatível com a teoria de Landau. No entanto, é importante levar em conta que para $t \to t_1^-$, o parâmetro de ordem não é arbitrariamente pequeno, e então a expansão de Landau *não é válida* de forma geral. Quando a expansão é justificada, a preseça de um termo cúbico em ϕ leva o sistema a apresentar uma transição de fase de primeira ordem.

8.6.3 Sistemas com simetria contínua $O(n)$

Sistemas com simetria $O(n)$ possuem um parâmetro de ordem vetorial com n componentes, $\vec{\phi} \equiv (\phi_1, \phi_2, \ldots, \phi_n)$. Exemplos particulares são o modelo de Ising com $n = 1$, cujo parâmetro de ordem é então um escalar, o modelo XY com $n = 2$, que é um modelo de rotores no plano, e o modelo de Heisenberg (7.9) para a transição ferromagnética, com $n = 3$. Quando $n \geq 2$ o hamiltoniano, que tem a forma geral (7.9), é invariante perante rotações no espaço n-dimensional. Nestes casos, a função de Landau desses modelos tem a forma (8.65). Devido a

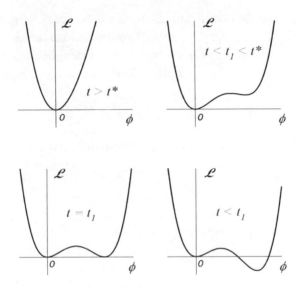

Figura 8.11: Uma transição de primeira orden na teoria de Landau.

simetria rotacional do hamiltoniano nesses sistemas, a função deve depender de combinações do parâmetro de ordem que respeitem essa simetria, basicamente, do módulo de $\vec{\phi}$:

$$|\vec{\phi}|^2 \equiv \phi^2 = \sum_{i=1}^{n} \phi_i^2, \tag{8.76}$$

que é por definição invariante por rotações. Levando em conta estas definições, a função de Landau para modelos com simetria $O(n)$ é escrita na forma:

$$\mathcal{L} \equiv f_L(T,\phi) - h\phi = \frac{1}{2} r\phi^2 + u\phi^4 - h_i \phi_i. \tag{8.77}$$

Na presença de um campo externo h_i conjugado da componente ϕ_i do campo, a equação de estado resulta em:

$$\left.\frac{\partial \mathcal{L}}{\partial \phi_i}\right|_{\phi_{0i}} = (r + 4u\phi_0^2)\phi_{0i} - h_i = 0. \tag{8.78}$$

Acima da temperatura crítica, ou seja se $r > 0$, a única solução com $h_i = 0$ é que todas as componentes do parâmetro de ordem sejam nulas. Então:

$$\vec{\phi}_0 = \begin{cases} 0 & \text{se } T > T_c, \\ (-r/4u)^{1/2} e_i & \text{se } T < T_c. \end{cases} \tag{8.79}$$

onde $\vec{e}$ é um vetor unitário arbitrário no espaço do parâmetro de ordem. O comportamento é o mesmo do modelo de Ising, e então o modelo $O(n)$ sofre uma transição de fase de segunda ordem, com expoentes críticos β, γ, δ e ν que dependem da dimensão do parâmetro de ordem n. No entanto, diferentemente do modelo de Ising que quebra uma simetria discreta, a arbitrariedade do vetor unitário $\vec{e}$ que define a direção de ordenamento do sistema, indica que uma simetria de rotação contínua foi quebrada.

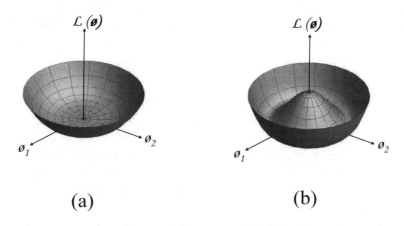

Figura 8.12: A função de Landau para um modelo com simetria $O(2)$.

8.7 Flutuações do parâmetro de ordem

Até aqui consideramos o parâmetro de ordem como sendo constante espacialmente. No entanto, é um fato observacional que o parâmetro de ordem de um sistema apresenta flutuações espaciais, variações em diferentes regiões do sistema, que são particularmente grandes perto de transições de fase. Assim, é importante considerar a dependência do parâmetro de ordem com a coordenada espacial $\phi \to \phi(\vec{x})$. As variações de ϕ com a posição são chamadas de "flutuações", e seu estudo é fundamental para se obter uma compreensão acurada dos fenômenos críticos, para além das aproximações de campo médio.

Podemos incorporar a função da posição $\phi(\vec{x})$ na teoria de Landau considerando uma "partição" do sistema em blocos de tamanho $a \ll \lambda \leq \xi(T)$, onde a é uma constante de rede, ou a distância de equilíbrio entre um par de partículas, e $\xi(T)$ é o comprimento de correlação. Assim, é razoável assumir que o parâmetro de ordem é aproximadamente constante em distâncias da ordem de λ. Definimos o campo $\phi_\lambda(\vec{x})$ como sendo a soma (ou integral) $\sum_{\vec{x}} \phi(\vec{x})$ ($\int d^d x\, \phi(\vec{x})$) dentro de um bloco de tamanho linear λ, com a origem em $\vec{x}$. Este processo é denominado como *granulado grosso* (em inglês técnico "coarse graining"). Desta forma, a função de Landau fica bem definida na escala λ. O problema agora é que ela fica restrita a escala λ! Para obter o comportamento representativo do sistema completo temos que somar as contribuições de todos os grãos de comprimento característico λ que compoem o sistema. Para evitar configurações com grandes variações nos valores de $\phi_\lambda(\vec{x})$ entre grãos vizinhos, as que certamente terão peso muito pequeno no estado de equilíbrio, é comum introduzir no funcional um termo que penalize grandes variações do parâmetro de ordem local. Uma forma simples é a seguinte:

$$c \sum_{\vec{x}} \sum_{\vec{\delta}} \left(\frac{\phi_\lambda(\vec{x}) - \phi_\lambda(\vec{x}+\vec{\delta})}{\lambda} \right)^2, \qquad (8.80)$$

onde $\vec{\delta}$ é um vetor de magnitude λ apontando na direção do bloco vizinho próximo do ponto $\vec{x}$, e o valor do custo em energia é independente do sinal da diferença dos parâmetros de ordem em blocos vizinhos. A constante c pode depender da temperatura.

Desta forma, considerando que $\phi_\lambda(\vec{x})$ varia pouco na escala λ e tomando o limite do contínuo, definimos o *funcional de Landau*:

$$L[\phi_\lambda(\vec{x})] = \int d^d x\, \mathcal{L}(T, \phi_\lambda(\vec{x})) + c \int d^d x\, (\nabla \phi_\lambda(\vec{x}))^2, \qquad (8.81)$$

onde $\mathcal{L}(T, \phi)$ tem a forma da função de Landau para o caso homogêneo (8.65), $d^d x$ é o diferencial de volume em d dimensões, e um limite inferior em λ está implícito em todas as integrais.

A função de partição é obtida somando (ou integrando no contínuo) a todas as possíveis configurações do campo $\phi_\lambda(\vec{x})$, o que é equivalente a somar a todos os possíveis microestados do sistema:

$$Z(T, h) = Tr\, e^{-\beta L} = \int \mathcal{D}\phi_\lambda\, e^{-\beta L[\phi_\lambda(\vec{x})]}, \qquad (8.82)$$

onde a notação $\int \mathcal{D}\phi_\lambda$ indica uma *integral funcional*. A integral funcional, que define a função de partição, equivale a somar as contribuições de todas as configurações dos campos $\phi_\lambda(\vec{x})$ pesados com o peso estatístico correspondente, ou seja, com o fator de Boltzmann. A dependência na escala λ implica que variações dos campos na escala do parâmetro de rede ou das distâncias interpartícula estão fora do alcance do formalismo. No entanto, como veremos a seguir, na análise da física na vizinhança de um ponto crítico, apenas o comportamento a longas distâncias é importante.

Então, realizando a integração funcional sobre os graus de liberdade ainda não integrados, o potencial termodinâmico $A(T,h)$ é obtido:

$$Z(T,h) = Tr\, e^{-\beta L} = e^{-\beta A}. \tag{8.83}$$

O potencial termodinâmico $F(T, \phi)$ pode ser obtido via uma transformação de Legendre na forma:

$$F(T, \langle\phi\rangle) = A(T,h) + V\langle\phi\rangle h. \tag{8.84}$$

8.8 Funções de correlação e resposta

A inclusão da dependência espacial na descrição estatística de um sistema abre caminho para a determinação de flutuações e escalas de comprimento características nos sistemas. Para dados valores dos parâmetros termodinâmicos, temperatura, densidade e pressão, o grau de coerência espacial de um sistema extenso é medido pela *função de correlação*. As partículas em um gás diluído estão descorrelacionadas, ou fracamente correlacionadas, ao passo que os átomos em um sólido estão fortemente correlacionados. Por outro lado, como as transições de fase permitem transformar um sistema entre duas fases de natureza diferente, o grau de correlação é naturalmente dependente nos parâmetros termodinâmicos. Outro conceito fundamental, que iremos definir e analisar com certo detalhe no decorrer do capítulo, é o de *função de resposta*. As funções de resposta medem quanto varia uma dada característica do sistema, por exemplo a magnetização, pela aplicação de uma pequena perturbação externa, como por exemplo um campo magnético. O grau de variação, ou resposta, de um sistema a uma perturbação externa é chamado de *suscetibilidade*.

O potencial termodinâmico A é definido pela equação (8.83):

$$A[T, \vec{h}(\vec{x})] = -T \ln Z[T, \vec{h}(\vec{x})], \tag{8.85}$$

onde consideramos uma possível variação espacial do campo externo e adotamos a convenção $k_B = 1$. Daqui em diante todas as temperaturas são dadas em unidades da constante de Boltzmann. Na presença de um campo externo local $h(\vec{x})$, a função de partição pode ser escrita na forma:

$$Z[T, \vec{h}(\vec{x})] = \int \mathcal{D}\phi(\vec{x}) \, e^{-\beta\left\{F_L[\vec{\phi}(\vec{x})] - \int d^d x \, \vec{h}(\vec{x}) \cdot \vec{\phi}(\vec{x})\right\}}, \qquad (8.86)$$

onde $F_L[\vec{\phi}(\vec{x})]$ é a função de Landau definida pelas equações (8.65) e (8.81). Para simplificar a notação, daqui em diante o subíndice λ será eliminado, exceto quando o significado das expressões não seja transparente. Ainda, na expressão anterior, foi considerada a possibilidade do parâmetro de ordem ser um vetor de n componentes: $\vec{\phi} \equiv (\phi_1, \phi_2, \ldots, \phi_n)$.

A forma (8.86) permite calcular correlações espaciais do parâmetro de ordem e, por este motivo, as vezes é chamado de *funcional gerador das correlações*.

O *parâmetro de ordem local* (na escala λ), por exemplo a magnetização local em um sistema magnético, é dado por:

$$\langle \phi_i(\vec{x}) \rangle = \frac{1}{\beta} \frac{\delta}{\delta h_i(\vec{x})} \log Z = -\frac{\delta A}{\delta h_i(\vec{x})}, \qquad (8.87)$$

onde $\langle \phi_i \rangle$ e h_i representam as i-ésimas componentes cartesianas dos vetores $\langle \vec{\phi} \rangle$ e $\vec{h}$, e o símbolo δ representa uma *derivada funcional*. A definição da derivada funcional e algumas regras básicas de cálculo são apresentadas no Apêndice D.

O tensor de suscetibilidade (generalizada) é definido por:

$$\chi_{ij}(\vec{x}, \vec{x}') = \frac{\delta \langle \phi_i(\vec{x}) \rangle}{\delta h_j(\vec{x}')}, \qquad (8.88)$$

onde i, j são componentes cartesianas do parâmetro de ordem ($\langle \phi_i \rangle$) e do campo externo conjugado (h_j). Pela definição anterior, a susceptibilidade generalizada $\chi_{ij}(\vec{x}, \vec{x}')$ mede a resposta da componente i do parâmetro de ordem no ponto $\vec{x}$ a uma pequena variação da componente j de um campo externo aplicado no ponto de coordenada $\vec{x}'$.

A *função de correlação conectada de dois pontos* representa as *correlações das flutuações do parâmetro de ordem em relação ao valor médio*:

$$\begin{aligned} C_{ij}(\vec{x}, \vec{x}') &\equiv \langle [\phi_i(\vec{x}) - \langle \phi_i(\vec{x}) \rangle][\phi_j(\vec{x}') - \langle \phi_j(\vec{x}') \rangle] \rangle \\ &= \frac{1}{\beta^2} \frac{\delta^2 \ln Z}{\delta h_j(\vec{x}') \delta h_i(\vec{x})} \\ &= \frac{1}{\beta} \frac{\delta \langle \phi_i(\vec{x}) \rangle}{\delta h_j(\vec{x}')} = T \chi_{ij}(\vec{x}, \vec{x}'). \end{aligned} \qquad (8.89)$$

CAPÍTULO 8. TRANSIÇÕES DE FASE E FENÔMENOS CRÍTICOS 219

Notamos que a função de correlação conectada é proporcional à suscetibilidade generalizada. O tensor de suscetibilidade, ou resposta global do sistema, é definido por:

$$\chi_{ij} = \int d^d x d^d x' \chi_{ij}(\vec{x}, \vec{x}'). \quad (8.90)$$

Uma transformada de Legendre nos permite obter um potencial termodinâmico que é função do parâmetro de ordem :

$$F[T, \langle \vec{\phi}(\vec{x}) \rangle] = A[T, \vec{h}(\vec{x})] + \int d^d x \, \vec{h}(\vec{x}) \cdot \langle \vec{\phi}(\vec{x}) \rangle. \quad (8.91)$$

Notamos que se o parâmetro de ordem e o campo externo são espacialmente homogêneos, a relação (8.91) se reduz à (8.84).

A equação de estado é dada por:

$$\frac{\delta F}{\delta \langle \phi_i(\vec{x}) \rangle} = h_i(\vec{x}). \quad (8.92)$$

8.8.1 Correlações em sistemas com simetria discreta tipo Ising

Vamos calcular agora as funções de correlação e suscetibilidade partindo do funcional de Landau (8.81) para um campo escalar que, como temos visto, representa modelos com simetria de inversão tipo Ising ($L(\phi) = L(-\phi)$):

$$L[\phi(\vec{x})] = \int d^d x \, \mathcal{L}(T, \phi(\vec{x})) + \frac{c}{2} \int d^d x \, (\nabla \phi(\vec{x}))^2, \quad (8.93)$$

onde expressamos a constante no último termo na forma $c/2$ para simplificar a notação nos cálculos a seguir. Substituindo para $\mathcal{L}$ a forma (8.65) com $h = 0$, e fazendo uso do resultado (D.11), obtemos para a inversa da suscpetibilidade generalizada:

$$\begin{aligned}\chi^{-1}(\vec{x}, \vec{x}') &= \frac{\delta^2 F}{\delta \langle \phi(\vec{x}) \rangle \delta \langle \phi(\vec{x}') \rangle} \\ &= (r + 12u \langle \phi(\vec{x}) \rangle^2 - c\nabla^2)\delta(\vec{x} - \vec{x}'),\end{aligned} \quad (8.94)$$

onde $\delta(\vec{x} - \vec{x}')$ é a função delta de Dirac. O último termo corresponde ao operador Laplaciano, é obtido após integrar por partes a variação do termo do gradiente

CAPÍTULO 8. TRANSIÇÕES DE FASE E FENÔMENOS CRÍTICOS

quadrado e desprezar um termo de superfície:

$$\begin{aligned}
\frac{\delta}{\delta\phi(\vec{x}')} \int d^d x \, \partial_i\phi(\vec{x})\partial_i\phi(\vec{x}) &= \int d^d x \, \frac{\delta}{\delta\phi(\vec{x}')} [\partial_i\phi(\vec{x})\partial_i\phi(\vec{x})] \\
&= \int d^d x \left[2\partial_i\phi(\vec{x}) \left(\frac{\delta}{\delta\phi(\vec{x}')} \partial_i\phi(\vec{x}) \right) \right] \\
&= 2 \int d^d x \, \partial_i\phi(\vec{x}) \partial_i \frac{\delta\phi(\vec{x})}{\delta\phi(\vec{x}')} \\
&= 2 \int d^d x \, \partial_i\phi(\vec{x}) \partial_i \delta(\vec{x} - \vec{x}').
\end{aligned} \quad (8.95)$$

Fazendo uso da identidade:

$$\partial_i \left[\partial_i\phi(\vec{x})\delta(\vec{x} - \vec{x}')\right] = \partial_i^2\phi(\vec{x})\delta(\vec{x} - \vec{x}') + \partial_i\phi(\vec{x})\partial_i\delta(\vec{x} - \vec{x}'), \quad (8.96)$$

e desprezando o termo de superfície, obtemos:

$$\frac{\delta}{\delta\phi(\vec{x}')} \int d^d x \, \partial_i\phi(\vec{x})\partial_i\phi(\vec{x}) = -2 \int d^d x \, \partial_i^2\phi(\vec{x})\delta(\vec{x}-\vec{x}') = -2\partial_i^2\phi(\vec{x}'). \quad (8.97)$$

Finalmente,

$$\frac{\delta}{\delta\phi(\vec{x})} \left(-2\partial_i^2\phi(\vec{x}')\right) = -2\partial_i^2\delta(\vec{x} - \vec{x}'), \quad (8.98)$$

que leva ao resultado em (8.94). O mesmo resultado pode ser obtido diretamente aplicando a expressão geral encontrada em (D.8).

Usando agora a relação (D.10), que define a inversa de χ, obtemos:

$$\left(r + 12u \langle\phi(\vec{x})\rangle^2 - c\nabla^2\right) \chi(\vec{x}, \vec{x}') = \delta(\vec{x} - \vec{x}'), \quad (8.99)$$

ou, usando (8.89):

$$\left(r + 12u \langle\phi(\vec{x})\rangle^2 - c\nabla^2\right) C(\vec{x}, \vec{x}') = T \, \delta(\vec{x} - \vec{x}'). \quad (8.100)$$

A solução geral destas equações é complicada pela dependência em $\langle\phi(\vec{x})\rangle^2$. Em sistemas que apresentam invariância translacional as funções de duas coordenadas dependem apenas da distância entre elas $\vec{x} = \vec{x}_2 - \vec{x}_1$. Nestes casos, é possível resolver $\chi(\vec{x})$ pelo método da transformada de Fourier:

$$\chi(\vec{k}) = \int d^d x \, \chi(\vec{x}) \, e^{-i\vec{k}\cdot\vec{x}}, \quad (8.101)$$

CAPÍTULO 8. TRANSIÇÕES DE FASE E FENÔMENOS CRÍTICOS 221

onde $\vec{k}$ é o vetor de onda ($|\vec{k}| = 2\pi/\lambda$). Se o parâmetro de ordem é homogêneo e dado pela solução de campo médio de Landau obtemos:

$$\begin{aligned}\chi(\vec{k}) &= \frac{1}{r + 12u\langle\phi\rangle^2 + ck^2} \\ &= \frac{\chi(T)}{1 + (k\xi)^2},\end{aligned} \quad (8.102)$$

onde $k = |\vec{k}|$ e

$$\chi(T) = \frac{1}{r + 12u\langle\phi\rangle^2} \quad (8.103)$$

é a suscetibilidade térmica global. A quantidade

$$\xi(T) = \left(\frac{c}{r + 12u\langle\phi\rangle^2}\right)^{1/2} = (c\chi(T))^{1/2} \quad (8.104)$$

tem unidades de comprimento. Fazendo a transformada inversa de Fourier da suscetibilidade (ou da função de correlação, o que é equivalente), é possível mostrar que $\xi(T)$ é um *comprimento de correlação*. Usando a solução de campo médio para $\langle\phi\rangle$ se obtém:

$$\xi(T) = \begin{cases} (c/r)^{1/2} & \text{se } T \geq T_c \\ (c/(-2r))^{1/2} & \text{se } T < T_c \end{cases} \quad (8.105)$$

Então, vemos que nas proximidades do ponto crítico $\xi \sim |T-T_c|^{-\nu}$, onde $\nu = 1/2$ é o expoente crítico clássico do comprimento de correlação. A existência de um comprimento de correlação é um dos conceitos centrais na física da matéria condensada. A própria ideia de condensado implica a existência de uma região onde as partículas estão fortemente correlacionadas. A extensão espacial desta região depende de parâmetros externos, como a temperatura ou pressão, aumentando a medida que se aproxima o ponto crítico e divergindo em T_c.

A forma da suscetibilidade (8.102) foi obtida pela primeira vez por Ornstein e Zernicke na análise do ponto crítico gás-líquido. A transformada inversa de Fourier nos permite obter a solução para a suscetibilidade generalizada no espaço real:

$$\begin{aligned}\chi(\vec{x}) &= \int \frac{d^d k}{(2\pi)^d} \frac{e^{i\vec{k}\cdot\vec{x}}}{1 + (k\xi)^2} \\ &= \frac{\Omega_d}{(2\pi)^d} \int \frac{k^{d-1}dk}{1 + (k\xi)^2} \left(\frac{1}{kr}\right)^{(d-2)/2} J_{(d-2)/2}(kr) \quad (8.106)\end{aligned}$$

onde $r = |\vec{x}|$, Ω_d é o ângulo sólido em d dimensões, e $J_n(x)$ é uma função de Bessel. A integral no vetor de onda resulta em:

$$\chi(r) \propto \left(\frac{1}{\xi r}\right)^{(d-2)/2} K_{(d-2)/2}\left(\frac{r}{\xi}\right), \qquad (8.107)$$

onde $K_\mu(x)$ é uma função de Bessel modificada. Para $x \gg 1$, $K_\mu(x) \approx x^{-1/2}e^{-x}$ e então, para distâncias grandes comparadas com o comprimento de correlção, a função de correlação de dois pontos se comporta como:

$$C(r) = T\chi(r) \propto \frac{e^{-r/\xi}}{r^{(d-1)/2}}. \qquad (8.108)$$

Notamos que, no ponto crítico $T = T_c$ onde ξ diverge, as correlações espaciais decaem algebricamente com a distância, $r^{-(d-1)/2}$. Para $T \neq T_c$ as correlações decaem de forma exponencial em uma escala dada pelo comprimento de correlação $\xi(T)$.

8.8.2 Correlações em sistemas com simetria contínua $O(n)$

A quebra de uma simetria contínua traz profundas consequências no comportamento das funções de correlação e suscetibilidades para $T < T_c$. Como vimos, a função de correlação conectada entre as componentes i e j do parâmetro de ordem é dada por:

$$C_{ij}(\vec{x}, \vec{x}') = \langle \phi_i(\vec{x})\phi_j(\vec{x}')\rangle - \langle \phi_i(\vec{x})\rangle\langle \phi_j(\vec{x}')\rangle. \qquad (8.109)$$

Esta correlação pode ser decomposta em duas partes, correspondentes a correlações entre as componentes paralela e perpendiculares à direção de ordenamento do sistema:

$$G_{ij}(\vec{x}, \vec{x}') = G_\parallel(\vec{x}, \vec{x}')\, e_i e_j + G_\perp(\vec{x}, \vec{x}')(\delta_{ij} - e_i e_j). \qquad (8.110)$$

Se a direção de ordenamento é o eixo definido por e_1, então $\vec{e} = (1, 0, 0, \ldots)$ e obtemos:

$$G_{11}(\vec{x}, \vec{x}') = G_\parallel(\vec{x}, \vec{x}') = \langle \phi_1(\vec{x})\phi_1(\vec{x}')\rangle - \langle \phi_1(\vec{x})\rangle\langle \phi_1(\vec{x}')\rangle, \qquad (8.111)$$
$$G_{ii}(\vec{x}, \vec{x}') = G_\perp(\vec{x}, \vec{x}') = \langle \phi_i(\vec{x})\phi_i(\vec{x}')\rangle - \langle \phi_i(\vec{x})\rangle\langle \phi_i(\vec{x}')\rangle, \quad (i \neq 1).$$

Derivando o funcional de Landau em relação a $\phi_i(\vec{x})$ e $\phi_j(\vec{x}')$, fazendo uso do resultado (D.11) e transformando Fourier, obtemos o tensor de suscetibilidade:

$$\chi_{ij}^{-1}(\vec{k}) = TC_{ij}^{-1}(\vec{k}) = (r + 4u\langle\phi\rangle^2 + ck^2)\delta_{ij} + 8u\langle\phi_i\rangle\langle\phi_j\rangle, \qquad (8.112)$$

CAPÍTULO 8. TRANSIÇÕES DE FASE E FENÔMENOS CRÍTICOS 223

ou, em termos das componentes paralelas e perpendiculares:

$$\chi_{\parallel}^{-1} = r + 12u\langle\phi\rangle^2 + ck^2 \tag{8.113}$$

e

$$\chi_{\perp}^{-1}(\vec{k}) = r + 4u\langle\phi\rangle^2 + ck^2 = \begin{cases} r + ck^2 & \text{se } T > T_c, \\ ck^2 & \text{se } T < T_c. \end{cases} \tag{8.114}$$

Notamos que a componente paralela tem o mesmo comportamento que no modelo de Ising (8.102). No entanto, na fase ordenada, para $T < T_c$ na direção perpendicular, a suscetibilidade ou a função de correlação no espaço de Fourier, $C_\perp(\vec{k}) = T\chi_\perp(\vec{k})$, tem um comportamento com lei de potências:

$$C_\perp(\vec{k}) = \frac{T}{ck^2}. \tag{8.115}$$

No espaço real as correlações também decaem algebricamente:

$$C_\perp(\vec{x}, 0) \sim |x|^{-(d-2)}. \tag{8.116}$$

A partir da definição da transformada de Fourier (8.101), podemos escrever a suscpetibilidade global na forma:

$$\chi_{ij} = \frac{1}{T} \lim_{\vec{k} \to 0} C_{ij}(\vec{k}). \tag{8.117}$$

Esta relação implica que o sistema possui uma *suscetibilidade transversal infinita* na fase de baixa temperatura, quando a simetria rotacional é quebrada. Ou seja, é necessário um campo externo arbitrariamente pequeno para mudar o valor (ou melhor, a direção) do parâmetro de ordem. Isto pode ser interpretado fisicamente pela estrutura do funcional de Landau da figura 8.12. É evidente que $\mathcal{L}$ possui um número infinito de mínimos para $T < T_c$, é possível passar continuamente de um mínimo para outro sem custo de energia. No entanto, na direção paralela a situação é diferente: existe uma penalidade energética para mudar o módulo do parâmetro de ordem.

O comportamento da componente transversal da suscetibilidade (8.114) indica que, em termos de modos no espaço de Fourier, a suscetibilidade diverge para $\lambda \to \infty$. Em outras palavras, é possível produzir flutuações espacialmente extensas com um custo de energia muito pequeno. No caso do modelo $O(2)$ da figura 8.12, vemos que existe exatamente um modo perpendicular à direção de ordenamento com excesso de energia livre arbitrariamente pequena. Em geral, em um modelo com simetria $O(n)$ haverá um modo deste tipo por cada direção transversal, ou seja um total de $n - 1$ modos transversais de baixa energia, chamados *modos de Goldstone*. Os modos de Goldstone se manifestam matematicamente como polos em $\vec{k} = 0$ na componente transversal da suscetibilidade, como se vê em (8.114) na fase de simetria rotacional quebrada. Exemplos de modos de Goldstone são as ondas de spin, ou *mágnons*, em sistemas ferromagnéticos e também os *fônons*, oscilações da rede cristalina associados a quebra da simetria por translações no espaço. Ambos fenômenos correspondem a excitações de baixa energia dos respectivos sistemas e são consequência da quebra de simetrias contínuas.

8.9 Validade da teoria de campo médio: o critério de Ginzburg

Como temos visto, a aproximação de campo médio consiste essencialmente em substituir um parâmetro de ordem que flutua localmente por um parâmetro de ordem homogêneo, espacialmente constante. Portanto, podemos dizer que a aproximação de campo médio será boa sempre que as flutuações do parâmetro de ordem respeito do seu valor médio sejam pequenas. Uma medida da importância das flutuações do parâmetro de ordem pode ser obtida calculando o valor médio de $\delta\phi(\vec{x}) = \phi(\vec{x}) - \langle\phi(\vec{x})\rangle$ em um volume $V_\xi = \xi^d$, onde ξ é o comprimento de correlação (V. L. Ginzburg, 1960).

O desvio do parâmetro de ordem respeito do seu valor médio no volume V_ξ é dado por:

$$\delta\phi_\xi = \int_{V_\xi} d^d x \, \delta\phi(\vec{x}). \tag{8.118}$$

As flutuações serão desprezíveis se $\langle(\delta\phi_\xi)^2\rangle$ for muito menor que a integral do quadrado do valor médio $\langle\phi(\vec{x})\rangle^2$, no volume V_ξ, na fase ordenada, ou seja, se:

$$\begin{aligned}\langle\int_{V_\xi} d^d x \, d^d x' \, \delta\phi(\vec{x})\delta\phi(\vec{x}')\rangle &= \int_{V_\xi} d^d x \, d^d x' \, \langle\delta\phi(\vec{x})\delta\phi(\vec{x}')\rangle \\ &\equiv \int_{V_\xi} d^d x \, C(\vec{x}) \ll \int_{V_\xi} d^d x \, \langle\phi(\vec{x})\rangle^2, \end{aligned}\tag{8.119}$$

onde $C(\vec{x})$ é a função de correlação conectada do parâmetro de ordem e foi assumido que o sistema possui invariância translacional. Como a aproximação de campo médio fornece uma predição para a função de correlação e para o parâmetro de ordem, a própria aproximação possui um teste de consistência interna.

CAPÍTULO 8. TRANSIÇÕES DE FASE E FENÔMENOS CRÍTICOS 225

Vamos analisar o critério de Ginzburg para uma teoria com campo escalar ϕ^4, usando os resultados conhecidos para $\langle\phi(\vec{x})\rangle$ e para $C(\vec{x}) = T\chi(\vec{x})$, resultado (8.108). Como a função de correlação decai exponencialmente rápido com a distância fora do ponto crítico, podemos aproximar a integral da função de correlação no volume V_ξ pela integral em todo o espaço:

$$\int_{V_\xi} d^d x\, C(\vec{x}) \approx \int d^d x\, C(\vec{x}) = \int d^d x\, T\chi(\vec{x}). \tag{8.120}$$

Pela definição da transformada de Fourier, equação (8.101), a integral da suscetibilidade generalizada no espaço real pode ser obtida calculando o limite $\lim_{\vec{k}\to 0}\chi(\vec{k})$. Então, fazendo uso dos resultados (8.102)-(8.105):

$$\int_{V_\xi} d^d x\, C(\vec{x}) \approx \frac{T}{r + 12u\,\langle\phi\rangle^2} = \frac{T}{c}\xi(T)^2 = \frac{T}{2|r|}. \tag{8.121}$$

Por outro lado, a partir do resultado (8.68) obtemos:

$$\int_{V_\xi} d^d x\, \langle\phi(\vec{x})\rangle^2 \approx \xi^d\,\langle\phi\rangle^2 = \xi^d\,\frac{|r|}{4u} = \frac{(c/2)^{d/2}}{4u}\,|r|^{1-d/2}. \tag{8.122}$$

Substituindo pela definição $r = a(T - T_c)$ e fazendo $T \approx T_c \gg |T - T_c|$ em (8.121), o critério de Ginzburg (8.119) implica:

$$\frac{T_c}{2a|T - T_c|} \ll \frac{a(c/2a)^{d/2}}{4u}\,|T - T_c|^{1-d/2}. \tag{8.123}$$

Definindo um comprimento de correlação microscópico $\xi_0 \equiv \xi(T=0) = (c/2aT_c)^{1/2}$ a partir de (8.121), e fazendo uso do resultado (8.73) $\Delta c \approx T_c a^2/8u$ para o salto no calor específico na temperatura de transição, concluimos que que a aproximação de campo médio será válida sempre que:

$$\left|\frac{T - T_c}{T_c}\right|^{(4-d)/2} = \left(\frac{\xi}{\xi_0}\right)^{d-4} \gg \frac{2uT_c^{d/2-1}}{a^2(c/2a)^{d/2}} = \frac{1}{4\Delta c\,\xi_0^d}. \tag{8.124}$$

A relação anterior nos diz que para $d > 4$, como $\xi^{d-4} \to \infty$ quando $T \to T_c$, a desigualdade anterior sempre é satisfeita próximo da transição. No entanto, para $d < 4$, como $\xi^{d-4} \to 0$ quando $T \to T_c$, a desigualdade nunca é satisfeita perto de T_c. Então, podemos concluir que a aproximação de campo médio será satisfatória para dimensão $d > 4$, mas não será consistente para $d < 4$, em sistemas com simetria tipo Ising (campo escalar). A dimensão $d_s = 4$ que representa um limite para a validade da aproximação de campo médio, é conhecida como *dimensão crítica superior*. A dimensão crítica superior depende, assim como os expoentes críticos, da simetria do parâmetro de ordem e do alcance das interações.

Para um sistema com simetrias qualquer, com expoentes críticos de campo médio β, γ, ν, podemos estimar o critério de Ginzburg se levarmos em conta que $\chi \sim |T - T_c|^{-\gamma}$, $\langle \phi \rangle \sim |T - T_c|^\beta$ e $\xi \sim |T - T_c|^{-\nu}$. Desconsiderando fatores constantes de ordem um e aplicando a definição (8.119), o critério de Ginzburg é satisfeito se:

$$\left| \frac{T - T_c}{T_c} \right|^{-\gamma} \ll \left| \frac{T - T_c}{T_c} \right|^{2\beta - \nu d}, \qquad (8.125)$$

ou

$$|t|^{2\beta - \nu d + \gamma} \gg 1, \qquad (8.126)$$

onde $|t| = |(T - T_c)/T_c|$ é a temperatura reduzida. Então, para um sistema geral, a dimensão crítica superior é determinada pela condição:

$$d > \frac{2\beta + \gamma}{\nu} \equiv d_s. \qquad (8.127)$$

Para dimensões $d < d_s$, a aproximação de campo médio poderá ser válida para temperaturas suficientemente longe de T_c, sempre que a desigualdade (8.126) seja satisfeita. A medida que T se aproxima de T_c as flutuações se tornam cada vez mais importantes. A temperatura que define a identidade na equação (8.124) é conhecida como *temperatura de Ginzburg*:

$$t_G = \frac{|T_G - T_c|}{T_c} = \left(\frac{1}{4 \Delta c\, \xi_0^d} \right)^{2/(4-d)}. \qquad (8.128)$$

De forma equivalente, é possível definir o *comprimento de Ginzburg* ξ_G, na forma:

$$\xi_G^{4-d} = 4 \Delta c\, \xi_0^4. \qquad (8.129)$$

A aproximação de campo médio é válida para $t > t_G$ (suficientemente longe do ponto crítico) ou $\xi < \xi_G$ (comprimento de correlação suficientemente pequeno).

Notar que $|T_G - T_c| \to 0$ se $\xi_0 \to \infty$ para $d < 4$. Isto quer dizer que o campo médio será válido até temperaturas muito próximas de T_c se o comprimento de correlação microscópico for grande, mesmo para $d < d_s$. Este é o caso em sistemas com interações de longo alcance ou em supercondutores, por exemplo. Quando $|T_G - T_c|$ deixa de ser suficientemente pequena, o sistema passa

CAPÍTULO 8. TRANSIÇÕES DE FASE E FENÔMENOS CRÍTICOS

por um "crossover", ou mudança de regime, de um comportamento tipo campo médio para um comportamento crítico, quando a temperatura reduzida t for da ordem da temperatura reduzida de Ginzburg t_G. A figura (8.13) ilustra de forma esquemática o crossover no comportamento da inversa da suscetibilidade.

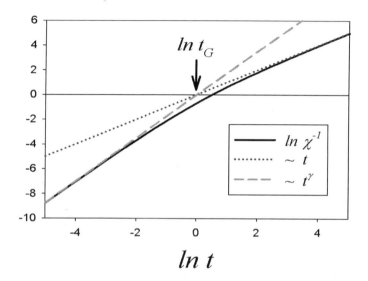

Figura 8.13: Representação esquemática do crossover de campo médio para comportamento crítico da inversa da suscetibilidade.

O critério de Ginzburg permite entender porquê em alguns sistemas a aproximação de campo médio pode ser muito boa e em outros não. Um caso onde o campo médio descreve satisfatoriamente a física da transição de fase é na teoria BCS da supercondutividade, que descreve a transição do estado metálico normal para o supercondutor em alguns compostos. Neste caso, a validade da aproximção de campo médio se deve ao grande valor do comprimento de correlação microscópico ξ_0, que é algumas ordens de grandeza maior que a distância interatômica nesses materiais (Chaikin e Lubensky 1995).

CAPÍTULO 8. TRANSIÇÕES DE FASE E FENÔMENOS CRÍTICOS 228

8.10 Problemas de aplicação

1. O modelo de Blume-Capel unidimensional é dado pelo seguinte hamiltoniano:

$$\mathcal{H} = -J\sum_{i=1}^{N} \sigma_i \sigma_{i+1} + D\sum_{i=1}^{N} \sigma_i^2,$$

onde $\sigma_i = 0, \pm 1$ e $D, J > 0$.

   (a) Considere condições de contorno periódicas e calcule os autovalores da matriz de transferência.

   (b) Obtenha a energia livre e a entropia por spin.

   (c) Estude o estado fundamental em função de D/J. Determine a forma assintótica dos autovalores da matriz de transferência para $T \to 0$ nas três regiões características, e analise o comportamento da entropia e do comprimento de correlação de pares.

2. O modelo n-vetorial com interações de primeiros vizinhos em uma cadeia linear com condições de contorno livres é definido pelo hamiltoniano:

$$\mathcal{H} = -J\sum_{i=1}^{N-1} \vec{S}_i \vec{S}_{i+1},$$

onde $\vec{S}_i$ é um vetor de n componentes, com $|\vec{S}_i| = n$.

   (a) Obtenha a função de partição canônica, $Z_N(T,V)$.

   (b) Determine a energia livre e o calor específico. Para $n = 3$ calcule o limite de $C(T)$ quando $T \to 0$.

   (c) Determine a função de correlação de pares $\langle \vec{S}_i \cdot \vec{S}_{i+l} \rangle$. Verifique que decai exponencialmente para $l \to \infty$.

   (d) Mostre que para $n \to 1$ os resultados se reduzem aos da cadeia de Ising.

3. A equação de estado de van der Waals para um fluido simples pode ser escrita na forma:

$$\left(p + \frac{a}{v^2}\right)(v - b) = RT,$$

onde a e b são constantes, e R é a constante universal do gases.

CAPÍTULO 8. TRANSIÇÕES DE FASE E FENÔMENOS CRÍTICOS

(a) Determine os parâmetros críticos v_c, T_c e p_c.

(b) Mostre que a equação de estado também pode ser escrita na forma:

$$\pi = \frac{4(1+t)}{1+\frac{3}{2}\omega} - \frac{3}{(1+\omega)^2} - 1,$$

onde

$$\pi \equiv \frac{p - p_c}{p_c}; \quad \omega \equiv \frac{v - v_c}{v_c}; \quad t \equiv \frac{T - T_c}{T_c}.$$

Note que, em termos destas variáveis, a equação de van der Waals é independente do material.

(c) Mostre que no entorno do ponto crítico é possível obter a forma assintótica:

$$\pi = 4t - 6t\omega - \frac{3}{2}\omega^3 + O(\omega^4, t\omega^2)$$

(d) A partir das isotermas de van der Waals, com a correção pela construção de Maxwell, obtenha uma forma assintótica, válida no entorno do ponto crítico, para a curva de coexistência. Ou seja, obtenha as formas assintóticas para $\omega_1(<0)$, $\omega_2(>0)$ e π em função de t para $t \to 0^-$. Note que o truncamento na expressão assintótica anterior pode ser justificado *a posteriori*.

(e) Mostre que, no diagrama $p - T$, a linha de coexistência de fases e a curva definida pela condição $v = v_c$ têm a mesma tangente no ponto crítico.

(f) Calcule os expoentes β, associado à curva de coexistência no plano $p - v$, e δ, associado à isoterma crítica no plano $p - v$.

(g) Determine as seguintes formas assintóticas para a compressibilidade isotérmica:

$$\kappa_T(T, v = v_c) \sim Ct^{-\gamma}; \qquad t \to 0^+$$

$$\kappa(T = T_c, p) \sim \tilde{C}\pi^{-\tilde{\gamma}}; \qquad \pi \to 0$$

em função dos valores de $C, \tilde{C}, \gamma, \tilde{\gamma}$.

4. A equação de estado do gás de Berthelot é a seguinte:

$$\left(p + \frac{a}{Tv^2}\right)(v - b) = RT$$

CAPÍTULO 8. TRANSIÇÕES DE FASE E FENÔMENOS CRÍTICOS 230

   (a) Determine os parâmetros críticos v_c, T_c e p_c.
   (b) Obtenha uma expressão para a energia livre de Helmholtz, $f(T, v)$, a menos de uma função arbitrária da temperatura.
   (c) Calcule os expoentes críticos α, β, γ e δ.

5. Na aproximação de campo médio para o ferromagnetismo a magnetização é dada pela equação trascendental de Curie-Weiss:

$$m = \tanh(\beta B + \beta \lambda m),$$

onde B é o campo magnético externo e λ uma constante.

   (a) Obtenha as formas assintóticas para a suscetibilidade:

$$\chi(T, B = 0) \sim C t^{-\gamma}; \qquad t \to 0^+$$

$$\chi(T, B = 0) \sim C' (-t)^{-\gamma'}; \qquad t \to 0^-$$

   onde $t = (T - T_c)/T_c$.

   (b) Obtenha a forma assintótica para $\chi(T_c, B)$ quando $B \to 0$.
   (c) Obtenha as formas assintóticas da magnetização espontânea para $T \to T_c^-$ e para $T \ll T_c$ ($T \to 0$).

6. O limite de campo médio do modelo de Ising pode ser obtido considerando que cada spin interage com todos os restantes $N - 1$ spins da rede. Para mostrar que este é o caso, considere o modelo de Ising completamente conectado:

$$\mathcal{H} = -\frac{J}{2N} \sum_{i \neq j} S_i S_j = -\frac{J}{2N} \left[\left(\sum_i S_i \right)^2 - N \right],$$

onde $S_i = \pm 1$, o fator $\frac{1}{2}$ compensa a dupla contagem nos sítios do somatório, e o fator N no denominador garante que a energia seja extensiva. Este modelo pode ser integrado exatamente no limite $N \to \infty$.

   (a) Faça uso da identidade:

$$e^{a^2} = \frac{1}{\sqrt{2\pi}} \int_{-\infty}^{\infty} dy \, \exp\left(-\frac{1}{2} y^2 + \sqrt{2} a y \right),$$

CAPÍTULO 8. TRANSIÇÕES DE FASE E FENÔMENOS CRÍTICOS 231

onde $a^2 = (\beta J/2N)(\sum_i S_i)^2$, e mostre que a função de partição pode ser escrita na forma:

$$Z = \frac{e^{-\beta J/2}}{\sqrt{2\pi}} \int_{-\infty}^{\infty} dy\, e^{y^2/2} \sum_{\{S\}} \exp\left[y \left(\frac{\beta J}{N}\right)^{1/2} \sum_i S_i \right].$$

(b) Faça a soma e, definindo a variável $x \equiv y/\sqrt{N}$, mostre que:

$$Z = e^{-\beta J/2} \sqrt{\frac{N}{2\pi}} \int_{-\infty}^{\infty} dx \left[2e^{-x^2/2} \cosh\left(\sqrt{\beta J}\,x\right) \right]^N.$$

O integrando possui um máximo em $x = x^*$. A medida que N cresce, a integral vai ficando cada vez mais dominada pelo valor do integrando no máximo.

(c) Calcule o máximo x^* do integrando e mostre que, quando $N \to \infty$, a função de partição do modelo de Ising completamente conectado é dada por:

$$\ln Z = N \ln \left[2e^{-x^{*2}/2} \cosh\left(\sqrt{\beta J}\,x^*\right) \right] + \mathcal{O}(\ln N),$$

que coincide com o resultado da aproximação de campo médio. A integral para $N \to \infty$ pode ser calculada pelo *método do ponto de sela* (Binney et al. 1995; Salinas 2005).

7. Considere a energia livre de Landau:

$$f = \frac{1}{2} r\, \phi^2 + u_4\, \phi^4 + u_6\, \phi^6,$$

com $r = a(T - T^*)$. Se $u_4 < 0$, então u_6 deve ser positivo para garantir a estabilidade de f. Para $u_6 > 0$ fixo, descreva o diagrama de fases no plano r, u_4. Calcule:

(a) Os valores $r = r_c$ e $\phi = \phi_c$ no ponto crítico, o calor latente de transformação na linha de primeira ordem e o limite de metaestabilidade ao aquecer $r = r^{**}$.

(b) O exponente crítico do parâmetro de ordem, β.

CAPÍTULO 8. TRANSIÇÕES DE FASE E FENÔMENOS CRÍTICOS 232

(c) O expoente crítico δ ao aplicar um campo externo h, conjugado de ϕ, no ponto tricrítico. Um *ponto tricrítico* é um ponto que separa uma linha de transições de fases contínuas de uma linha de transições descontínuas.

8. Em um material antiferromagnético os spins tendem a ficar antiparalelos aos vizinhos. O parâmetro de ordem, portanto, não é a magnetização m, mas a *magnetização de subrede*, m_s. No entanto, um campo externo homogêneo, que se acopla com a magnetização m, produz efeitos interessantes no diagrama de fases de um antiferromagneto no plano $T - h$. Considere a seguinte energia livre de Landau:

$$f = \frac{1}{2}rm_s^2 + um_s^4 + \frac{1}{2}r_m m^2 - hm + \frac{1}{2}wm_s^2 m^2,$$

onde $r = a(T - T^*)$, $w > 0$, e r_m é independente da temperatura.

(a) Mostre que este modelo apresenta um ponto tricrítico na temperatura e no campo externo dados por:

$$T_t = T^* - \frac{2ur_m}{aw},$$

$$h_t^2 = \frac{2ur_m^3}{w^2}.$$

(b) Mostre que a temperatura crítica na linha de transições contínuas é dada por:

$$T_c = T_t - \frac{wh^2}{ar_m^2}\eta,$$

e na linha de transições descontínuas por:

$$T_c = T_t - \frac{wh^2}{ar_m^2}\left[\eta - \frac{1}{4}\eta^2\right],$$

onde $\eta = 1 - (h_t^2/h^2)$. Desenhe o diagrama de fases no plano $T - h$ identificando as fases e o ponto tricrítico.

9. Considere um sistema de rotores confinados no plano XY. O parâmetro de ordem pode ser representado por um número complexo:

$$S(\vec{r}) = S_0(T)\,e^{i2\theta(\vec{r})},$$

CAPÍTULO 8. TRANSIÇÕES DE FASE E FENÔMENOS CRÍTICOS   233

onde $\theta(\vec{r})$ é o ângulo que o rotor na coordenada $\vec{r}$ faz com uma direção fixa preestabelecida. Note que este parâmetro possui a simetria de rotação: $\theta \to \theta + \pi$.

(a) Escreva uma energia livre de Landau para este modelo.

(b) Calcule e descreva o comportamento da suscetibilidade e das correlações conectadas de dois pontos.

Capítulo 9

O Grupo de Renormalização

9.1 A hipótese de escala

A chamada *hipótese de escala* parte do postulado de homogeneidade generalizada dos potenciais termodinâmicos e permite obter uma série de interessantes consequências sobre o comportamento crítico e seu caráter universal. Em particular, vamos ver que, como consequência da hipótese de escala, os expoentes críticos não são todos independentes entre si, sendo necessário o conhecimento de dois deles para determinar os restantes a partir de identidades que os relacionam e que se originaram em análises muito gerais da termodinâmica dos sistemas. Também veremos que a hipótese implica no comportamento de escala das grandezas básicas, essencialmente dos parâmetros de ordem, o que permite, conhecendo o comportamento dos mesmos em uma região limitada das variáveis de estado, obter o comportamento em outras regiões do espaço de fases. A importância histórica da hipótese de escala, proposta e desenvolvida na década de 1960, reside na generalidade dos resultados, não sendo limitados a uma aproximação determinada, como a do campo médio. No entanto, vamos ver que mesmo a teoria de campo médio é incluída na hipótese de escala e os expoentes clássicos obedecem as relações de escala da mesma forma que os expoentes exatos. A hipótese de escala tem sido verificada experimentalmente de forma sistemática em um conjunto enorme de sistemas diferentes, dando embasamento aos conceitos de universalidade e ao comportamento de escala dos fenômenos críticos.

Para começar, vamos ver que a própria teoria de Landau possui um comportamento de escala, o qual é consistente com as predições da teoria de campo médio.

CAPÍTULO 9. O GRUPO DE RENORMALIZAÇÃO

A energia livre de Landau para um sistema com parâmetro de ordem escalar é:

$$f(T,\phi) = \frac{1}{2}r\,\phi^2 + u\,\phi^4 - h\,\phi \qquad (9.1)$$

de onde obtemos a equação de estado:

$$h = r\,\phi + 4u\,\phi^3 \qquad (9.2)$$

Vimos que, para campo nulo, o sistema desenvolve uma magnetização espontânea para $r < 0$ dada por:

$$\phi^* = \pm \left(\frac{r}{4u}\right)^{1/2}. \qquad (9.3)$$

Assim, podemos reescrever a equação de estado na forma:

$$\begin{aligned}
h &= r\phi^* \left(\frac{\phi}{\phi^*}\right) + 4u(\phi^*)^3 \left(\frac{\phi}{\phi^*}\right)^3 \\
&= r\phi^* \left[\left(\frac{\phi}{\phi^*}\right) + \frac{4u}{r}(\phi^*)^2 \left(\frac{\phi}{\phi^*}\right)^3\right] \\
&= \frac{r^{3/2}}{(4u)^{1/2}} \left[\frac{(4u)^{1/2}\phi}{r^{1/2}} + \left(\frac{(4u)^{1/2}\phi}{r^{1/2}}\right)^3\right] \qquad (9.4)
\end{aligned}$$

Note que o fator entre colchetes é adimensional e, portanto, o prefator deve ter unidades de campo magnético. Desta forma, conseguimos reescrever a equação de estado em termos de variáveis adimensionais. Isto é muito conveniente para analisar dados experimentais ou de simulações numéricas, pois todos os parâmetros não universais são absorvidos na definição das variáveis adimensionais. Substituindo $r = a(T - T_c) = at$, podemos reescrever então a solução para o parâmetro de ordem na forma:

$$\phi(t,h) = \phi^* F(t,h) \equiv \left(\frac{a}{4u}\right)^{1/2} t^{1/2} F\left[\frac{(4u)^{1/2}}{a^{3/2}}\left(\frac{h}{t^{3/2}}\right)\right]. \qquad (9.5)$$

A função $F(x)$ é uma função *universal* no sentido que é a mesma função para todos os sistemas na dada classe de universalidade (neste caso classe Ising).

Seguidamente, vamos mostrar que uma relação semelhante é satisfeita pelo

CAPÍTULO 9. O GRUPO DE RENORMALIZAÇÃO

potencial termodinâmico. Podemos reescrever $f(t, \phi)$ na forma:

$$\begin{aligned} f(t,\phi) &= \frac{1}{2}r(\phi^*)^2 \left(\frac{\phi}{\phi^*}\right)^2 + u(\phi^*)^4 \left(\frac{\phi}{\phi^*}\right)^4 - h\phi^* \left(\frac{\phi}{\phi^*}\right) \\ &= \frac{1}{2}r(\phi^*)^2 \left[\left(\frac{\phi}{\phi^*}\right)^2 + \frac{2u}{r}(\phi^*)^2 \left(\frac{\phi}{\phi^*}\right)^4 - \frac{2h}{r\phi^*}\left(\frac{\phi}{\phi^*}\right)\right] \\ &= \frac{r^2}{8u} \left[\left(\frac{\phi}{\phi^*}\right)^2 + \frac{1}{2}\left(\frac{\phi}{\phi^*}\right)^4 - \frac{2(4u)^{1/2}h}{r^{3/2}}\left(\frac{\phi}{\phi^*}\right)\right]. \end{aligned} \quad (9.6)$$

Substituindo o resultado (9.5) na expressão anterior obtemos que:

$$f(t,h) = \frac{a^2 t^2}{8u} G\left[\frac{(4u)^{1/2}}{a^{3/2}} \left(\frac{h}{t^{3/2}}\right)\right], \quad (9.7)$$

onde $G(x)$ é outra função universal. Analisando a forma das expressões (9.5) e (9.7) notamos que em cada relação temos apenas duas variáveis independentes, ao invés de obter relações entre três variáveis, ϕ, t e h, ou f, t e h. No primeiro caso as variáveis relevantes são as combinações $\phi/t^{1/2}$ e $h/t^{3/2}$, e no segundo caso f/t^2 e $h/t^{3/2}$.

A *hipótese de escala* consiste em assumir que o potencial termodinâmico é, de forma geral, uma função homogênea generalizada da forma:

$$f(t,h) \simeq A\, t^{2-\alpha}\, G(B\, h/t^{\Delta}), \quad (9.8)$$

onde α e Δ são constantes universais, determinadas somente pela classe de universalidade do sistema, e $G(x)$ é uma função universal. $G(x)$ deve apresentar duas formas diferentes para $t > 0$ e $t < 0$, no entanto, sua dependência na variável h/t^{Δ} é universal. O resto das constantes de proporcionalidade A, B, são quantidades não-universais, dependentes do sistema particular. Vamos ver a seguir que as constantes α e Δ determinam de fato todos os expoentes críticos do sistema. Uma primeira observação é que a forma $2 - \alpha$ foi escolhida como dependente do expoente crítico do calor específico, α, para que seja compatível com o resultado de campo médio $\alpha_{cm} = 0$ (ver equação (9.7)). Considerações de caráter termodinâmico geral implicam que os expoentes críticos para $t > 0$ e $t < 0$ sejam os mesmos. Derivando (9.8) obtemos:

$$\phi(t,h) = -\left(\frac{\partial f}{\partial h}\right)_t \simeq -AB\, t^{2-\alpha-\Delta} G'(B\, h/t^{\Delta}), \quad (9.9)$$

CAPÍTULO 9. O GRUPO DE RENORMALIZAÇÃO

e

$$\chi(t,h) = -\left(\frac{\partial^2 f}{\partial h^2}\right)_t \simeq -AB^2 \, t^{2-\alpha-2\Delta} G'''(B\,h/t^\Delta). \tag{9.10}$$

Tomando o limite $h \to 0$ obtemos, para $t < 0$, a magnetização espontânea:

$$\phi(t,0) \simeq C \, |t|^\beta, \tag{9.11}$$

onde $C = -ABG'_<(0)$ e $\beta = 2 - \alpha - \Delta$. A suscetibilidade linear é dada por:

$$\chi(t,0) \simeq D_{<>} \, |t|^{-\gamma}, \tag{9.12}$$

onde $D_{<>} = -AB^2 G'''_{<>}(0)$ e $\gamma = \alpha + 2\Delta - 2$. Combinando os resultados anteriores para os expoentes β e γ:

$$\Delta = \beta + \gamma = 2 - \alpha - \beta, \tag{9.13}$$

de forma que

$$\alpha + 2\beta + \gamma = 2. \tag{9.14}$$

Esta relação entre expoentes críticos é um exemplo das chamadas *relações de escala* e tem sido verificada experimentalmente em um grande número de sistemas. Podemos notar que os expoentes críticos de campo médio, $\alpha = 0$, $\beta = 1/2$ e $\gamma = 1$ obedecem a relação de escala anterior.

A partir de (9.9) é possível mostrar que, ao longo da isoterma crítica $t = 0$, a magnetização escala com o campo externo na forma:

$$\phi(0,h) \simeq h^{\beta/\Delta}, \tag{9.15}$$

de onde obtemos uma relação para o expoente $\delta = \Delta/\beta$. Eliminando Δ com as relações obtidas anteriormente obtemos duas novas relações de escala:

$$\alpha + \beta(\delta + 1) = 2, \tag{9.16}$$

e

$$\gamma = \beta(\delta - 1). \tag{9.17}$$

Combinando estas últimas obtemos:

$$\gamma = (2 - \alpha)(\delta - 1)/(\delta + 1) \tag{9.18}$$

O calor específico a campo nulo é dado por:

$$c_h(t,0) = -\left.\frac{\partial^2 f}{\partial t^2}\right|_{h=0} \simeq -(2-\alpha)(1-\alpha)A \, |t|^{-\alpha} G_{<>}(0), \tag{9.19}$$

onde verificamos o comportamento crítico com o expoente α.

9.1.1 A hipótese de escala e as correlações

Vimos que a função de correlação de dois pontos para sistemas tipo Ising é dada pela equação (8.107) na teoria de Landau-Ginzburg:

$$\chi(r) \propto \left(\frac{1}{\zeta r}\right)^{(d-2)/2} K_{(d-2)/2}\left(\frac{r}{\zeta}\right), \qquad (9.20)$$

onde $K_\mu(x)$ é uma função de Bessel modificada. Para $x \gg 1$, $K_\mu(x) \approx x^{-1/2}e^{-x}$. Então, para distâncias grandes comparadas com o comprimento de correlção, a função de correlação de dois pontos se comporta como:

$$G(r) = T\chi(r) \propto \frac{e^{-r/\zeta}}{r^{(d-1)/2}} \qquad (9.21)$$

Já próximo do ponto crítico, $x \ll 1$ e $K_\mu(x) \approx x^{-\mu}$ para $\mu > 0$. Da (8.107) obtemos que:

$$G(r) \propto \frac{1}{r^{d-2}} \qquad (r \ll \xi; d > 2) \qquad (9.22)$$

Em $d = 2$ se obtém $G(r) \propto \ln(\xi/r)$. Como é conhecido o resultado exato para o modelo de Ising em duas dimensões, $G(r) \propto r^{-1/4}$, é proposta uma relação de escala para as correlações na região crítica que possa incluir todas as dimensões em uma forma só:

$$G(r) \propto r^{-(d-2+\eta)}, \qquad t = 0 \qquad (9.23)$$

onde se introduz um novo expoente crítico η. Pela forma proposta fica evidente que, para o modelo de Ising bidimensional, $\eta = 1/4$, o que é confirmado experimentalmente. De forma geral, se propõe um comportamento de escala da função de correlação na forma:

$$G(r, t, h) \propto \frac{1}{r^{d-2+\eta}} C(rt^\nu, h/t^\Delta) \qquad (9.24)$$

onde fica explícito o comportamento de escala das distâncias com a escala natural que é o comprimento de correlação $\xi(t) \sim |t|^{-\nu}$. A função $C(x, y)$ é uma função universal das variáveis x, y, assim como os expoentes Δ, ν e η.

Lembrando a definição da suscetibilidade para campo nulo:

$$\chi(t, 0) \propto \int r^{d-1} dr \frac{1}{r^{d-2+\eta}} C(rt^\nu, 0), \qquad (9.25)$$

CAPÍTULO 9. O GRUPO DE RENORMALIZAÇÃO

trocando variáveis obtemos:

$$\chi(t,0) \propto t^{-(2-\eta)\nu}, \tag{9.26}$$

o que permite relacionar os expoentes η e ν com γ:

$$\gamma = (2-\eta)\nu. \tag{9.27}$$

Finalmente, notamos que das relações obtidas até agora, não podemos concluir que exista uma dependência explícita dos expoentes críticos com a dimensionalidade do sistema, embora sabemos que, de fato, eles dependem da dimensão. Vamos obter uma relação entre expoentes críticos e dimensão do espaço introduzindo um argumento qualitativo novo, que não está implícito na hipótese de escala. O argumento consiste em considerar que a medida que nos aproximamos do ponto crítico por temperaturas acima de T_c, o comprimento de correlação $\xi(t)$ cresce, assim podemos definir "domínios" correlacionados no sistema. O volume típico de um domínio é então $\Omega \sim \xi^d$, e diverge no ponto crítico, quando $t \to 0$. Simultaneamente, da hipótese de escala sabemos, por (9.8), que a parte singular do potencial termodinâmico vai a zero no ponto crítico na forma $f(t) \sim t^{2-\alpha}$. Como $f(t)$ é uma densidade, é razoável supor que quando $t \to 0$ f se anula em proporção ao crescimento do volume Ω:

$$f(t) \sim \Omega^{-1} \sim \xi^{-d} \sim t^{d\nu}. \tag{9.28}$$

Comparando esta relação com (9.8) concluimos que

$$d\nu = 2 - \alpha \tag{9.29}$$

que relaciona a dimensão do sistema com os expoentes críticos ν e α. Esta relação é conhecida como *relação de hiperescala*, enfatizando o fato de que não pode ser derivada apenas da hipótese de escala como vimos anteriormente. É importante notar que no caso de expoentes clássicos, de campo médio, $\nu = 1/2$ e $\alpha = 0$ a relação de hiperescala é satisfeita apenas em $d = 4$, que é a dimensão crítica superior. Em geral, as relações de hiperescala são válidas para $d \leq d_s$ e não se verificam para $d > d_s$. A teoria do Grupo de Renormalização permite entender porquê isto acontece, assim como dar basamento mais fundamental à hipótese de escala.

Para concluir, a partir das relações de escala obtidas anteriormente e da relação de hiperescala anterior, é possível obter outras relações de hiperescala, que podem ser verificadas experimentalmente ou numericamente:

$$\begin{align} d\nu = 2 - \alpha &= 2\beta + \gamma \tag{9.30}\\ &= \beta(\delta + 1) \tag{9.31}\\ &= \gamma(\delta + 1)/(\delta - 1). \tag{9.32} \end{align}$$

Também se verifica que:

$$2 - \eta = \gamma/\nu = d(\delta - 1)/(\delta + 1). \tag{9.33}$$

9.2 O Grupo de Renormalização no espaço real

Historicamente, a evolução da compreensão dos fenômenos críticos atingiu sua maturidade com o desenvolvimento da teoria do *Grupo de Renormalização*. O desenvolvimento das ideias do Grupo de Renormalização aconteceu nas décadas de 1960 e 1970 por meio de contribuições fundamentais de uma série de físicos, notadamente B. Widom, M. Fisher, L. Kadanoff, K. G. Wilson, A. Z. Patashinski e V. L. Pokrovsky, dentre outros.

A ideia básica do grupo de renormalização parte da observação que o comprimento de correlação $\zeta(T)$ se torna muito grande a medida que a temperatura se aproxima de T_c. Portanto as estruturas observadas em diferentes escalas de distâncias devem ser as mesmas, sempre que estas escalas sejam muito menores que ζ. Então, perto do ponto crítico, quando $|t|, h \ll 1$, deve ser possível realizar uma *transformação de escala*:

$$a' = l\,a \tag{9.34}$$

onde a é uma escala microscópica, como a constante de rede, e $l > 1$ é um parâmetro que mede o câmbio de escala. O sistema na escala a' não deve ser muito diferente do sistema na escala a sempre que $a, a' \ll \zeta$. Por "o sistema na escala a'" entenda o sistema no qual as distâncias agora são medidas em unidades de a', a qual passa a ser a nova constante de rede. Como consequência da mudança de escala o comprimento de correlação será *renormalizado*. Claramente, o novo comprimento de correlação ζ' será igual a $1/l$ do comprimento original ζ (ver figura 9.1).

Não existe uma única forma de implementar uma transformação de escala em um sistema particular. Kadanoff propôs o método anterior, ilustrado na figura 9.1, no qual um "bloco de spins" que consiste em l^d spins σ_i é transformado em um único novo spin σ'_i. Uma regra deve ser definida para obter o valor do σ'_i a

CAPÍTULO 9. O GRUPO DE RENORMALIZAÇÃO

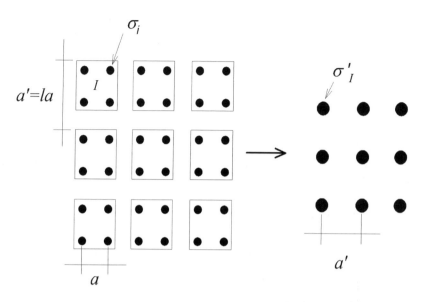

Figura 9.1: Uma transformação de escala com $l = 2$ e $d = 2$. A rede original, à esquerda, tem $N = 36$ sítios e a transformada, à direita, $N' = 9$ sítios.

partir dos valores σ_i dos spins do bloco original, de forma a preservar os valores originais das variáveis, ou seja $\sigma'_i = \pm 1$, se for o modelo de Ising. Após um passo da transformação obtemos uma nova rede com um novo parâmetro de rede $a' = la$ e um número

$$N' = \frac{N}{l^d} \tag{9.35}$$

de novos spins σ'_i. Para manter as densidades espaciais iguais entre o sistema original e o transformado, todas as distâncias devem ser rescaladas por um fator l de forma que dois spins a uma distância $\vec{r}$ no sistema original, estarão a uma distância

$$\vec{r}' = l^{-1} \vec{r} \tag{9.36}$$

no sistema transformado (ver figura 9.1).

Outra forma de implementar a transformação de escala consiste em fazer um traço parcial na função de partição do sistema:

$$Z(T, N) = \sum_{\{\sigma_i\}} \exp\left[-\beta H_N\{\sigma_i\}\right], \tag{9.37}$$

CAPÍTULO 9. O GRUPO DE RENORMALIZAÇÃO

somando sobre um sub-conjunto de $N - N'$ spins, de forma que a soma nos restantes N' spins possa ser expressa na forma:

$$Z(T', N') = \sum_{\{\sigma_i'\}} \exp\left[-\beta' H_{N'}\{\sigma_i'\}\right]. \tag{9.38}$$

Se esta operação pode ser realizada com sucesso (nem sempre é possível) então esperamos que, perto do ponto crítico, o novo sistema seja equivalente ao original, em especial quando $N, N' \to \infty$. Este processo de somar em um subconjunto dos graus de liberdade originais é conhecido como "dizimação", e foi a base do método proposto por K. G. Wilson para implementar o Grupo de Renormalização. Um exemplo de dizimação com $l = \sqrt{2}$ e $d = 2$ é mostrado na figura 9.2.

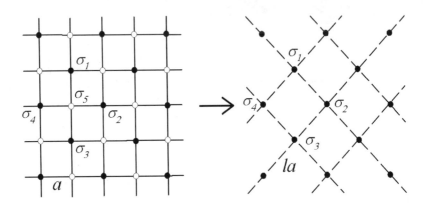

Figura 9.2: Uma transformação de escala via *dizimação* com $l = \sqrt{2}$ e $d = 2$. A rede original, à esquerda, possui $N = 25$ sítios e a transformada, à direita $N' = 13$. A última deve ainda ser rescalada e girada em $\pi/4$ de forma que o resultado final será muito parecido com a rede original no limite quando $N, N' \to \infty$.

9.2.1 A invariância de escala

Após uma mudança de escala nas condições definidas anteriormente, é natural esperar que as energias livres ou potenciais termodinâmicos sejam iguais no sistema original e no transfromado:

$$N' f(t', h') = N f(t, h), \tag{9.39}$$

CAPÍTULO 9. O GRUPO DE RENORMALIZAÇÃO

de forma que a energia livre por partícula se transforma como:

$$f(t,h) = l^{-d} f(t',h'). \tag{9.40}$$

Como t, t' e h, h' são quantidades pequenas podemos considerar que estão relacionados linearmente e escrever:

$$t' = l^{y_t} t, \tag{9.41}$$
$$h' = l^{y_h} h, \tag{9.42}$$

onde y_t e y_h são duas quantidades por enquanto desconhecidas. Desta forma, podemos escrever:

$$f(t,h) = l^{-d} f(l^{y_t} t, l^{y_h} h). \tag{9.43}$$

As relações anteriores implicam que

$$l = \left(\frac{t'}{t}\right)^{1/y_t} = \left(\frac{h'}{h}\right)^{1/y_h}, \tag{9.44}$$

que é equivalente a escrever

$$\left(\frac{h^{1/y_h}}{t^{1/y_t}}\right)^{y_h} = \left(\frac{h'^{1/y_h}}{t'^{1/y_t}}\right)^{y_h}, \tag{9.45}$$

e portanto as variáveis t e h aparecem na combinação

$$\frac{h}{|t|^{y_h/y_t}} \equiv \frac{h}{|t|^{\Delta}}. \tag{9.46}$$

Além disso, para que a energia livre seja invariante por câmbio de escala se deve verificar que:

$$f(t', h') = |t'|^{d/y_t} \tilde{f}(h'/|t'|^{\Delta}), \tag{9.47}$$

o que leva, via (9.43), ao idêndito resultado para $f(t,h)$:

$$f(t,h) = |t|^{d/y_t} \tilde{f}(h/|t|^{\Delta}). \tag{9.48}$$

Note que a função $\tilde{f}$ é, por enquanto, desconhecida.

Notamos que a dependência da energia livre nas variáveis t e h é a mesma que proposta na *hipótese de escala*. Mas agora obtivemos essa forma não como uma hipótese, mas com um argumento bem mais fundamental, o qual foi considerar que o sistema está fortemente correlacionado na vizinhança do ponto crítico.

CAPÍTULO 9. O GRUPO DE RENORMALIZAÇÃO 244

Comparando com os resultados da hipótese de escala podemos obter relações entre os expoentes y_t, y_h e os expoentes críticos conhecidos, por exemplo, da forma da $f(t,h)$, equação (9.8), obtemos:

$$\frac{d}{y_t} = 2 - \alpha. \tag{9.49}$$

A partir das relações já vistas do expoente α com os outros expoentes, podemos obter uma série de novas relações:

$$\beta = 2 - \alpha - \Delta = (d - y_h)/y_t, \tag{9.50}$$
$$\gamma = -(2 - \alpha - 2\Delta) = (2y_h - d)/y_t, \tag{9.51}$$
$$\delta = \frac{\Delta}{\beta} = y_h/(d - y_h). \tag{9.52}$$

Considerando a transformação do comprimento de correlação $\zeta' = l^{-1}\zeta$ e o fato que $\zeta \propto |t|^{-\nu}$, obtemos:

$$\left(\frac{\zeta'}{\zeta}\right) = \left(\frac{t'}{t}\right)^{-\nu} = l^{-\nu y_t}, \tag{9.53}$$

o que leva ao resultado

$$\nu = \frac{1}{y_t}, \tag{9.54}$$

que comparado com (9.49) resulta em:

$$d\nu = 2 - \alpha. \tag{9.55}$$

Vemos aqui que, além de obter as relações de escala entre os expoentes críticos que podiam ser obtidas com a hipótese de escala, a invariância de escala nos permite também obter naturalmente *relações de hiperescala*, o que não era possível obter apenas com a hipótese de escala.

Podemos aplicar os mesmos argumentos à função de correlação $G(r)$. No ponto crítico esperamos que as correlações sejam as mesmas no sistema original e no sistema rescalado:

$$\begin{aligned} G(\vec{r}_1', \vec{r}_2') &= \langle \sigma'(\vec{r}_1')\sigma'(\vec{r}_2') \rangle \propto |\vec{r}_1' - \vec{r}_2'|^{-(d-2+\eta)}, \\ G(\vec{r}_1, \vec{r}_2) &= \langle \sigma(\vec{r}_1)\sigma(\vec{r}_2) \rangle \propto |\vec{r}_1 - \vec{r}_2|^{-(d-2+\eta)}. \end{aligned} \tag{9.56}$$

CAPÍTULO 9. O GRUPO DE RENORMALIZAÇÃO

Como $r' = l^{-1}r$, para que as correlações em ambos os sistemas sejam iguais, devemos rescalar os valores das variáveis de spin na forma:

$$\sigma'(\vec{r}') = l^{(d-2+\eta)/2}\sigma(\vec{r}). \tag{9.57}$$

Usando a relação $\gamma = (2 - \eta)\nu$ obtemos uma relação entre o expoente η e y_h:

$$\eta = d + 2 - 2y_h. \tag{9.58}$$

9.2.2 O modelo de Ising em $d = 1$

A função de partição do modelo de Ising em uma dimensão espacial com condições periódicas de contorno pode ser escrito na forma:

$$Z(T,B) = \sum_{\{\sigma_i\}} \exp\left[\sum_{i=1}^{N}\left\{K_0 + K_1\sigma_i\sigma_{i+1} + \frac{1}{2}K_2(\sigma_i + \sigma_{i+1})\right\}\right], \tag{9.59}$$

onde $K_0 = 0$ é introduzida por motivos que ficarão claros mais tarde, $K_1 = \beta J$ e $K_2 = \beta B$. Vamos supor que N seja par (isso não faz diferença no limite termodinâmico) e vamos proceder à "dizimação", ou seja, vamos somar sobre os spins com índice par (ver figura 9.3).

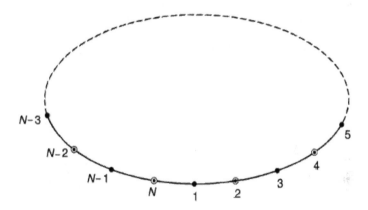

Figura 9.3: A cadeia de Ising com condições de contorno periódicas, pronta para ser "dizimada" nos sítios pares. Figura reproduzida de (Pathria e Beale 2011).

CAPÍTULO 9. O GRUPO DE RENORMALIZAÇÃO

Para isto é útil rescrever a soma no expoente na forma:

$$\prod_{i=1}^{N} \exp\left\{K_0 + K_1\sigma_i\sigma_{i+1} + \frac{1}{2}K_2(\sigma_i + \sigma_{i+1})\right\} = \prod_{j=1}^{N/2} \exp\left\{2K_0 + K_1(\sigma_{2j-1}\sigma_{2j} + \sigma_{2j}\sigma_{2j+1}) + \frac{1}{2}K_2(\sigma_{2j-1} + 2\sigma_{2j} + \sigma_{2j+1})\right\}. \quad (9.60)$$

Agora é fácil fazer a soma sobre os σ_{2j}, resultando:

$$\prod_{j=1}^{N/2} e^{2K_0} 2\cosh\left[K_1(\sigma_{2j-1} + \sigma_{2j+1}) + K_2\right] e^{\frac{K_2}{2}(\sigma_{2j-1} + \sigma_{2j+1})}. \quad (9.61)$$

Chamando $\sigma_{2j-1} = \sigma'_j$, a função de partição fica na forma:

$$Z(T, B) = \sum_{\{\sigma'_j\}} \prod_{j=1}^{N/2} e^{2K_0} 2\cosh\left[K_1(\sigma'_j + \sigma'_{j+1}) + K_2\right] e^{\frac{K_2}{2}(\sigma'_j + \sigma'_{j+1})}. \quad (9.62)$$

O próximo passo é escrever $Z(T, B)$ na mesma forma de (9.59), ou seja:

$$Z(T', B') = \sum_{\{\sigma'_j\}} \exp\left[\sum_{j=1}^{N'} \left\{K'_0 + K'_1\sigma'_j\sigma'_{j+1} + \frac{1}{2}K'_2(\sigma'_j + \sigma'_{j+1})\right\}\right], \quad (9.63)$$

o que implica que, para qualquer valor de σ'_j e σ'_{j+1} se deve satisfazer:

$$\exp\left\{K'_0 + K'_1\sigma'_j\sigma'_{j+1} + \frac{1}{2}K'_2(\sigma'_j + \sigma'_{j+1})\right\}$$
$$= e^{2K_0} 2\cosh\left[K_1(\sigma'_j + \sigma'_{j+1}) + K_2\right] e^{\frac{K_2}{2}(\sigma'_j + \sigma'_{j+1})}. \quad (9.64)$$

As possíveis combinações são $\sigma'_j = \sigma'_{j+1} = +1, \sigma'_j = \sigma'_{j+1} = -1$, $\sigma'_j = -\sigma'_{j+1} = \pm 1$, o que resulta nas condições:

$$\exp(K'_0 + K'_1 + K'_2) = \exp(2K_0 + K_2) 2\cosh(2K_1 + K_2), \quad (9.65)$$
$$\exp(K'_0 + K'_1 - K'_2) = \exp(2K_0 - K_2) 2\cosh(2K_1 - K_2), \quad (9.66)$$
$$\exp(K'_0 - K'_1) = \exp(2K_0) 2\cosh K_2. \quad (9.67)$$

CAPÍTULO 9. O GRUPO DE RENORMALIZAÇÃO

Resolvendo para K'_0, K'_1 e K'_2 obtemos:

$$e^{K'_0} = 2e^{2K_0}\left[\cosh\left(2K_1 + K_2\right)\cosh\left(2K_1 - K_2\right)\cosh^2 K_2\right]^{1/4}, \quad (9.68)$$

$$e^{K'_1} = \left[\cosh\left(2K_1 + K_2\right)\cosh\left(2K_1 - K_2\right)/\cosh^2 K_2\right]^{1/4}, \quad (9.69)$$

$$e^{K'_2} = e^{K_2}\left[\cosh\left(2K_1 + K_2\right)/\cosh\left(2K_1 - K_2\right)\right]^{1/2}. \quad (9.70)$$

Notamos que, mesmo se tivéssemos considerado $K_0 = 0$ desde o início, no final obteríamos um sistema nos três parâmetros K'_0, K'_1 e K'_2. Daí a necessidade de incluir o termo em K_0 para que o sistema possa ser resolvido de forma consistente. Para ilustrar o papel importante da inclusão do K_0 notemos que da identidade entre as funções de partição do sistema original e o dizimado, obtemos para $K_0 = 0$ que

$$Z(K_1, K_2, N) = e^{N'K'_0} Z(K'_1, K'_2, N'), \quad (9.71)$$

e, portanto, as energias livres ficam relacionadas por (em unidades de $k_B T$):

$$F(K_1, K_2, N) = -N'K'_0 + F(K'_1, K'_2, N'). \quad (9.72)$$

Como $N' = N/2$, as energias livres por spin nos dois sistemas estão relacionadas por:

$$f(K_1, K_2) = -\frac{1}{2}K'_0 + \frac{1}{2}f(K'_1, K'_2). \quad (9.73)$$

Agora, por exemplo, se considerarmos o limite $T \to \infty$ tanto K_1, K_2 quanto K'_1, K'_2 vão para zero, e então:

$$f(0,0) = -K'_0 = -\ln 2 \quad (9.74)$$

que é o resultado correto no limite de altas temperaturas, que vem da entropia do sistema. É evidente o papel relevante do parâmetro K'_0 para determinar os valores corretos da energia livre do sistema. No entanto, os valores de K'_1 e K'_2 não dependem do valor de K'_0. Vamos ver mais adiante que o valor de K'_0 é relevante para determinar a parte não singular da energia livre, ou seja a parte bem comportada, que não é determinante para o comportamento do sistema no ponto crítico. Para determinar as propriedades críticas, apenas os parâmetros K'_1 e K'_2 são relevantes.

As equações (9.69) e (9.70) definem relações de recorrência que representam a evolução da temperatura e do campo externo do sistema após sucessivas transformações de escala. No ponto crítico, devido à invariância de escala, esperamos que

CAPÍTULO 9. O GRUPO DE RENORMALIZAÇÃO

as recorrências terminem em pontos fixos. As relações (9.69) e (9.70) definem as *transformações do grupo de renormalização* seguintes:

$$K'_1 = \frac{1}{4} \ln\left[\cosh\left(2K_1 + K_2\right)\cosh\left(2K_1 - K_2\right)\right] - \frac{1}{2}\ln\cosh K_2, \quad (9.75)$$

$$K'_2 = K_2 + \frac{1}{2}\ln\left[\cosh\left(2K_1 + K_2\right)/\cosh\left(2K_1 - K_2\right)\right]. \quad (9.76)$$

Estas relações produzem uma linha de pontos fixos *triviais*, com $K_1 = 0$ e K_2 arbitrário. Estes pontos fixos correspondem a interação nula ($J = 0$) ou temperatura infinita ($T = \infty$). Outro ponto fixo é obtido no caso $K_2 = 0$, para o qual obtemos:

$$K'_1 = \frac{1}{2}\ln\left[\cosh\left(2K_1\right)\right]. \quad (9.77)$$

Claramente $K_1 = \infty$ é um ponto fixo desta recorrência, e corresponde a $T = 0$. No entanto, é fácil comprovar que iniciando a iteração com qualquer valor finito de K_1 o fluxo levará ao ponto fixo com $K_1 = 0$, ou seja, o ponto fixo $K_1 = \infty$ é instável, como ilustrado na figura 9.4.

Figura 9.4: Fluxo do grupo de renormalização para o modelo de Ising em $d = 1$ a campo nulo.

Como o ponto fixo físico neste modelo acontece para $K_1 = \infty$ é útil definir novas variáveis:

$$u = \exp\left(-4K_1\right) \quad (9.78)$$
$$v = \exp\left(-2K_2\right) \quad (9.79)$$

para poder analisar o fluxo na vizinhança do ponto fixo. Em termos das variáveis u, v a equações (9.75) e (9.76) adotam a forma:

$$u' = \frac{u(1+v)^2}{u(1+v^2) + v(1+u^2)}, \quad (9.80)$$

$$v' = v\left(\frac{u+v}{1+uv}\right). \quad (9.81)$$

CAPÍTULO 9. O GRUPO DE RENORMALIZAÇÃO 249

Para campo nulo $v = 1$ e

$$u' = \frac{4u}{(1+u)^2}, \tag{9.82}$$

que tem os pontos fixos $u = 0$ (temperatura zero) e $u = 1$ (temperatura infinita). Linearizando a relação em torno ao ponto fixo físico $u = 0$, obtemos:

$$u' \approx 4u = 2^2 u. \tag{9.83}$$

Esta relação tem a mesma forma da transformação de escala para a temperatura reduzida (9.41). No entanto, como o modelo de Ising em $d = 1$ não apresenta um ponto crítico usual, o comportamento na vizinhança de $T = 0$ não corresponde a leis de potência, e sim a divergências exponenciais do comprimento de correlação e outras quantidades singulares, como fica evidente na definição dos parâmetros u, v. Lembrando que o fator de escala adotado neste cálculo foi $l = 2$, reconhecemos o valor do expoente térmico

$$y_t = 2. \tag{9.84}$$

Notamos que como $y_t > 0$, o ponto fixo $u = 0$ é instável, como representado na figura 9.4. A partir do conhecimento de y_t poderíamos obter os expoentes críticos do modelo. No entanto, é bom lembrar que a transição de fase acontece apenas a $T = 0$ e apresenta um comportamento anômalo em relação aos pontos críticos usuais, sendo um reflexo do resultado geral da ausência de transições de fase a temperatura finita em sistemas unidimensionais com interações de curto alcance. Vamos ver então o que acontece com o modelo de Ising em duas dimensões.

9.2.3 O modelo de Ising na rede quadrada ($d = 2$)

A função de partição do modelo de Ising é dada por:

$$Z(T, N) = \sum_{\{\sigma_i\}} \exp\left\{ K \sum_{<i,j>} \sigma_i \sigma_j \right\} \qquad (K = \beta J) \tag{9.85}$$

onde a soma indicada por $\langle i, j \rangle$ corresponde a todos os pares de vizinhos próximos em uma rede quadrada. A rede quadrada pode ser dividida em duas subredes interpenetrantes, de forma que podemos tentar reproduzir o processo de dizimação que aplicamos à cadeia de Ising para o sistema em $d = 2$. A figura 9.2 ilustra como implementar o processo no entorno de um spin particular σ_5 onde se escolheu um fator de escala $l = \sqrt{2}$.

CAPÍTULO 9. O GRUPO DE RENORMALIZAÇÃO

Os termos correspondentes desse spin são:

$$\sum_{\sigma_5} \exp\left[K\sigma_5(\sigma_1 + \sigma_2 + \sigma_3 + \sigma_4)\right] = 2\cosh\left[K(\sigma_1 + \sigma_2 + \sigma_3 + \sigma_4)\right]. \quad (9.86)$$

Dessa forma podemos somar todos os spins de uma subrede de maneira a ficar com a metade dos spins originais. No final, obteremos uma expressão para Z com muitos termos da forma anterior, e o problema agora consiste em encontrar uma forma equivalente à função de partição original para quaisquer valores dos spins $\sigma_1, \sigma_2, \ldots = \pm 1$. Com um pouco de análise, é possível mostrar que não é possível obter uma equivalência completa entre as expressões original e dizimada em termos apenas de interações entre vizinhos próximos. No entanto, se acrescentarmos interações entre segundos vizinhos e entre grupos de quatros spins poderemos acomodar todas as possíveis combinações dos spins restantes. Isto equivale a escrever:

$$\begin{aligned}
2\cosh\left[K(\sigma_1 + \sigma_2 + \sigma_3 + \sigma_4)\right] &= \exp\left[K_0' + \frac{1}{2}K'(\sigma_1\sigma_2 + \sigma_1\sigma_4 + \sigma_2\sigma_3 + \sigma_3\sigma_4)\right. \\
&\quad \left. + L'(\sigma_1\sigma_3 + \sigma_2\sigma_4) + M'\sigma_1\sigma_2\sigma_3\sigma_4\right] \quad (9.87)
\end{aligned}$$

Analisando todas as possíveis combinações dos quatro spins envolvidos nos termos acima obtemos:

$$K_0' = \ln 2 + \frac{1}{2}\ln\cosh 2K + \frac{1}{8}\ln\cosh 4K, \quad (9.88)$$

$$K' = \frac{1}{4}\ln\cosh 4K, \quad (9.89)$$

$$L' = \frac{1}{8}\ln\cosh 4K, \quad (9.90)$$

$$M' = \frac{1}{8}\ln\cosh 4K - \frac{1}{2}\ln\cosh 2K. \quad (9.91)$$

Assim, após a primeira iteração a função de partição pode ser escrita na forma

$$Z(T', N') = e^{N'K_0'} \sum_{\{\sigma_j'\}} \exp\left\{ K' \sum_{1viz} \sigma_i'\sigma_j' + L' \sum_{2viz} \sigma_i'\sigma_j' + M' \sum_{quad} \sigma_i'\sigma_j'\sigma_l'\sigma_m' \right\}. \quad (9.92)$$

com $N' = N/2$.

Neste ponto, resulta razoável redefinir o sistema original em termos de outro com interações entre segundos vizinhos e entre grupos de quatro spins, com uma função de partição da forma (9.92) com $L = M = 0$, tal que:

$$Z(N, K, 0, 0) = e^{N'K'} Z(N', K', L', M'), \quad (9.93)$$

CAPÍTULO 9. O GRUPO DE RENORMALIZAÇÃO 251

o que resulta em uma energia livre por spin (em unidades de $k_B T$):

$$f(K, 0, 0) = -\frac{1}{2}K'_0 + \frac{1}{2}f(K', L', M'). \qquad (9.94)$$

Se continuarmos com o processo iterativo de dizimação é esperado que, em geral, apareçam termos de interação com formas mais complexas. Neste caso, não é possível continuar com o processo de renormalização sem introduzir alguma aproximação.

9.3 A formulação geral do Grupo de Renormalização

Pelo que foi visto no exemplo do modelo de Ising em $d = 2$, parece razoável iniciar o processo de renormalização considerando um Hamiltoniano com um número grande de parâmetros $K_1, K_2, \ldots$, onde a maioria serão zero no sistema real a considerar, e uma configuração inicial dos graus de liberdade $\{\sigma_i\}$, de forma que a energia livre do sistema pode ser escrita como:

$$e^{-\beta F} = \sum_{\{\sigma_i\}} \exp\left[-\beta H_{\{\sigma_i\}}(\{K_\alpha\})\right], \qquad \alpha = 1, 2, \ldots \qquad (9.95)$$

Agora realizamos uma "dizimação" do sistema original, o que reduz o número de graus de liberdade de N para N' e o comprimento de correlação de ζ para ζ', tal que:

$$N' = l^{-d}N \qquad \zeta' = l^{-1}\zeta, \quad (l > 1). \qquad (9.96)$$

O próximo passo é expressar a função de partição do sistema transformado como tendo a mesma forma da função de partição de sistema original, mas com parâmetros transformados. A equação (9.95) é escrita agora como

$$e^{-\beta F} = e^{N'K'_0} \sum_{\{\sigma'_i\}} \exp\left[-\beta H_{\{\sigma'_i\}}(\{K'_\alpha\})\right], \qquad (9.97)$$

de forma que a energia livre por partícula é dada por:

$$f(\{K_\alpha\}) = l^{-d}[-K'_0 + f(\{K'_\alpha\}). \qquad (9.98)$$

Podemos definir um *espaço vetorial* $\mathcal{K}$, de forma que a transformação entre o conjunto de parâmetros $\{K_\alpha\} \to \{K'_\alpha\}$ pode ser considerada como a evolução de um vetor **K** neste espaço. Nesse espaço vetorial, o fluxo pode ser representado pela transformação:

$$\mathbf{K}' = \mathcal{R}_l(\mathbf{K}), \tag{9.99}$$

onde $\mathcal{R}_l$ é o operador do grupo de renormalização correspodente ao problema considerado. Aplicações sucessivas da transformação geram uma sequência de vetores $\mathbf{K}', \mathbf{K}'', \ldots$ tal que:

$$\mathbf{K}^{(n)} = \mathcal{R}_l(\mathbf{K}^{(n-1)}) = \ldots = \mathcal{R}_l^{(n)}(\mathbf{K}^{(0)}), \quad n = 0, 1, 2, \ldots, \tag{9.100}$$

onde $\mathbf{K}^{(0)}$ representa o conjunto de parâmetros **K** original. No final do processo, o comprimento de correlação e a parte singular da energia livre ficarão transformados na forma:

$$\zeta^{(n)} = l^{-n}\zeta^{(0)}, \qquad f^{(n)} = l^{nd}f^{(0)}. \tag{9.101}$$

Eventualmente, a transformação irá atingir um *ponto fixo* $\mathbf{K}^*$ tal que:

$$\mathcal{R}_l(\mathbf{K}^*) = \mathbf{K}^*. \tag{9.102}$$

Podemos notar que as equações (9.96) implicam que $\zeta(\mathbf{K}^*) = l^{-1}\zeta(\mathbf{K}^*)$ e, como consequência, no ponto fixo $\zeta(\mathbf{K}^*)$ somente pode ser zero ou infinito! Este é um resultado importante, pois sabemos que um comprimento de correlação nulo corresponde a um sistema de partículas independentes, o que corresponde ao limite de temperatura infinita de um sistema com interações. O outro caso é mais interessante, pois um comprimento de correlação infinito surge, como vimos, no ponto crítico.

Analizemos as consequências de um ponto fixo $\mathbf{K}^*$ com $\zeta(\mathbf{K}^*) = \infty$. É de se esperar que alguns pontos genéricos **K** acabem fluindo, após uma sequência de transformações do tipo (9.100), para um ponto fixo $\mathbf{K}^*$. Na sequência de transformações, o comprimento de correlação só pode diminuir como consequência da (9.101). Mas, como no ponto fixo se verifica que $\zeta(\mathbf{K}^*) = \infty$, então deve ser infinito também no ponto **K**, assim como em todos os pontos intermediários do fluxo de renormalização. De forma genérica, irá existir no espaço vetorial $\mathcal{K}$ uma superfície, chamada *superfície crítica*, formada por pontos que irão fluir para um ponto fixo após uma sequência de transformações do grupo de renormalização, como ilustrado na figura 9.5. *O ponto fixo $\mathbf{K}^*$ pode ter componentes que não correspondem as interações originais do sistema e, por tanto, não necessariamente corresponderá ao ponto crítico $\mathbf{K}_c$. O ponto crítico pode ser identificado como um ponto na superfície crítica que possua exatamente o conjunto de parâmetros do sistema original.* Como o comprimento de correlação de todos os pontos sobre

CAPÍTULO 9. O GRUPO DE RENORMALIZAÇÃO

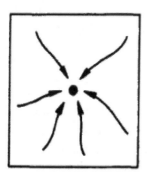 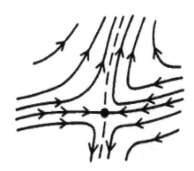

Figura 9.5: Fluxo do grupo de renormalização no entorno de um ponto fixo crítico. Á esquerda, trajetórias na superfície crítica. Á direita, trajetórias se afastando da superfície crítica.

a superfície crítica é infinito, então o ponto $\mathbf{K}_c$ terá todas a propriedades do ponto crítico físico. No entanto, as propriedades críticas do sistema são determinadas pelo comportamento do fluxo de renormalização na vizinhança do ponto fixo $\mathbf{K}^*$.

Vamos então proceder a uma análise do padrão de fluxo na vizinhança do ponto fixo, escrevendo:

$$\mathbf{K} = \mathbf{K}^* + \mathbf{k}, \qquad (9.103)$$

de forma que

$$\mathbf{K}' = \mathbf{K}^* + \mathbf{k}' = \mathcal{R}_l(\mathbf{K}^* + \mathbf{k}), \qquad (9.104)$$

e portanto:

$$\mathbf{k}' = \mathcal{R}_l(\mathbf{K}^* + \mathbf{k}) - \mathbf{K}^*. \qquad (9.105)$$

Supondo que $\{k_\alpha\}$ e $\{k'_\alpha\}$ sejam pequenas, podemos linearizar a relação anterior e obtemos:

$$\mathbf{k}' = \mathcal{A}_l^* \mathbf{k}, \qquad (9.106)$$

onde $\mathcal{A}_l^*$ é uma matriz que surge ao linearizar o operador de renormalização $\mathcal{R}_l$ no entorno do ponto fixo $\mathbf{K}^*$. Sejam λ_i e ϕ_i os autovalores e autovetores do operador linear $\mathcal{A}_l^*$. Se os autovetores formam um conjunto completo, podemos expandir:

$$\mathbf{k} = \sum_i u_i \phi_i, \qquad \mathbf{k}' = \sum_i u'_i \phi_i, \qquad (9.107)$$

de forma que, após aplicação de (9.106), obtemos:

$$u'_i = \lambda_i u_i, \qquad i = 1, 2, \ldots \qquad (9.108)$$

Os coeficientes u_i são chamados *campos de escala* (scaling fields). Depois de n transformações na vizinhança do ponto fixo, os campos de escala são dados por:

$$u_i^{(n)} = \lambda_i^{(n)} u_i^{(0)}. \tag{9.109}$$

Os campos u_i são combinações lineares dos parâmetros originais k_α do problema na vizinhaça do ponto fixo e então podem ser considerados como uma espécie de "coordenadas generalizadas" no espaço vetorial $\mathcal{K}$. O comportamento destes campos na vizinhaça do ponto crítico irá determinar o comportamento crítico do sistema, o que por sua vez, dependerá de forma fundamental dos autovalores λ_i. Existem três comportamentos possíveis para as coordenadas u_i.

1. Se $\lambda_i > 0$ o parâmetro u_i irá crescer com n. O efeito será que o sistema tenderá a se afastar do ponto fixo nesta direção. Se diz que u_i é uma *variável relevante*. A temperatura e o campo magnético são variáveis relevantes. Podemos definir:

$$u_1 = at + O(t^2), \qquad u_2 = bh + O(h^2), \tag{9.110}$$

   com $\lambda_1, \lambda_2 > 1$.

2. Se $\lambda_i < 0$ o parâmetro u_i decresce com sucessivas iterações da tranformação de renormalização. Ou seja, o fluxo ao longo da direção u_i converge para o ponto fixo. Estas coordenadas são chamadas *variáveis irrelevantes*. Pelo que foi visto anteriormente, todas as coordenadas sobre a superfície crítica, que fluem na direção do ponto crítico, são variáveis irrelevantes. Ou, de forma equivalente, sobre a superfície crítica todas as variáveis relevantes são zero.

3. Se $\lambda_i = 1$ então u_i não cresce e nem decresce com as transformações do GR. Para saber como se comportam essas variáveis, chamadas *marginais*, é necessário ir além do regime de escala linear. A presença destas variáveis pode levar a correções logarítmicas dos valores do expoentes críticos.

Vejamos então como estas considerações se aplicam ao fluxo do comprimento de correlação e a parte sigular da energia livre, equações (9.101). Temos

$$\zeta(u_1, u_2, \ldots) = l^n \zeta(\lambda_1^n u_1, \lambda_2^n u_2, \ldots), \tag{9.111}$$

e

$$f(u_1, u_2, \ldots) = l^{-nd} f(\lambda_1^n u_1, \lambda_2^n u_2, \ldots). \tag{9.112}$$

CAPÍTULO 9. O GRUPO DE RENORMALIZAÇÃO

Identificando u_1 com t e lembrando a definição do expoente ν obtemos:

$$u_1^{-\nu} = l^n(\lambda_1^n u_1)^{-\nu}, \qquad (9.113)$$

que leva ao resultado:

$$\nu = \frac{\ln l}{\ln \lambda_1}. \qquad (9.114)$$

Como os expoentes críticos (como ν) não dependem da escala l concluimos que os expoentes λ_i devem ter uma dependência em l que leve aos resultados esperados. Para ver isso consideremos a aplicação sucessiva de duas transformações do GR lineares:

$$\mathcal{A}_{l_1}^* \mathcal{A}_{l_2}^* = \mathcal{A}_{l_1 l_2}^* \qquad (9.115)$$

Esta propriedade faz que os operadores $\mathcal{A}_l^*$ formem um semi-grupo. Eles não formam um grupo, pois as transformações não possuem uma inversa única. Como consequência os autovalores λ_i devem ser da forma l^{y_i}, tal que:

$$l_1^{y_i} l_2^{y_i} = (l_1 l_2)^{y_i} \qquad (9.116)$$

Portanto a relação (9.114) resulta em:

$$\nu = \frac{1}{y_1}, \qquad (9.117)$$

que é independente de l.

A energia livre (9.112) pode ser reescrita como:

$$f(t, h, \ldots) = l^{-nd} f(l^{ny_1} t, l^{ny_2} h, \ldots). \qquad (9.118)$$

Pela mesma argumentação usada na seção 9.2.1, podemos concluir que f deverá ter a forma:

$$f(t, h, \ldots) = |t|^{d\nu} \tilde{f}(h/|t|^\Delta, \ldots), \qquad (9.119)$$

onde

$$\Delta = \frac{y_2}{y_1}. \qquad (9.120)$$

Da definição do expoente crítico α obtemos:

$$2 - \alpha = d\nu = \frac{d}{y_1}, \qquad (9.121)$$

CAPÍTULO 9. O GRUPO DE RENORMALIZAÇÃO   256

e os outros expoentes podem ser facilmente determinados com as relações de escala:

$$\beta = (2-\alpha) - \Delta, \tag{9.122}$$
$$\gamma = 2\Delta - (2-\alpha), \tag{9.123}$$
$$\delta = \Delta/\beta, \tag{9.124}$$
$$\eta = 2 - (\gamma/\nu). \tag{9.125}$$

Em suma, para determinar os expoentes críticos de um dado sistema a "receita" a seguir no contexto do GR é a seguinte:

1. Determinar o operador do GR $\mathcal{R}_l$ para o problema dado;

2. Encontrar o(s) ponto(s) fixo(s) $\mathbf{K}^*$;

3. Linearizar $\mathcal{R}_l$ no entorno do ponto fixo;

4. Determinar os autovalores $\lambda_i = l^{y_i}$;

5. A partir dos y_i's determinar os expoentes ν e Δ;

6. Utilizar as relações de escala e hiperescala e determinar o resto dos expoentes.

9.4 Renormalização do modelo de Ising na rede quadrada

Vamos então completar a análise do modelo Ising na rede quadrada iniciado na seção 9.2.3. Seguindo os passos gerais da análise do grupo de renormalização identificamos inicialmente a transformação $\mathcal{R}_l$ dada pelas equações:

$$K' = \frac{1}{4} \ln \cosh 4K, \tag{9.126}$$

$$L' = \frac{1}{8} \ln \cosh 4K, \tag{9.127}$$

$$M' = \frac{1}{8} \ln \cosh 4K - \frac{1}{2} \ln \cosh 2K. \tag{9.128}$$

As interações L' e M' surgiram na primeira transformação de escala, e novas interações irão surgir em sucessivas transformações do GR. Portanto é necessário

CAPÍTULO 9. O GRUPO DE RENORMALIZAÇÃO

fazer alguma aproximação para continuar adiante com a análise. Uma aproximação é desconsiderar a interação M e todas outras possíveis interações, e limitar a análise a duas variáveis: K e L. Supondo que estas variáveis são pequenas, fazemos uma expansão em série de Taylor no entorno do zero e obtemos na ordem dominante:

$$K' = 2K^2, \qquad L' = K^2. \tag{9.129}$$

Vimos antes que é útil considerar, logo do início, um conjunto de interações maior que as reais, pois muitas podem surgir no processo de renormalização. Se tivéssemos incluido a interação L no sistema original, as equações anteriores seriam dadas por:

$$K' = 2K^2 + L, \qquad L' = K^2. \tag{9.130}$$

É imediato verificar que este sistema de duas equações possui um ponto fixo não trivial em

$$K^* = \frac{1}{3} \qquad L^* = \frac{1}{9}. \tag{9.131}$$

Linearizando a transformação no entorno do ponto fixo não trivial obtemos:

$$k_1' = \frac{3}{4}k_1 + k_2, \qquad k_2' = \frac{2}{3}k_1, \tag{9.132}$$

onde $k_1 = K - K^*$ e $k_2 = L - L^*$. A transformação linear $\mathcal{A}_l^*$ é dada por:

$$\mathcal{A}_{\sqrt{2}}^* = \begin{pmatrix} \frac{4}{3} & 1 \\ \frac{2}{3} & 0 \end{pmatrix}, \tag{9.133}$$

com autovalores:

$$\lambda_1 = (2 + \sqrt{10})/3, \qquad \lambda_2 = (2 - \sqrt{10})/3, \tag{9.134}$$

e correspondentes autovetores:

$$\phi_1 \propto \begin{pmatrix} 2 + \sqrt{10} \\ 2 \end{pmatrix}, \qquad \phi_2 \propto \begin{pmatrix} 2 - \sqrt{10} \\ 2 \end{pmatrix}. \tag{9.135}$$

Os campos de escala são dados por:

$$u_1 \propto [2k_1 + (\sqrt{10} - 2)k_2], \qquad u_2 \propto [2k_1 - (\sqrt{10} + 2)k_2]. \tag{9.136}$$

u_1 é a variável relevante, pois $\lambda_1 > 0$, enquanto que u_2 é uma variável irrelevante. Como nesse problema existem apenas duas variáveis, a superfície crítica é,

CAPÍTULO 9. O GRUPO DE RENORMALIZAÇÃO

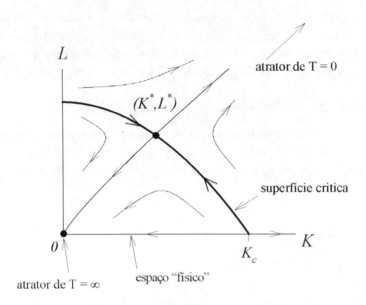

Figura 9.6: Uma parte do espaço de parâmetros e da curva crítica do modelo de Ising bidimensional, na vizinhança do ponto fixo não trivial (K^*, L^*). Notar que os pontos sobre a curva crítica fluem para o ponto fixo não trivial, enquanto os que estão fora dessa curva fluem para os pontos fixos triviais $(K^*, L^*) = (0, 0)$ ou $(K^*, L^*) = (\infty, \infty)$.

nesse caso, uma curva crítica no plano (K, L), como mostra a figura 9.6. A curva crítica é dada pela condição $u_1 = 0$, o que resulta (na vizinhança do ponto fixo) no segmento de reta mostrado na figura 9.6. Para determinar o ponto crítico físico, devemos fazer $L = 0$, pois essa interação não existe no sistema original. Portanto, o ponto crítico K_c deverá estar na interseção entre a curva crítica e o eixo K. Uma aproximação simples para obter o valor de K_c é estender o segmento de reta (válido apenas na vizinhança do ponto fixo) até o cruzamento com o eixo horizontal. Obtemos:

$$K_c \approx 0.3979, \qquad (9.137)$$

que deve ser comparado com o valor exato $K_c^{Onsager} = 0.4407$ (valor da aproximação de campo médio K_c = *número de coordenação* = 4). Podemos obter também o valor do expoente ν:

$$\nu = \frac{\ln l}{\ln \lambda_1} = \frac{\ln \sqrt{2}}{\ln\left[(2+\sqrt{10})/3\right]} = 0.6385, \qquad (9.138)$$

CAPÍTULO 9. O GRUPO DE RENORMALIZAÇÃO

que deve ser comparado com o valor exato $\nu = 1$.

Claramente, os valores numéricos obtidos não são muito precisos. Isso é consequência das aproximações realizadas ao longo do processo, especialmente ter desconsiderado outras interações que surgem no processo de renormalização. Uma melhora pode ser obtida deixando a interação M, por exemplo. No entanto, o exercício serve como ilustração do poder do formalismo do Grupo de Renormalização na determinação do comportamento crítico de um sistema. A existência de classes de universalidade também aparece naturalmente no formalismo. Vimos que todos os sistemas definidos por interações sobre a superfície crítica vão fluir para o mesmo ponto fixo. Portanto, pertencem a mesma classe de universalidade do Ising bidimensional. O exemplo também mostrou a relevância das variáveis relevantes, que através dos seus autovalores irão determinar completamente os expoentes críticos e a classe de universalidade correspondente.

9.5 Problemas de aplicação

1. Uma função homogênea generalizada satisfaz:
$$\lambda f(x, y) = f(\lambda^a x, \lambda^b y)$$
onde λ, a, b são constantes. Mostre que a transformada de Legendre de f, $g(x, u)$, onde:
$$u(x, y) = \left(\frac{\partial f}{\partial y}\right)_x,$$
também é uma função homogênea generalizada.

2. Usando argumentos termodinâmicos obtenha as seguintes relações entre expoentes críticos:

   - Desigualdade de Rushbrooke:
   $$\alpha + \gamma + 2\beta \geq 2$$

   - Desigualdade de Griffiths:
   $$\alpha + \beta(1 + \delta) \geq 2$$

3. Em um sistema anisotrópico podem ser definidas correlações ao longo de duas direções perpendiculares $x_{\parallel}$ e $x_{\perp}$. Assumindo que a função de correlação obedece a seguinte relação de homegeneidade:
$$G(x_{\parallel}, x_{\perp}, t) = l^{-(d-2+\eta)} G(b^{-(1+\mu_{\parallel})} x_{\parallel}, b^{-1} x_{\perp}, b^{1/\nu} t),$$
onde $t = (T - T_c)/T_c$, determine os expoentes críticos que governam o comportamento de $G(x_{\parallel}, x_{\perp} = 0, t = 0)$ e $G(x_{\parallel} = 0, x_{\perp}, t = 0)$, os comprimentos de correlação ao longo das duas direções perpendiculares, $\zeta_{\parallel}$ e $\zeta_{\perp}$, a suceptibilidade e o parâmetro de ordem para $t < 0$ em função dos expoentes η, $\mu_{\parallel}$ e ν.

4. Usando a construção de blocos de Kadanoff, mostre que a função de correlação de pares de um ferromagneto pode ser escrita na forma:
$$C(r, t, B) = t^{\nu(d-2+\eta)} F\left(\frac{r}{t^{-\nu}}, \frac{B}{t^{\Delta}}\right),$$
onde $t = (T/T_c - 1)$ e $\Delta = \beta \delta$.

CAPÍTULO 9. O GRUPO DE RENORMALIZAÇÃO

5. Considere o modelo de Ising unidimensional.

    (a) Usando o método de dizimação, determine o expoente crítico ν correspondente a $T = 0$.

    (b) Obtenha as equações de recorrência para campo magnético externo não nulo e fator de escala $l = 2$.

    (c) Analise o fluxo de renormalização completo no espaço dos parâmetros para $B > 0$. (Dica: expresse as equações de recorrência em termos das variáveis $u \equiv \tanh 2K$ e $v \equiv \exp(-2B)$, que mapeiam o quadrante $K > 0$, $B > 0$ no quadrado unitário $0 < u < 1$, $0 < v < 1$.

Apêndice A

Integrais gaussianas

Integrais gaussianas, em uma ou mais dimensões, são muito comuns na Física, estando associadas a variáveis aleatórias gaussianas, sistemas de partículas livres, osciladores harmônicos e aproximações lineares de problemas não-lineares.

A.1 Uma dimensão

A integral gaussiana mais elementar é a seguinte:

$$I_0(a) = \int_{-\infty}^{\infty} e^{-\frac{1}{2}ax^2}\, dx = \sqrt{\frac{2\pi}{a}}, \tag{A.1}$$

onde $a > 0$.

Para demonstrar o resultado (A.1) escrevemos a integral correspondente em duas dimensões, fazemos uma transformação de coordenadas polares no plano e um simples câmbio de variáveis final, obtendo:

$$\begin{aligned} I_0^2(a) &= \int_{-\infty}^{\infty} dx \int_{-\infty}^{\infty} dy\, e^{-\frac{1}{2}a(x^2+y^2)} \\ &= \int_0^{\infty} dr \int_0^{2\pi} d\theta\, r\, e^{-\frac{1}{2}ar^2} \\ &= 2\pi \int_0^{\infty} e^{-au}\, du = \frac{2\pi}{a}, \end{aligned} \tag{A.2}$$

que leva ao resultado esperado. Muitas vezes encontramos um termo linear adicional:

$$I(a) = \int_{-\infty}^{\infty} e^{-\frac{1}{2}ax^2 + Jx}\, dx. \tag{A.3}$$

APÊNDICE A. INTEGRAIS GAUSSIANAS

Para resolver esta forma da integral, fazemos a troca de variáveis $x = x' + \frac{J}{a}$. Desta forma, $-\frac{1}{2}ax^2 + Jx = -\frac{1}{2}ax'^2 + \frac{J^2}{2a}$, obtendo como resultado:

$$I(a) = I_0(a) \, e^{\frac{J^2}{2a}}. \tag{A.4}$$

Outras integrais comuns relacionadas com a gaussiana são, por exemplo:

$$I_n(a) = \int_0^\infty x^n \, e^{-\frac{1}{2}ax^2} \, dx, \tag{A.5}$$

onde $a > 0$ e $n \geq 0$. Fazendo a troca de variáveis $y = \frac{1}{2}ax^2$ é possível escrever a família de integrais (A.5) em termos da função Gamma:

$$\begin{aligned}
I_n(a) &= \left(\frac{a}{2}\right)^{-(n+1)/2} \int_0^\infty y^{(n-1)/2} \, e^{-y} \, dy \\
&= \frac{1}{2} \left(\frac{a}{2}\right)^{-(n+1)/2} \Gamma\left(\frac{n+1}{2}\right),
\end{aligned} \tag{A.6}$$

onde $\Gamma(x)$ é a função Gamma. Em particular, usando o fato que $\Gamma(1/2) = \sqrt{\pi}$, e estendendo o resultado para o semi-eixo negativo, recuperamos o resultado (A.1).

A.2 N dimensões

Consideremos agora a integral gaussiana generalizada:

$$Z(J) = \int \prod_{i=1}^N dx_i \exp\left(-\frac{1}{2} \sum_{i,j=1}^N x_i A_{ij} x_j + \sum_{i=1}^N J_i x_i\right), \tag{A.7}$$

onde os A_{ij} são elementos de uma matriz $N \times N$, $\mathbf{A}$ *simétrica e positiva*. Chamando $x = (x_1, x_2, \ldots, x_N)$ e $J = (J_1, J_2, \ldots, J_N)$, e fazendo o câmbio de variáveis $x = x' + \mathbf{A}^{-1} J$ se obtém:

$$-\frac{1}{2} x^T \mathbf{A} x + J^T x = -\frac{1}{2} x'^T \mathbf{A} x' + \frac{1}{2} J^T \mathbf{A}^{-1} J, \tag{A.8}$$

onde x^T e J^T são os vetores (fila) traspostos dos vetores coluna x e J, e $\mathbf{A}^{-1}$ é a inversa da matriz $\mathbf{A}$. Assim, obtemos o resultado da integral gaussiana múltipla de forma equivalente à (A.4):

$$Z(J) = Z(0) \, e^{\frac{1}{2} J^T \mathbf{A}^{-1} J}. \tag{A.9}$$

APÊNDICE A. INTEGRAIS GAUSSIANAS 264

Aplicando uma transformação ortogonal é fácil resolver a integral $Z(0)$. Seja $\mathbf{R}$ a transformação ortogonal ($\mathbf{RR}^T = \mathbb{I}$) que diagonaliza $\mathbf{A}$: $\mathbf{A} = \mathbf{R}^T\mathbf{D}\mathbf{R}$. Fazendo o câmbio de variáveis $x' = \mathbf{R}x$, onde $det\,\mathbf{R} = 1$, pois é ortogonal, obtemos:

$$Z(0) = \int \prod_{i=1}^{N} dx_i e^{-\frac{1}{2}x^T\mathbf{A}x} = \int \prod_{i=1}^{N} dx'_i e^{-\frac{1}{2}x'^T\mathbf{D}x'}. \quad (A.10)$$

Como $\mathbf{D}$ é diagonal, a última integral múltipla é igual ao produto de N integrais gaussianas independentes e, portanto:

$$Z(0) = (2\pi)^{N/2} \prod_{i=1}^{N}(d_i)^{-1/2} = \frac{(2\pi)^{N/2}}{(det\mathbf{A})^{1/2}}, \quad (A.11)$$

onde d_i, $i = 1, \ldots, N$ são os autovalores de $\mathbf{A}$.

Apêndice B

A aproximação de Stirling

Das propriedades da função Gamma a seguinte relação é obtida:

$$n! = \int_0^\infty x^n e^{-x} dx. \tag{B.1}$$

Fazendo a troca de variáveis $x = ny$ podemos escrever:

$$n! = \int_0^\infty e^{n \ln x - x} dx = e^{n \ln n} n \int_0^\infty e^{nf(y)} dy, \tag{B.2}$$

onde

$$f(y) = \ln y - y. \tag{B.3}$$

A função $f(y)$ possui um máximo em $y = 1$. Para $n \gg 1$ o integrando decai rapidamente em ambos os lados do máximo. Fazendo uma expansão de $f(y)$ em série de Taylor no entorno de $y = 1$:

$$f(y) = -1 - \frac{1}{2}(y-1)^2 + \ldots \tag{B.4}$$

podemos desconsiderar os termos de ordem superior a 2 quando $n \gg 1$. Substituindo o resultado em (B.2) e estendendo o limite inferior da integral para $-\infty$ (o que não introduz uma correção apreciável no limite considerado, pois o integrando está fortemente concentrado no entorno do máximo), obtemos:

$$\begin{aligned} n! &\approx e^{n \ln n - n} n \int_{-\infty}^\infty \exp\left[-\frac{n}{2}(y-1)^2\right] dy \\ &\approx e^{n \ln n - n} n \int_{-\infty}^\infty \exp\left[-\frac{n}{2}x^2\right] dx. \end{aligned} \tag{B.5}$$

APÊNDICE B. A APROXIMAÇÃO DE STIRLING

Resolvendo a integral gaussiana usando (A.1) obtemos, para $n \gg 1$:

$$n! \approx n^n e^{-n} \sqrt{2\pi n}. \tag{B.6}$$

Esta aproximação assintótica é conhecida como *fórmula de Stirling*. De forma equivalente, podemos escrever:

$$\ln n! \approx n \ln n - n + \mathcal{O}(\ln n), \tag{B.7}$$

que é a forma da aproximação assintótica usada na maioria das aplicações quando estamos interessados apenas no limte termodinâmico $n \to \infty$.

Apêndice C

A distribuição delta de Dirac

A distribuição delta de Dirac, $\delta(x)$, é considerada na matemática uma função generalizada ou uma distribuição, valendo zero em todos os pontos do eixo real exceto no zero, e cuja integral no eixo real vale um:

$$\int_{-\infty}^{\infty} \delta(x)\,dx = 1. \tag{C.1}$$

Ela também pode ser considerada como um funcional linear, que mapeia qualquer função contínua no seu valor na origem:

$$\int_{-\infty}^{\infty} f(x)\,\delta(x)\,dx = f(0). \tag{C.2}$$

A distribuição delta de Dirac possui propriedades interessantes, de uso comum na física. Para analisar estas propriedades é útil considerar sequência de distribuições $\phi_n(x)$, como $n = 1, 2, \ldots$ altamente concentradas em torno da origem, de forma que se possa definir o limite:

$$\lim_{n \to \infty} \int_{-\infty}^{\infty} f(x)\,\phi_n(x)\,dx = f(0). \tag{C.3}$$

Algumas sequências que aparecem frequentemente na física são:

- A distribuição pulso

$$\phi_n(x) = \begin{cases} n/2 & \text{se } -1/n < x < 1/n, \\ 0 & \text{se } |x| > 1/n. \end{cases} \tag{C.4}$$

APÊNDICE C. A DISTRIBUIÇÃO DELTA DE DIRAC 268

- A distribuição lorentziana

$$\phi_n(x) = \frac{n}{\pi} \frac{1}{1 + n^2 x^2} \qquad (C.5)$$

- A distribuição gaussiana

$$\phi_n(x) = \frac{n}{\sqrt{\pi}} e^{-n^2 x^2}. \qquad (C.6)$$

A partir das definições (C.1) e (C.2), suplementadas pela definição

$$\delta(x) = \frac{d}{dx} H(x), \qquad (C.7)$$

onde $H(x)$ é a função degrau de Heavyside:

$$H(x) = \begin{cases} 0 & \text{se } x < 0, \\ 1 & \text{se } x > 0, \end{cases} \qquad (C.8)$$

é possível mostrar que:

$$\int_{-\infty}^{\infty} f(x)\, \delta'(x)\, dx = -f'(0), \qquad (C.9)$$

onde $\delta'(x) = d\delta(x)/dx$ é a derivada da distribuição delta. Outras propriedades da distribuição delta de Dirac são:

$$\int_{-\infty}^{\infty} \delta(\alpha x)\, dx = \int_{-\infty}^{\infty} \frac{\delta(u)}{|\alpha|}\, du = \frac{1}{|\alpha|}, \qquad (C.10)$$

de onde podemos concluir que:

$$\delta(\alpha x) = \frac{\delta(x)}{|\alpha|}. \qquad (C.11)$$

A delta é uma distribuição par e homogênea de grau -1, $\delta(-x) = \delta(x)$. Outra propriedade importante é a de translação:

$$\int_{-\infty}^{\infty} f(x)\, \delta(x - x_0)\, dx = f(x_0). \qquad (C.12)$$

APÊNDICE C. A DISTRIBUIÇÃO DELTA DE DIRAC

Se $g(x)$ é uma função com derivada contínua, então:

$$\int_{-\infty}^{\infty} f(x)\,\delta(g(x))\,dx = \sum_i \frac{f(x_i)}{|g'(x_i)|}, \qquad \text{(C.13)}$$

onde a soma se estende a todas a raízes (zeros) da função g.

Existe uma representação integral da distribuição delta que é muito importante nas aplicações da física:

$$\delta(x) = \frac{1}{2\pi}\int_{-\infty}^{\infty} e^{ikx}\,dk. \qquad \text{(C.14)}$$

Para justificar a identidade é possível considerar a sequência:

$$\phi_a(x) = \frac{1}{2\pi}\int_{-\infty}^{\infty} e^{-a^2 k^2 + ikx}\,dk, \qquad \text{(C.15)}$$

onde o fator $\exp(-a^2 k^2)$ é introduzido para fazer a integral convergente. Completando quadrados obtemos:

$$\phi_a(x) = \frac{1}{2\pi} e^{-\frac{x^2}{4a^2}} \int_{-\infty}^{\infty} e^{-a^2\left(k - \frac{ix}{2a^2}\right)^2}\,dk. \qquad \text{(C.16)}$$

Fazendo o câmbio de variáveis $z = k - \frac{ix}{2a^2}$ obtemos que:

$$\int_{-\infty}^{\infty} e^{-a^2\left(k - \frac{ix}{2a^2}\right)^2}\,dk = \int_{-\infty - \frac{ix}{2a^2}}^{\infty - \frac{ix}{2a^2}} e^{-a^2 z^2}\,dz$$

$$= \int_{-\infty}^{\infty} e^{-a^2 z^2}\,dz = \frac{\sqrt{\pi}}{a}, \qquad \text{(C.17)}$$

pois a distribuição exponencial é uma função analítica, permitindo a deformação do contorno de integração no plano complexo. Portanto, podemos concluir que:

$$\phi_a(x) = \frac{1}{2a\sqrt{\pi}} e^{-\frac{x^2}{4a^2}}. \qquad \text{(C.18)}$$

Finalmente, fazendo $n = 1/(2a)$ recuperamos a sequência (C.6), cujo limite $\lim_{n\to\infty} \phi_n(x)$ é uma representação da distribuição delta de Dirac.

Apêndice D

A derivada funcional

Consideremos um funcional $\Phi[h(\vec{x})]$. A derivada funcional de Φ é definida como:

$$\frac{\delta \Phi}{\delta h(\vec{y})} = \lim_{\epsilon \to 0} \frac{\Phi[h(\vec{x}) + \epsilon \delta(\vec{x} - \vec{y})] - \Phi[h(\vec{x})]}{\epsilon}. \tag{D.1}$$

$\delta\Phi/\delta h(\vec{y})$ representa a variação induzida em Φ em resposta a uma pequena variação do campo $h(\vec{x})$ no ponto $\vec{x} = \vec{y}$.

Utilizando esta definição é possível mostrar algumas derivadas funcionais comuns:

$$\frac{\delta h(\vec{x})}{\delta h(\vec{y})} = \delta(\vec{x} - \vec{y}), \tag{D.2}$$

onde $\Phi[h(x)] = h(x)$ é o funcional identidade e $\delta(\vec{x} - \vec{y})$ é a função Delta de Dirac. Se f é uma *função* de $h(\vec{x})$:

$$\frac{\delta f(h(\vec{x}))}{\delta h(\vec{y})} = f' \frac{\delta h(\vec{x})}{\delta h(\vec{y})} = f' \delta(\vec{x} - \vec{y}), \tag{D.3}$$

$$\frac{\delta f(g(h(\vec{x})))}{\delta h(\vec{y})} = f' g' \frac{\delta h(\vec{x})}{\delta h(\vec{y})} = f' g' \delta(\vec{x} - \vec{y}), \tag{D.4}$$

onde $f'(z) = df/dz$.

Por exemplo, para $f(\phi(\vec{x})) = \phi^4(\vec{x})$:

$$\frac{\delta f}{\delta \phi(\vec{y})} = f' \frac{\delta \phi(\vec{x})}{\delta \phi(\vec{y})} = 4\phi^3(\vec{x}) \delta(\vec{x} - \vec{y}) \tag{D.5}$$

Uma situação comum na física é a de um funcional $L[\phi(\vec{x})]$ que pode ser expresso na forma:

$$L[\phi(\vec{x})] = \int d^d x \, \mathcal{L}(\phi(\vec{x}), \partial_i \phi(\vec{x})), \tag{D.6}$$

APÊNDICE D. A DERIVADA FUNCIONAL 271

onde $\partial_i \phi(\vec{x})$ são derivadas espaciais de $\phi(\vec{x})$ (componentes do gradiente). Então:

$$\begin{aligned}
\frac{\delta L}{\delta \phi(\vec{y})} &= \int d^d x \, \frac{\delta \mathcal{L}}{\delta \phi(\vec{y})} \\
&= \int d^d x \left[\frac{\partial \mathcal{L}}{\partial \phi(\vec{x})} \frac{\delta \phi(\vec{x})}{\delta \phi(\vec{y})} + \frac{\partial \mathcal{L}}{\partial (\partial_i \phi(\vec{x}))} \frac{\delta \partial_i \phi(\vec{x})}{\delta \phi(\vec{y})} \right] \\
&= \int d^d x \left[\frac{\partial \mathcal{L}}{\partial \phi(\vec{x})} \delta(\vec{x}-\vec{y}) + \frac{\partial \mathcal{L}}{\partial (\partial_i \phi(\vec{x}))} \partial_i \delta(\vec{x}-\vec{y}) \right], \quad (D.7)
\end{aligned}$$

onde na última linha usamos o fato que a derivada comum e a derivada funcional comutam, enquanto os índices repetidos se somam. Usando:

$$\partial_i \left[\frac{\partial \mathcal{L}}{\partial (\partial_i \phi(\vec{x}))} \delta(\vec{x}-\vec{y}) \right] = \delta(\vec{x}-\vec{y}) \partial_i \frac{\partial \mathcal{L}}{\partial (\partial_i \phi(\vec{x}))} + \frac{\partial \mathcal{L}}{\partial (\partial_i \phi(\vec{x}))} \partial_i \delta(\vec{x}-\vec{y}),$$

integrando por partes no último termo, desprezando termos de superfície e fazendo a integral em $\vec{x}$ obtemos:

$$\frac{\delta L}{\delta \phi(\vec{y})} = \frac{\partial \mathcal{L}}{\partial \phi(\vec{y})} - \partial_i \frac{\partial \mathcal{L}}{\partial \partial_i \phi(\vec{y})}, \quad (D.8)$$

cuja solução estacionária é semelhante a equação de movimento da mecânica lagrangeana.

Após a transformada de Legendre que leva do potencial A para o F, podemos obter a inversa da suscetibilidade derivando F em relação a $\langle \phi_i(\vec{x}) \rangle$. Fazemos isso em dois passos: primeiro derivamos $\langle \phi_i(\vec{x}) \rangle$ em relação a $\langle \phi_k(\vec{x}'') \rangle$:

$$\begin{aligned}
\frac{\delta \langle \phi_i(\vec{x}) \rangle}{\delta \langle \phi_k(\vec{x}'') \rangle} &= \delta_{ik} \delta(\vec{x}-\vec{x}'') \\
&= \int d^d x' \frac{\delta \langle \phi_i(\vec{x}) \rangle}{\delta h_j(\vec{x}')} \frac{\delta h_j(\vec{x}')}{\delta \langle \phi_k(\vec{x}'') \rangle}. \quad (D.9)
\end{aligned}$$

onde δ_{ik} é a Delta de Kronecker, fizemos uso da regra da cadeia na derivada funcional, e adotamos a convenção de soma de índices repetidos. A inversa de $\chi_{ij}(\vec{x}, \vec{x}')$ é definida na forma:

$$\int d^d x' \chi_{ij}(\vec{x}, \vec{x}') \chi_{jk}^{-1}(\vec{x}', \vec{x}'') = \delta_{ik} \delta(\vec{x}-\vec{x}''). \quad (D.10)$$

Comparando as duas últimas identidades e usando a definição da suscetibilidade obtemos:

$$\chi_{ij}^{-1}(\vec{x}, \vec{x}') = \frac{\delta h_i(\vec{x})}{\delta \langle \phi_j(\vec{x}') \rangle} = \frac{\delta^2 F}{\delta \langle \phi_j(\vec{x}') \rangle \delta \langle \phi_i(\vec{x}) \rangle}. \quad (D.11)$$

Para uma descrição mais detalhada sobre o cálculo de varições e derivadas funcionais consulte livros de mecânica clássica, por exemplo (Goldenfeld 1992; Lemos 2007).

Bibliografia

Ashcroft, N. W. e N. D. Mermin (1976). *Solid State Physics*. Holt, Rinehart e Winston.

Binney, J.J. et al. (1995). *The Theory of Critical Phenomena*. Oxford University Press.

Blitzstein, J. K. e J. Hwang (2019). *Introduction to Probability*. Taylor & Francis.

Bountis, A., J.J.P. Veerman e F. Vivaldi (2020). "Cauchy distributions for the integrable standard map". Em: *Physics Letters A* 384.26, p. 126659.

Callen, H. B. (1985). *Thermodynamics*. 2ª ed. John Wiley & Sons, Inc.

Cannas, S. A. (2018). *Notas de Mecánica Estadística*. 2ª ed. Editora de la Universidad Nacional de Córdoba.

Chaikin, P. M. e T. C. Lubensky (1995). *Principles of Condensed Matter Physics*. Cambridge University Press.

Ensher, J. R. et al. (dez. de 1996). "Bose-Einstein Condensation in a Dilute Gas: Measurement of Energy and Ground-State Occupation". Em: *Phys. Rev. Lett.* 77 (25), pp. 4984–4987.

Feller, W. (1968). *An Introduction to Probability Theory and its Applications*. 3ª ed. Vol. 1. John Wiley & Sons.

Fermi, E. et al. (1965). "Collected Papers of Enrico Fermi". Em: vol. 2. Publicado originalmente como "Los Alamos Scientific Laboratory report LA-1940" (1955). University of Chicago Press: Editor E. Segré.

Goldenfeld, N. (1992). *Lectures on Phase Transitions and the Renormalization Group*. Adison-Wesley.

Guggenheim, E. A. (1945). "The Principle of Corresponding States". Em: *The Journal of Chemical Physics* 13.7, pp. 253–261.

Hanggi, P. e F. Marchesoni (2005). "100 Years of Brownian Motion". Em: *Chaos* 15, p. 026101.

Haw, M. (jan. de 2005). "Einstein's random walk". Em: *Physics World* 18.1, p. 19.

Huang, K. (1987). *Statistical Mechanics*. 2ª ed. John Wiley & Sons.

Kadanoff, L. P. (2000). *Statistical Physics*. World Scientific.
Landau, L. D. e E. M. Lifshitz (2011). *Statistical Physics*. 3rd. Elsevier.
Lemos, N. (2007). *Mecânica Analítica*. 2ª ed. Editora Livraria da Física.
Oliveira, M. J. de (2012). *Termodinâmica*. 2ª ed. Editora Livraria da Física.
Pathria, R. K. e P. D. Beale (2011). *Statistical Mechanics*. 3ª ed. Elsevier.
Rapaport, D. C. (2004). *The Art of Molecular Dynamics Simulation*. 2ª ed. Cambridge University Press.
Reichl, L. E. (2016). *A Modern Course in Statistical Physics*. 4ª ed. Wiley.
Salinas, S. R. A. (2005). *Introdução à Física Estatística*. 2ª ed. EDUSP.
Sethna, J. P. (2010). *Entropy, Order Parameters, and Complexity*. Oxford University Press.
Stanley, H. E. (1971). *Introduction to Phase Transitions and Critical Phenomena*. 1ª ed. Oxford University Press.
Tirnakli, U. e E. Borges (2016). "The standard map: from Boltzmann-Gibbs statistics to Tsallis statistics". Em: *Scientific Reports* 6, p. 23644.
Tomé, T. e M. J. de Oliveira (2001). *Dinâmica Estocástica e Irreversibilidade*. EDUSP.
Tsallis, C. (2010). *Introduction to Nonextensive Statistical Mechanics: Approaching a Complex World*. 1ª ed. Springer-Verlag.